"十三五"江苏省高等学校重点教材
（编号：2016-2-032）

21世纪高等教育计算机规划教材

数据结构（C语言）
第2版 慕课版

Data Structures in C

■ 王海艳 主编

■ 戴华 朱洁 骆健 陈蕾 肖甫 王甦 副主编

U0265112

人民邮电出版社
北京

图书在版编目（ＣＩＰ）数据

数据结构：C语言：慕课版 / 王海艳主编. -- 2版
. -- 北京：人民邮电出版社，2020.2（2024.6重印）
21世纪高等教育计算机规划教材
ISBN 978-7-115-52412-6

Ⅰ. ①数… Ⅱ. ①王… Ⅲ. ①数据结构－高等学校－
教材②C语言－程序设计－高等学校－教材 Ⅳ.
①TP311.12②TP312.8

中国版本图书馆CIP数据核字(2019)第284910号

内 容 提 要

本书将现代信息技术融入教学，突破了传统教学模式，通过慕课的形式全面阐述数据结构课程中的重点、难点，涵盖线性表、树、集合、图等内容，形成一套完整的包含知识点、习题、实验、慕课视频等的立体化教学资源，帮助学生进行自主式和研究性学习，为教师的传统课堂教学提供辅助。

本书系统地讲解了数据结构的相关知识。全书共有 10 章，分别为绪论、线性表、堆栈和队列、数组和字符串、树和二叉树、集合和搜索、搜索树、散列表、图、排序，还安排了综合实验。本书重视算法及其实践性，书中算法都有完整的 C 语言程序，程序代码注释详细。为了让读者能够及时地检验学习效果、把握学习进度，每章都附有丰富的习题。

本书可作为计算机、电子信息、管理信息系统、电子商务、教育技术等相关专业数据结构课程的本科教材，也可以作为计算机软件工程技术人员的参考资料。

◆ 主　　编　王海艳
　　副主编　戴　华　朱　洁　骆　健　陈　蕾
　　　　　　肖　甫　王　甦
　　责任编辑　李　召
　　责任印制　王　郁　陈　犇

◆ 人民邮电出版社出版发行　　北京市丰台区成寿寺路 11 号
　　邮编　100164　电子邮件　315@ptpress.com.cn
　　网址　http://www.ptpress.com.cn
　　固安县铭成印刷有限公司印刷

◆ 开本：787×1092　1/16
　　印张：14.25　　　　　　　　2020 年 2 月第 2 版
　　字数：373 千字　　　　　　2024 年 6 月河北第 15 次印刷

定价：45.00 元

读者服务热线：(010)81055256　印装质量热线：(010)81055316
反盗版热线：(010)81055315
广告经营许可证：京东市监广登字20170147号

数据结构是设计系统软件及大型应用软件的重要基础，对于构建高效的算法起着决定性的作用。数据结构课程作为计算机专业的重要核心课程，对培养学生的计算思维能力和系统分析与设计、算法设计与分析、程序设计与实现等学科基本能力起着至关重要的作用。本书将现代信息技术与传统教育教学方法相融合，通过慕课的形式阐述数据结构课程中的重点、难点，突破传统教学模式的束缚，建立立体化的教学资源，形成新的知识传授模式，在促进教学理念更新、推动高等教育教学方式方法的创新方面做了重要尝试。本书旨在使教授与学习过程朝着教学方式混合化、教学资源开放化、学生学习个性化、学习过程社会化方向转变，帮助学生进行自主式和研究性学习。

本书以计算机类和信息类学科人才为培养目标，以教学认知规律为编写依据，以"夯实理论、注重实践"为编写原则。全书共分 10 章，第 1 章介绍数据结构课程的研究内容和关键问题；第 2 章～第 4 章介绍线性表、堆栈和队列、数组和字符串等线性结构的基本概念及常用算法；第 5 章～第 9 章介绍非线性结构的树、散列表、图等数据结构以及相关算法和应用；第 10 章主要讨论排序的各种实现方法及其综合分析比较。附录 1 为上机实验内容，指导学生按软件工程的方法设计与编写程序。附录 2 介绍了本教材配套慕课的使用方法。

本书条理清楚，内容翔实，深入浅出，并且配有大量的实例和图示，把数据结构的基本概念和常用算法的设计、应用与程序紧密结合。本书提供了丰富的习题，并针对各章中内容配备了慕课视频（慕课视频可登录中国大学 MOOC 网站观看，登录方法参见附录 2），方便读者更加具体、深刻地理解各种常用的数据结构及它们与算法之间的关系，达到学以致用的目的。

本书的参考学时为 48～64 学时，以 56 学时为例给出各章的参考教学课时，课时分配如下表。此外，编者已在目录中对难度较大或非基本的章节标上*号，供读者选取时参考。

章	课程内容	课时分配	
		讲授	实践训练
第 1 章	绪论	2	
第 2 章	线性表	4	2
第 3 章	堆栈和队列	4	
第 4 章	数组和字符串	4	
第 5 章	树和二叉树	10	2
第 6 章	集合和搜索	2	
第 7 章	搜索树	5	

续表

章	课程内容	课时分配	
		讲授	实践训练
第 8 章	散列表	3	
第 9 章	图	10	2
第 10 章	排序	4	2
课时总计		48	8

本书由王海艳主编，并编写第 1、6 章，肖甫编写前言，骆健编写第 2、9 章，戴华编写第 3、5 章，朱洁编写第 4、10 章，陈蕾编写第 7 章，戴华、肖甫编写第 8 章，王甦、朱洁编写附录。此外，本书的编写得到南京邮电大学教务处及计算机学院的支持和帮助，在此，对学校各相关职能部门的支持，特别是数据结构课程组的各位前辈、课程组成员的支持和鼓励表示衷心的感谢。

由于编者水平和经验有限，书中难免有欠妥之处，恳请读者批评指正。

编 者
2019 年 4 月

目　录

第**1**章　绪论

本章首先介绍数据结构的基本概念及相关术语；然后讨论数据结构、数据类型和抽象数据类型之间的关系，介绍数据结构描述方法；最后阐述算法分析的一般方法。

1.1　数据结构起源

"数据结构"的概念起源于 1968 年美国计算机科学家唐纳德·克努特（Donald Ervin Knuth）教授所著的《计算机程序设计艺术》(*The Art of Computer Programming*)，如图 1.1 所示。在该书的第一卷《基本算法》中，他开创了数据结构的最初体系，较系统地阐述了数据的逻辑结构和存储结构及其操作。

图 1.1　唐纳德·克努特及其著作《计算机程序设计艺术》

在计算机科学中，研究数据结构对设计出高性能的算法和软件至关重要。数据结构课程不仅是程序设计的基础，而且是设计和实现编译程序、操作系统、数据库系统及其他应用程序的重要基础。

1.2　基本概念和术语

1.2.1　基本概念

1. 数据

数据是可被计算机识别并加工处理的对象。数据不仅包括整型、实型等数值数据，还包括音频、图片、视频等非数值数据。例如，MP3 格式的文件是常见的音频数据，BMP 格式的文件是典型的图片数据，RMVB 格式的文件是常用的视频数据。

2. 数据元素

数据元素是由数据组成的具有一定意义的基本单位，在计算机中通常作为一个整体来处理。有些情况下，数据元素也称为元素、记录。

3. 数据项

数据项是组成数据元素的不可分割的最小单位。

表 1.1 为学生信息表，其中每个学生的信息可看作一个数据元素，它由学号、姓名、性别、籍贯等**数据项**组成。

表 1.1   学生信息表

学号	姓名	性别	籍贯
B16040101	丁小雨	女	江苏省南京市
B16040102	张萌	女	山东省烟台市
B16040103	李强	男	福建省福州市
B16040104	王健	男	广东省汕头市
…	…	…	…

1.2.2 数据结构

数据结构（data structure）是由某一数据对象及该对象中所有数据元素之间的关系组成的。数据结构包括数据的逻辑结构、存储结构及数据的运算三方面的内容。接下来从这三方面分别阐述。

1. 数据的逻辑结构

数据的逻辑结构是指数据元素之间的内在关系，它从逻辑关系上描述数据。数据的逻辑结构仅考虑数据之间的内在关系，是面向应用问题的，它是独立于计算机的。根据数据结构中数据元素之间关系的不同特征，数据有四种基本逻辑结构，如图 1.2 所示。

（1）线性结构

线性结构中数据元素之间存在一对一的关系。例如，表 1.1 所示的学生信息表可看成一个线性结构，学生信息按照学号依次排列。

（2）树形结构

树形结构中数据元素之间存在一对多的关系。例如，一所学校有多个学院，一个学院有多个专业，构成树形结构。

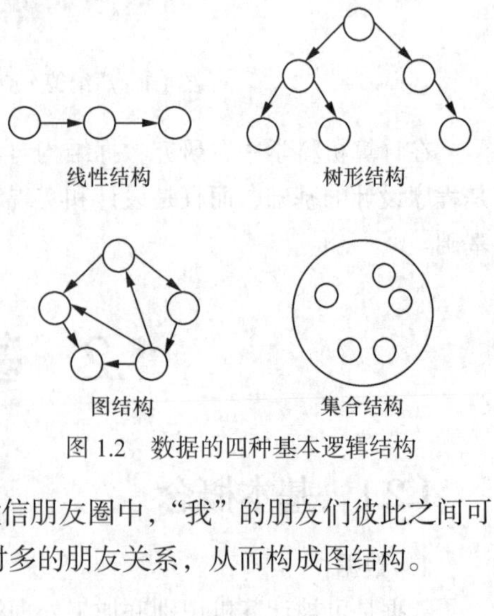

（3）图结构

图 1.2   数据的四种基本逻辑结构

图结构中数据元素之间存在多对多的关系。例如，微信朋友圈中，"我"的朋友们彼此之间可能是相识关系，也可能是不相识关系，他们之间存在多对多的朋友关系，从而构成图结构。

（4）集合结构

数据元素之间除了"属于同一个集合"的联系之外没有其他关系。例如，学生存在于某个班级中，若不考虑学生之间的其他关系，则可视班级为一个集合结构。

以上四种基本的逻辑结构还可进一步分成两类：**线性结构**和**非线性结构**。除了线性结构以外，树形、图和集合结构可统一归入非线性结构一类。

2. 数据的存储结构

数据的存储结构是指数据元素之间的关系在计算机内的表示形式。它是面向计算机的，是数据的逻辑结构在计算机存储中的映像。数据的存储结构中，最常见的两种基本存储结构是顺序存储结构和链式存储结构。

（1）顺序存储结构

顺序存储结构是将逻辑上相关的数据元素依次存储在地址连续的存储空间中。这种存储结构借助数据元素在存储空间中的相对位置来表示它们之间的逻辑关系。假定有一线性结构的数据 (a_0, a_1, a_2)，每个元素占 2 个存储单元，连续存储空间的起始地址是 100，则其顺序存储结构如图 1.3（a）所示。

顺序存储结构并不仅限于存储线性结构的数据。例如，树形结构的数据对象有时也可采用顺序存储的方法表示，我们将在以后章节中详细阐述。

（2）链式存储结构

链式存储结构中，数据元素的存储位置并不能体现它们之间的逻辑关系，需要用指针域存储逻辑上相关的数据元素的地址。因此，为了存储一个元素，需要存放数据元素本身和与该元素逻辑上相关的相邻元素的地址，这两部分信息组成一个**结点**。

假定有一线性结构的数据 (a_0, a_1, a_2)，其链式存储结构如图 1.3（b）所示。其中，每个结点存储了数据元素和与该元素逻辑上相邻的后继结点的地址。注意：一个结点的存储地址通常指存放该结点的存储块的起始存储单元地址（首地址）。

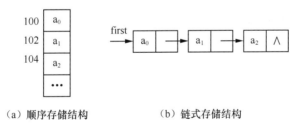

（a）顺序存储结构　　　　（b）链式存储结构

图 1.3　数据的两种基本存储结构

在此约定，在不会引起混淆的场合，本书将不明确区分结点和元素这两个术语。但必要时，将包括数据元素和地址在内的整个存储块称为**结点**，而将其中的数据元素称为该结点的**元素**。

3. 数据的运算

数据的运算措施加在数据上的操作。如果说数据的逻辑结构描述了数据的静态特性，那么在数据的逻辑结构上定义的一组运算给出了数据被使用的方式，即数据的动态特性。使用在数据结构上定义的运算，用户可对数据结构的实例或组成实例的数据元素实施相应的操作。运算的结果可使数据改变状态。

数据结构最常见的运算有：

（1）搜索运算——在数据结构中搜索满足一定条件的元素；

（2）插入运算——在数据结构中插入新元素；

（3）删除运算——在数据结构中删除指定元素；

（4）更新运算——将数据结构中指定元素替换为新的元素。

1.3 抽象数据类型

1. 数据类型

数据类型是指性质相同的值的集合以及定义在该**值集**上的运算集合。C语言常用的基本数据类型有整型、字符型、指针类型等。数据类型规定了数据的取值范围和允许执行的运算。例如，若在C语言中声明 int a,b，则可以给变量 a 和 b 赋值 0，但不可以赋值 2.5，因为这超出了整型变量的取值范围；a 和 b 之间可以执行加法运算，但不可以执行求交集运算，因为这超出了整型变量所允许的运算范围。

2. 抽象数据类型

了解一个数据类型的对象（变量、常量）在计算机内的表示形式是有一定用处的，但如果每个数据使用者都要考虑基本数据类型的实现细节，这将给数据使用者增加一项繁重的工作，并且使用者一旦随意改变数据存储表示，也会滋生不可预知的错误。目前普遍认为对数据类型进行抽象，对使用者隐藏一个数据类型的实现是一个好的设计策略，由此产生了抽象数据类型。

抽象数据类型（Abstract Data Type，ADT）是一个数学模型以及在其上定义的运算集合。其最主要的两个特征是**数据封装**和**信息隐蔽**。**数据封装**是把数据和操纵数据的运算组合在一起的机制。**信息隐蔽**是指数据的使用者只需知道这些运算的定义（也称规范）便可访问数据，而无须了解数据的存储以及运算算法的实现细节。通过实行数据封装和信息隐蔽，可使数据的使用和实现相分离。

本书中，抽象数据类型的定义格式如下：

```
ADT 抽象数据类型名
{
数据：
    数据元素及其之间关系的定义

运算：
    运算 1(参数表)：运算功能描述
    ...
    运算 n(参数表)：运算功能描述
}
```

3. 数据结构与抽象数据类型

本书将一种数据结构视为一个抽象数据类型，从规范和实现两方面来讨论数据结构。规范是对数据结构中数据元素及其关系、运算给出定义，即逻辑结构和运算的定义组成了数据结构的**规范**。规范指明了一个数据结构可以"做什么"。数据结构的使用者按照规范中的说明使用一个数据结构，不必了解具体的实现细节。数据的存储表示和运算算法的描述构成数据结构的**实现**，它解决了"怎样做"的问题。

1.4　算法和算法分析

1.4.1　算法

算法是计算机科学中的基本概念，是对特定问题的求解步骤。算法须具有下列五个特征。

（1）输入：一个算法有零个或若干个输入。

（2）输出：一个算法产生一个或多个输出，作为算法运算的结果。

（3）可行性：算法的每一个步骤都可以通过基本运算来实现。

（4）确定性：算法的每一个步骤都必须有确切的含义，即不会产生二义性。

（5）有穷性：算法必须能在执行有穷步之后终止。

算法可以用自然语言、流程图、程序设计语言或伪代码来描述。为了方便读者理解算法和上机验证算法，本书采用自然语言描述算法思想，并使用 C 语言描述算法的实现。

衡量一个算法的优劣，主要有以下几个基本标准。

（1）正确性：在数据输入合理的情况下，算法能够在有限的时间内达到预先规定的功能和性能要求。

（2）可读性：一个好的算法应当思路清晰、简单明了。可读性高的算法便于人们阅读、理解和交流；晦涩难懂的算法容易隐藏错误，不易调试。

（3）健壮性：一个好的算法在输入不合法数据时，应能做出适当处理，而不至于产生异常或是出现崩溃等严重后果。

（4）高效性：评价一个算法的效率主要包括时间和空间两方面，好的算法应具备执行效率高和占用存储空间少的特点。时间复杂度和空间复杂度是衡量算法效率的两个重要指标。

1.4.2　算法的时间复杂度

算法的时间复杂度一般是指程序运行从开始到结束所需的时间。算法执行时间需通过依据该算法编制的程序在计算机上运行所消耗的时间来度量。而度量算法执行时间通常有两种方法：事后统计法和事前估算法。事后统计法是将算法实现后计算其时间和空间开销，从而确定算法的效率。然而，时间和空间开销的计算与计算机软硬件环境相关，同一个算法在不同的机器上执行所花的时间不一样，可见这种方法存在明显的缺陷，因此，不予采纳。本书采用事前估算法评估算法效率。

抛开与计算机软硬件相关的因素，影响算法时间效率的最主要因素是**问题规模**。问题规模通常指算法的输入量，一般用整数 n 表示。例如，采用相同的排序算法对 10 个元素进行排序与对 100 000 个元素进行排序所需的时间显然是不同的。

一个算法的时间开销与算法中语句的执行次数成正比。算法中语句执行次数多，它的时间开销就大。一个算法中的语句执行次数称为**语句频度**。

一般情况下，算法中基本运算执行次数用 T(n) 表示，若有问题规模 n 的某个函数 f(n)，使存在自然数 n_0，正常数 c，当 n 大于等于 n_0 时，$T(n) \leqslant cf(n)$，则称 f(n) 是 T(n) 的渐近上界，记为

$$T(n) = O(f(n))$$

大 O 记号表示算法的一种**渐近时间复杂度**。渐近时间复杂度也常简称为时间复杂度，用以表

达一个算法运行时间的上界，估计算法的执行时间的数量级。

下面举例说明算法的渐近时间复杂度的求解。

程序 1.1　简单求和程序

```
int i=50;                          //执行 1 次
int j=200;                         //执行 1 次
int sum=0;                         //执行 1 次
sum=i+j;                           //执行 1 次
printf("%d", sum);                 //执行 1 次
```

程序 1.1 语句执行次数为 5，算法的渐近时间复杂度为 O(1)，属于常数级。

程序 1.2　累加求和程序

```
int i;   //执行 1 次
int sum=0;                         //执行 1 次
for (i=0; i<n; i++ )               //执行 n+1 次
    sum=sum+1;                     //执行 n 次
printf("%d",sum);                  //执行 1 次
```

程序 1.2 语句执行次数为 2n+4，算法的渐近时间复杂度为 T(n)=O(n)。

程序 1.3　矩阵求和程序

```
int i;                             //执行 1 次
int j;                             //执行 1 次
int n=100;                         //执行 1 次
for (i=0; i<n; i++ )               //执行 n+1 次
    for (j=0; j<n; j++ )           //执行 n(n+1)次
        c[i][j]=a[i][j]+b[i][j];   //执行 n² 次
```

程序 1.3 语句执行次数为 $3+n+1+n(n+1)+n^2=2n^2+2n+4$，算法的渐近时间复杂度为 $T(n)=O(n^2)$。

一般情况下，可以通过考察一个程序中的关键操作的执行次数来计算算法的渐近时间复杂度。所谓关键操作是对算法执行时间贡献最大的操作。例如，程序 1.2 中，语句 sum=sum+1 可被认为是关键操作，其执行次数为 n，由此计算可得算法的渐近时间复杂度也是 O(n)。

常见的渐近时间复杂度从小到大依次是 $O(1) < O(\log_2 n) < O(n) < O(n\log_2 n) < O(n^2) < O(n^3)$。

1.4.3　最好、最坏和平均时间复杂度

算法的时间复杂度不仅与问题规模相关，如果输入数据不同，算法的时间开销也会不同。例如，在包含 n 个元素的数组中找给定元素 x，设算法从左向右搜索，如果待搜索的元素 x 正好是第一个元素，则所需的查找时间最短，这就是算法的**最好情况**；如果待搜索的元素 x 是最后一个元素或不在数组中，则是算法的**最坏情况**；如果需要多次在数组中查找元素，并且假定以相等的概率检验每个数组元素，则是算法时间开销的**平均情况**。

算法的时间复杂度分析存在三种情况，对应三种时间复杂度，即最好、最坏和平均时间复杂度。相关示例将在后续章节中给出。

1.4.4　算法的空间复杂度

算法的**空间复杂度**往往是指对应的程序从运行开始到结束所需的存储空间。

程序运行所需的存储空间包括两部分。

（1）**固定部分**。这部分空间与问题规模无关，主要包括程序代码、常量、简单变量等所占的空间。

（2）**可变部分**。这部分空间大小与问题规模有关。例如，长度为 1 000 的两个数组相加，与长度为 10 的两个数组相加，所需的存储空间是不同的。这部分存储空间除了包括数据元素所占的空间外，还包括算法执行所需的额外空间，如递归栈所用的空间。

算法的空间复杂度的讨论类似于时间复杂度，但空间复杂度一般按最坏情况来分析。

1.5　本 章 小 结

本章首先介绍了数据结构的起源、基本概念和相关术语，重点阐述了数据结构的逻辑结构、存储结构和运算三要素的含义；然后给出数据结构的一般描述方式，介绍了抽象数据类型；最后介绍了算法的基本特征、算法的时间复杂度和空间复杂度的分析方法。学好本章内容，可为后续章节的学习打下良好的基础。

习　　题

一、基础题

1. 下面说法正确的是_____。
   A. 健壮的算法不会因非法的输入数据而出现莫名其妙的状态
   B. 算法的优劣与算法描述语言无关，但与所用计算机环境因素有关
   C. 数据的逻辑结构依赖于数据的存储结构
   D. 以上几个都是错误的

2. 从逻辑上可以把数据结构分为_____两大类。
   A. 初等结构、构造型结构　　　　　B. 顺序结构、链式结构
   C. 线性结构、非线性结构　　　　　D. 动态结构、静态结构

3. 数据采用链式存储时，存储单元的地址_____。
   A. 一定连续　　　　　　　　　　　B. 一定不连续
   C. 不一定连续　　　　　　　　　　D. 部分连续，部分不连续

4. 算法的时间复杂度取决于_____。
   A. 问题规模　　　　　　　　　　　B. 计算机的软硬件配置
   C. 两者都是　　　　　　　　　　　D. 两者都不是

5. 下面的程序段的时间复杂度为_____。
```
for(i=0; i<n; i++ )
    for(j=0; j<n; j++ )
        x=x+1;
```

    A. O(2n)   B. O(n)

    C. $O(n^2)$ D. $O(\log_2 n)$

二、扩展题

1. 简述下列概念：数据、数据元素、数据项。

2. 什么是数据结构？

3. 简述逻辑结构的四种基本关系。

4. 常见的存储结构有哪些？

5. 算法有哪些特征？

6. 算法与程序的区别与联系是什么？

7. 简述衡量算法优劣的基本标准。

8. 阅读下列程序段，分析带下画线语句的执行次数，并给出它们的时间复杂度。

（1）
```
i=1; k=0;
do
{
    k=k+10*i; i++;
}while(i<=n);
```

（2）
```
i=1; x=0;
do
{
    x++; i=3*i;
}while(i<n);
```

（3）
```
for(i=0;i<n;i++)
    for(j=0;j<n;j++)
        a[i][j]=0;
```

（4）
```
y=0;
while(n>=y*y)
    y++;
```

第2章 线性表

线性表是最基本、最常用的一种线性数据结构。线性表被广泛应用于信息存储与管理、网络、通信等诸多领域。本章将给出线性表的定义和抽象数据类型描述，讨论线性表的逻辑结构、存储结构及相关运算，并以一元整系数多项式的算术运算为实例介绍线性表的简单应用。

2.1 线性表定义

线性表是零个或若干个数据元素构成的线性序列，记为$(a_0, a_1, \cdots, a_{n-1})$。线性表中的数据元素个数 n 称为线性表的长度。当 n=0 时，此线性表为空表。

线性表$(a_0, \cdots, a_{i-1}, a_i, a_{i+1}, \cdots, a_{n-1})$中，$a_i$表示下标为 i 的元素，$a_{i-1}$是$a_i$的直接前驱元素，$a_{i+1}$是$a_i$的直接后继元素。线性表除第一个数据元素$a_0$没有直接前驱元素，最后一个数据元素$a_{n-1}$没有直接后继元素之外，其他数据元素都有唯一的直接前驱元素和直接后继元素。在不会引起混淆的情况下，我们简称直接前驱元素为"前驱"，直接后继元素为"后继"。线性表中数据元素之间存在着一对一关系，因此，线性表的逻辑结构为线性结构。

线性表是一种非常灵活的数据结构，可在线性表的任意位置执行插入、删除元素的运算，也可执行搜索、修改等运算。本章采用第 1 章给出的抽象数据类型格式对线性表进行描述，包括线性表最常见的运算，如 ADT 2.1 所示。

```
ADT 2.1 线性表 ADT
ADT List{
数据:
零个或多个数据元素构成的线性序列(a₀, a₁, …, aₙ₋₁)。数据元素之间的关系是一对一关系。
运算:
    Init(L): 初始化运算。构造一个空的线性表 L, 若初始化成功, 则返回 OK; 否则返回 ERROR。
    Destroy(L): 撤销运算。判断线性表 L 是否存在, 若已存在, 则撤销线性表 L; 否则返回 ERROR。
    IsEmpty(L): 判空运算。判断线性表 L 是否为空, 若为空, 则返回 OK; 否则返回 ERROR。
    Length(L): 求长度运算。若线性表 L 已存在, 返回线性表 L 的元素个数; 否则返回 ERROR。
    Find(L,i): 查找运算。若线性表 L 已存在且 0≤i≤n-1, 则查找并返回线性表 L 中元素 aᵢ 的值;
               否则返回 ERROR。
    Insert(L,i,x): 插入运算。若线性表 L 已存在且-1≤i≤n-1, 则在元素 aᵢ 之后插入新元素 x; 当 i=-1 时,
                   新元素插在头部位置。插入成功后返回 OK, 否则返回 ERROR。
    Delete(L,i): 删除运算。若线性表 L 非空且 0≤i≤n-1, 则删除元素 aᵢ, 删除成功后返回 OK, 否则返回 ERROR。
    Update(L,i, x): 更新运算。若线性表 L 已存在且 0≤i≤n-1, 则将线性表 L 元素 aᵢ 的值修改为 x;
```

否则返回 ERROR。

Output(L):输出运算。若线性表 L 已存在，则输出线性表 L 中所有数据元素，否则返回 ERROR。

}

以上是由抽象数据类型定义的线性表，暂不涉及具体实现，因此所描述的参数和数据元素暂不必给出具体数据类型，可根据实际使用需求进行具体的表示和实现。

线性表有两种典型的存储结构：顺序存储结构和链式存储结构，以下分别介绍。

2.2 线性表的顺序存储结构和实现

2.2.1 线性表的顺序存储结构

线性表的顺序存储指使用连续的存储空间，按照数据元素在线性表中的序号依次存储数据元素。采用顺序存储结构的线性表称为顺序表。顺序表借助元素在存储空间中的位置来表示数据元素之间的逻辑关系：逻辑上相邻的数据元素，其物理存储地址也相邻。

设线性表中第一个元素 a_0 在内存中的存储地址是 $loc(a_0)$，每个元素占用 k 个存储单元，则线性表中任意元素 a_i 在内存中的存储地址为

$$loc(a_i)=loc(a_0)+i\times k \tag{2-1}$$

由公式（2-1）可知，只要给定 $loc(a_0)$ 和 k 的值，即可计算出任意元素在内存中的存储地址，从而进行数据元素的存取，所以线性表的顺序存储结构是一种随机存取结构。

C 语言中，一维数组占用了内存中一组连续的存储单元，具备随机存取的特性，由此可使用一维数组描述线性表的顺序存储结构。线性表中的数据元素 $(a_0,\cdots,a_i,\cdots,a_{n-1})$ 的一维数组存储形式如图 2.1 所示，图中 maxLength 是顺序表的最大允许长度。在处理实际问题时，所需线性表的长度会随具体问题的不同而不同，因此在实现顺序表时，使用动态分配的一维数组。

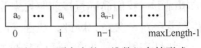

图 2.1 顺序表的一维数组存储形式

线性表的顺序表示定义如下。

```
typedef struct seqList
{
    int n;
    int maxLength;
    ElemType *element;
} SeqList;
```

在以上定义中，n 是顺序表的长度，即顺序表中数据元素的个数。maxLength 是顺序表的最大允许长度。ElemType 是自定义类型，它是为了统一描述数据结构中数据元素的数据类型而设定的。在实际使用时，用户可以根据实际需要将 ElemType 具体定义为所需的数据类型，可以是整型、浮点型等基本数据类型，也可以是结构体类型等。例如，typedef int ElemType，将 ElemType 定义为整型。指针 element 指示顺序表的存储空间的首地址。SeqList 是类型名，可通过它定义相应变量，举例如下。

```
SeqList L;
```

2.2.2　顺序表基本运算的实现

下面讨论顺序表中几个主要运算的具体实现。

1. 初始化

顺序表的初始化运算是使用动态分配数组空间方式构造一个空的线性表。动态分配数组空间可以达到有效利用存储空间的目的。

【算法步骤】

（1）为顺序表 L 动态分配一维数组。

（2）若动态分配一维数组失败，则返回 ERROR；否则返回 OK。

程序 2.1　顺序表的初始化

```
#define ERROR 0
#define OK 1
#define Overflow 2     // Overflow 表示上溢
#define Underflow 3    // Underflow 表示下溢
#define NotPresent 4   // NotPresent 表示元素不存在
#define Duplicate 5    // Duplicate 表示有重复元素
typedef int Status;
Status Init(SeqList *L, int mSize)
{
    L->maxLength= mSize;
    L->n=0;
    L->element=(ElemType *)malloc(sizeof(ElemType)*mSize);    //动态生成一维数组空间
    if (!L->element)
        return ERROR;
    return OK;
}
```

此处返回值类型 Status 为整型，返回 OK 代表 1，返回 ERROR 代表 0。以后在代码中出现将不再赘述。malloc 是动态分配内存空间的函数。

2. 查找

顺序表的查找运算是查找表中元素 a_i 的值。顺序表具有随机存取的特点，因此元素 a_i 的值可以直接通过数组下标定位取得。

【算法步骤】

（1）判断所要查找的元素下标 i 是否越界，若越界，返回 ERROR。

（2）若下标 i 未越界，则取出 element[i] 的值通过参数 x 返回。

程序 2.2　顺序表的查找

```
Status Find(SeqList L, int i, ElemType *x)
{
    if(i<0 || i>L.n-1)
        return  ERROR;          //判断元素下标 i 是否越界
    *x=L.element[i];            //取出 element[i] 的值通过参数 x 返回
    return OK;
}
```

3. 插入

顺序表的插入运算是在顺序表 L 的元素 a_i 之后插入新元素 x。若 i=-1，则表示将新元素 x 插入顺序表的最前面。首先需要对 i 是否越界、顺序表存储空间是否已满进行判断。新元素 x 插入顺序表之前，从 n-1 到 i+1 之间的所有元素依次向后移动一个位置。下面以实例进行说明，图 2.2 所示为新元素 55 插入前后线性表的变化。为了将新元素 55 插入下标为 2 的元素之后，需从下标为 5 的元素开始依次向后移动一个位置，直到下标为 3 的元素。

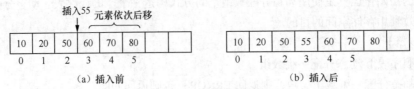

（a）插入前　　　　　　　　　　（b）插入后

图 2.2　顺序表中插入新元素 55

【算法步骤】

（1）判断元素下标 i 是否越界，若已越界，返回 ERROR。

（2）判断顺序表存储空间是否已满，若已满，返回 ERROR。

（3）将元素 $(a_{i+1}, \cdots, a_{n-1})$ 依次向后移动一个位置。

（4）将新元素 x 放入下标 i+1 的位置。

（5）表长加 1。

程序 2.3　顺序表的元素插入

```
Status  Insert(SeqList *L ,int i ,ElemType x)
{
    int j;
    if(i<-1|| i>L->n-1)                  //判断下标 i 是否越界
        return ERROR;
    if(L->n== L->maxLength)              //判断顺序表存储空间是否已满
        return ERROR;
    for (j= L->n-1;j>i;j--)
        L->element[j+1]= L->element[j];  //从后往前逐个后移元素
    L->element[i+1]=x;                   //将新元素放入下标为 i+1 的位置
    L->n = L->n +1;
    return OK;
}
```

【算法分析】

顺序表的元素插入运算过程中，时间主要消耗在移动元素上。对于长度为 n 的顺序表，在位置 i（i=-1,0,1,…,n-1）后插入一个新元素，需要移动 n-i-1 个元素。设 P_i 是在位置 i 之后插入一个新元素的概率，并设在任意位置处插入元素的概率是相等的，则有 $P_i=1/(n+1)$。设 E_i 是在长度为 n 的顺序表中插入一个新元素时需移动元素的平均次数，则

$$E_i = \sum_{i=-1}^{n-1} \frac{1}{n+1}(n-i-1) = \frac{n}{2} \qquad (2-2)$$

由上述分析可知，顺序表插入算法的平均时间复杂度为 O(n)。

4. 删除

顺序表的删除运算的功能是将元素 a_i 删除。须先对 i 是否越界、顺序表是否为空进行判断。在顺序表中，逻辑上相邻的数据元素在物理位置上也需相邻，因此不能直接简单删除元素 a_i，而需将 i+1 到 n-1 之间的所有元素依次向前移动一个位置。下面以实例进行说明，图 2.3 所示为删

除元素 50 前后线性表的变化。为了删除元素 50，需从下标为 3 的元素开始依次向前移动一个位置，直到下标为 5 的元素。

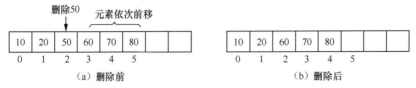

图 2.3 删除顺序表中的元素 50

【算法步骤】

（1）判断元素下标 i 是否越界，若不越界，返回 ERROR。

（2）判断顺序表是否为空，若为空，返回 ERROR。

（3）将元素$(a_{i+1},\cdots,a_{n-1})$依次向前移动一个位置。

（4）表长减 1。

程序 2.4 顺序表的元素删除

```
Status Delete(SeqList *L ,int i)
{
    int j;
    if(i<0||i>L->n-1)                    //下标i是否越界
        return ERROR;
    if(!L->n)                            //顺序表是否为空
        return ERROR;
    for(j=i+1;j<L->n;j++)
        L->element[j-1]=L->element[j];   //从前往后逐个前移元素
    L->n--;                              //表长减1
    return OK;
}
```

顺序表的元素删除运算过程中，时间主要消耗在移动元素上。对于长度为 n 的顺序表，删除位置 i(i=0,1,…,n-1)上的一个元素，需要移动 n-i-1 个元素。设 P_i 是在位置 i 删除一个元素的概率，并设在任意位置处删除元素的概率是相等的，则有 $P_i=1/n$。设 E_d 是在长度为 n 的顺序表中删除一个元素时需移动元素的平均次数，则

$$E_d = \sum_{i=0}^{n-1}\frac{1}{n}(n-i-1) = \frac{n-1}{2} \tag{2-3}$$

由上述分析可知，顺序表删除算法的平均时间复杂度为 O(n)。

5. 输出

顺序表的输出运算是将顺序表的元素依次输出。

【算法步骤】

（1）判断顺序表是否为空，若为空，返回 ERROR。

（2）将元素（$a_0,\cdots,a_{n-1}$）依次输出。

程序 2.5 顺序表的输出

```
Status Output(SeqList *L)
{
    int i;
```

```
    if(L->n == 0)                    //判断顺序表是否为空
        return ERROR;
    for(i=0;i<= L->n -1;i++)
        printf("%d ",L->element [i]);     //从前往后逐个输出元素
    printf("\n");
    return OK;
}
```

6. 撤销

顺序表的撤销运算的主要功能是释放初始化运算中动态分配的数据元素存储空间，以防止内存泄漏。

程序 2.6　顺序表的撤销

```
void Destroy(SeqList *L)
{
    L->n=0;
    L->maxLength=0;
    free(L->element);
}
```

7. 主函数 main

程序 2.7 中的主函数 main 是为了测试顺序表的主要运算而设计的。

程序 2.7　主函数 main

```
#include<stdlib.h>
#include<stdio.h>
typedef int ElemType;
typedef struct seqList
{
    int n;
    int maxLength;
    ElemType *element;
}SeqList;
void main()
{
    int i;
    SeqList list;
    Init(&list,10);              //初始化线性表
    for(i=0;i<10;i++)
        Insert(&list,i-1,i);      //线性表中插入新元素
    Output(&list);
    Delete(&list,0);
    Output(&list);
    Destroy(&list);
}
```

2.3　线性表的链式存储结构和实现

线性表的顺序存储结构有明显的缺点：插入、删除元素时需要频繁移动元素，运算效率低；必须按事先估计的最大元素个数申请连续的存储空间。存储空间若估计大了，则浪费空间；若估计小了，则容易产生溢出，空间难以临时扩大。采用链式存储结构的线性表则不存在上述问题。

采用链式存储结构的线性表称为**链表**。链表有单链表、循环链表和双向链表等多种类型。

2.3.1　单链表的定义和表示

链表中，不仅需要存储每个数据元素，还需存储其直接后继的存储地址，这两部分数据信息组合起来称为结点。结点包括两个域：存储数据元素信息的域称为数据域；存储直接后继存储地址的域称为指针域。每个结点只包含一个指针域的链表，称为单链表。在单链表中，每个元素占用一个结点，结点的结构如图 2.4 所示，其中，数据域记为 element，指针域记为 link。在单链表中，数据之间的前驱后继关系是通过指针域中存储的地址来表现的，逻辑上相邻的元素在物理存储空间上不一定相邻。

在此重申，在不会引起混淆的场合，本书将不明确区分结点和元素这两个术语。但必要时，将包括数据元素和地址在内的整个存储块称为**结点**，而将其中的数据元素称为该结点的**元素**。

线性表($a_0,a_1,\cdots,a_{n-1}$)以单链表形式进行存储时，其结构如图 2.5（a）所示。第一个元素 a_0 所在的结点称为头结点。存储头结点地址的指针称为头指针，记为 first。若单链表中没有存储数据元素，则单链表为空，此时 first 指针的值为 NULL，在图中用"∧"表示，如图 2.5（b）所示。单链表最后一个元素 a_{n-1} 所在的结点称为尾结点，此结点没有后继结点，其指针域的值为 NULL，在图中用"∧"表示。

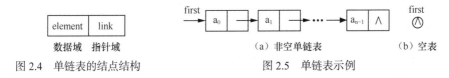

图 2.4　单链表的结点结构　　　　图 2.5　单链表示例

在单链表中，若 first 指针中存储的值丢失，即丢失元素 a_0 的地址，将导致无法读取 a_0 的数据域和指针域，此指针域中存放的 a_1 的地址也将丢失。由此类推可知，整个单链表存储的信息都会丢失。在对结点的指针域进行操作时，需注意保存好后继结点的地址，避免丢失后继结点的地址，出现"断链"现象。

单链表的类型定义如下。

```
typedef struct node
{
    ElemType  element;      //结点的数据域
    struct node *link;      //结点的指针域
}Node;
typedef struct singleList
{
    Node *first;
    int n;
}SingleList;
```

在类型 Node 的定义中，Node 表示单链表的结点结构类型，element 表示结点的数据域，link 为结点的指针域，存放后继结点的地址。在类型 SingleList 的定义中，SingleList 是单链表类型，first 表示头指针，n 表示单链表中元素的个数。

2.3.2　单链表基本运算的实现

以下讨论单链表中几个主要运算的具体实现。

1. 初始化

单链表的初始化运算是构造一个空的单链表。

程序 2.8 单链表的初始化

```
Status Init(SingleList *L)
{
    L->first=NULL;
    L->n=0;
    return OK;
}
```

2. 查找

单链表的查找运算是读取表中元素 a_i 的值。单链表不具备顺序表的可随机存取元素的特性，必须沿着单链表从头结点开始逐个计数进行查找。

【算法步骤】

（1）判断 i 是否越界，若越界，返回 ERROR。

（2）从头结点开始顺着单链表逐个结点查找。

（3）将 a_i 的值通过 x 返回。

程序 2.9 单链表的查找

```
Status Find(SingleList L, int i,ElemType *x)
{
    Node *p;
    int j;
    if(i<0||i>L.n-1)          //对 i 进行越界检查
        return ERROR;
    p=L.first;
    for(j=0; j<i; j++)
        p=p->link;            //从头结点开始查找 a_i
    *x=p->element;            //通过 x 返回 a_i 的值
    return OK;
}
```

3. 插入

单链表的插入运算是在 a_i 之后插入新元素 x。为了实现此功能，首先需要使用查找算法确定 a_i 的位置，使用指针 p 指向此结点。

x 是一个新元素，在单链表中并不存在，需要先为此元素生成一个新结点，由指针 q 指向此结点，并将新结点的数据域置为 x。

若 i=-1，表示将新结点插入单链表的头结点之前，它将成为新的头结点，如图 2.6 所示，通过以下语句实现。

① q->link=first;

② first=q;

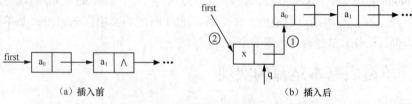

（a）插入前　　　　　　　　　　　　　（b）插入后

图 2.6 结点的插入示例（i=-1）

若 i > −1，表示将新结点插入单链表，新结点应成为 a_{i+1} 的直接前驱、a_i 的直接后继，如图 2.7 所示，通过以下语句实现。

① q->link=p->link;   //将 p 所指结点指针域中的地址存储在 q 所指结点的指针域中

② p->link=q;   //将 q 中存储的新结点地址存放在 p 所指结点的指针域中

上述两条语句的执行顺序不能颠倒，否则将出现"断链"问题。

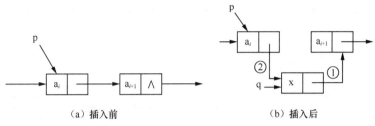

（a）插入前   （b）插入后

图 2.7 结点的插入示例（i > −1）

【算法步骤】

（1）判断 i 是否越界，若越界，则返回 ERROR。

（2）查找 a_i，指针 p 指向此结点。

（3）生成新的结点，将新结点的数据域置为 x，指针 q 指向此结点。

（4）若 i=−1，新结点 q 插在头结点之前，成为新的头结点；若 i > −1，将 q 所指向的结点插入 p 所指向的结点之后。

（5）单链表元素个数加 1，返回 OK。

程序 2.10 单链表的插入

```
Status Insert(SingleList *L,int i,ElemType x)
{
    Node *p,*q;
    int j;
    if(i<-1 || i>L->n-1)
        return ERROR;
    p=L->first;
    for( j=0; j<i; j++) p=p->link;              //从头结点开始查找 ai
        q=(Node*)malloc(sizeof(Node));          //生成新结点 q
    q->element=x;
    if(i>-1)
    {
        q->link=p->link;                        //新结点插在 p 所指结点之后
        p->link=q;
    }
    else
    {
        q->link=L->first;                       //新结点插在头结点之前，成为新的头结点
        L->first=q;
    }
    L->n++;
    return OK;
}
```

4. 删除

单链表删除运算的功能是删除元素 a_i。

若 $i=0$，表示删除头结点，需将 first 指针指向 a_1 所在结点，使其成为新的头结点，如图 2.8 所示。实现语句如下。

```
first=first->link;
```

若 $i>0$，则使 a_i 的直接前驱 a_{i-1} 的指针域存储 a_i 的直接后继 a_{i+1} 的地址，如图 2.9 所示。实现语句如下。

```
q->link=p->link;
```

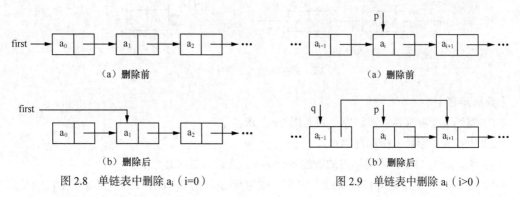

图 2.8 单链表中删除 a_i（$i=0$）　　　　　图 2.9 单链表中删除 a_i（$i>0$）

删除元素 a_i 时，不可跳过上述操作而直接释放 a_i 的存储空间，否则将导致直接后继 a_{i+1} 地址丢失，出现"断链"问题。

【算法步骤】

（1）若 i 越界或单链表为空，返回 ERROR。

（2）查找元素 a_i 的直接前驱 a_{i-1}，并令指针 q 指向它。

（3）若 i=0，则从单链表中删除头结点，若 i>0，则使 p 指向 a_i 所在结点，并从单链表中删除 a_i。

（4）释放 p 所指结点的存储空间。

（5）单链表元素个数减 1，返回 OK。

程序 2.11　单链表的删除

```
Status Delete(SingleList *L,int i)
{
    int j;
    Node *p,*q;
    if(!L->n)
        return ERROR;
    if(i<0 || i>L->n-1)
        return ERROR;
    q=L->first;
    p=L->first;
    for(j=0; j<i-1; j++)
        q=q->link;
    if(i==0)
        L->first=L->first->link;        //删除的是头结点
    else {
        p=q->link;                       //p 指向 ai
        q->link=p->link;                 //从单链表中删除 p 所指向的结点
```

```
    }
    free(p);                        //释放 p 所指结点的存储空间
    L->n--;
    return OK;
}
```

5. 输出

单链表的输出运算是从 first 所指示的第一个结点开始逐个遍历单链表的每个结点，将元素依次输出。

【算法步骤】

（1）判断单链表是否为空，若为空，返回 ERROR。

（2）将元素（$a_0,\cdots,a_{n-1}$）依次输出。

程序 2.12　单链表的输出

```
Status Output(SingleList *L)
{
    Node *p;
    if (!L->n)                  //判断顺序表是否为空
        return ERROR;
    p=L->first;
    while(p)
    {
        printf("%d ",p->element);
        p=p->link;
    }
    return OK;
}
```

6. 撤销

撤销运算的主要功能是释放单链表中动态分配的数据元素存储空间，以防止内存泄漏。

程序 2.13　单链表的撤销

```
void Destroy (SingleList *L)
{
    Node *p;
    while (L->first)
    {
        p=L->first->link;              //保存后继结点地址，防止"断链"
        free(L->first);                //释放 first 所指结点的存储空间
        L->first=p;
    }
}
```

7. 主函数 main

程序 2.14 中的主函数 main 是为了测试单链表的主要运算而设计的。

程序 2.14　主函数 main

```
#include<stdlib.h>
#include<stdio.h>
typedef int ElemType;
typedef struct node
{
    ElemType element;              //结点的数据域
```

```
    struct node *link;              //结点的指针域
}Node;
typedef struct singleList
{
    Node *first;
    int n;
}SingleList;
void main()
{
    int i;
    int x;
    SingleList list;
    Init(&list);                    //初始化线性表
     for(i=0;i<9;i++)
        Insert(&list,i-1,i);        //线性表中插入新元素
    printf("the linklist is:");
    Output(&list);
    Delete(&list,0);
    printf("\nthe linklist is:");
    Output(&list);
    Find(&list,0,&x);
    printf("\nthe value is:");
    printf("%d ",x);
    Destroy(&list);
}
```

2.3.3　带表头结点的单链表

在上述单链表中，头结点之前没有直接前驱，进行插入和删除运算时，需要把头结点的插入和删除作为特殊情况特别处理。为简化算法，可在单链表的头结点之前增加一个表头结点，由此构成的单链表称为带表头结点的单链表，如图2.10所示。

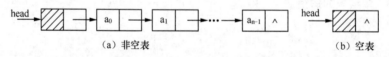

（a）非空表　　　　　　　　　　　　（b）空表

图2.10　带表头结点的单链表结构

在此需注意表头结点与头结点的区别。图 2.10（a）中，元素 a_0 所在结点为头结点，头结点之前的结点为表头结点。表头结点的数据域中并不存放线性表中的数据元素。当表为空时也需有一个表头结点，如图2.10（b）所示。

带表头结点的单链表的类型定义如下。

```
typedef struct headerList
{
    Node *head;
    int n;
}HeaderList;
```

类型 HeaderList 与类型 SingleList 定义相似，此处的类型 Node 同类型 SingleList 定义中的类型 Node。

带表头结点的单链表的运算与单链表的运算类似，以下仅给出带表头结点的单链表的初始化、插入、删除运算的具体实现。读者可自行完成其他运算的实现。

1. 初始化
带表头结点的单链表的初始化运算是构造一个仅带有一个表头结点的空的单链表。

程序 2.15 带表头结点的单链表的初始化
```
Status Init(HeaderList *h)
{
    h->head=(Node*)malloc(sizeof(Node));        //生成表头结点
    if(!h->head)
        return ERROR;
    h->head->link=NULL;                          //设置单链表为空表
    h->n=0;
    return OK;
}
```

2. 插入
带表头结点的单链表中每个结点之前都有前驱结点，在插入元素时不需要再单独处理插入头结点之前的情况，从而简化了插入运算。

程序 2.16 带表头结点的单链表的插入运算
```
Status Insert(HeaderList *h,int i,ElemType x)
{
    Node *p,*q;
    int j;
    if(i<-1 || i>h->n-1)
        return ERROR;
    p=h->head;
    for(j=0; j<=i; j++)
        p=p->link;
    q=(Node*)malloc(sizeof(Node));
    q->element=x;
    q->link=p->link;
    p->link=q;
    h->n++;
    return OK;
}
```

3. 删除
带表头结点的单链表中每个结点之前都有前驱结点，在删除元素时不需要再单独处理删除头结点的情况，从而简化了删除运算。

程序 2.17 带表头结点的单链表的删除运算
```
Status Delete(HeaderList *h,int i)
{
    int j;
    Node *p,*q;
    if(!h->n)
        return ERROR;
    if(i<0 || i>h->n-1)
        return ERROR;
    q=h->first;
    for(j=0; j<i; j++)
        q=q->link;
    p=q->link;
    q->link=p->link;                      //从单链表中删除 p 所指结点
```

```
    free(p);                        //释放 p 所指结点的存储空间
    h->n--;
    return OK;
}
```

2.3.4　单循环链表

单循环链表是另一种线性表链式存储方式。用单链表中最后一个结点的指针域存储头结点的地址，使得整个单链表形成一个环，这种头尾相接的单链表称为单循环链表，如图 2.11（a）所示。空的单循环链表如图 2.11（b）所示。

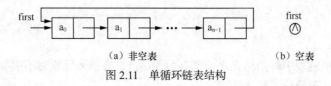

（a）非空表　　　　　　　　（b）空表

图 2.11　单循环链表结构

也可为单循环链表增加表头结点，则构成带表头结点的单循环链表，如图 2.12（a）所示。空的带表头结点的单循环链表如图 2.12（b）所示。

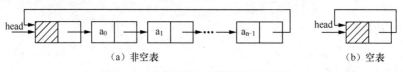

（a）非空表　　　　　　　　　　　（b）空表

图 2.12　带表头结点的单循环链表结构

2.3.5　双向链表

以上介绍的线性表链式存储结构中，每个结点只有一个指针域，从某个结点出发只能顺着指针域向后查找后继结点。若要再向前查找前驱结点，则需从头结点开始再次查找。为了解决这个问题，可使用双向链表，如图 2.13 所示。

双向链表的结点有三个域，结点的结构如图 2.14 所示。其中，存储数据元素的域称为数据域，记为 element；左指针域是存储直接前驱结点地址的域，记为 llink；右指针域是存储直接后继结点地址的域，记为 rlink。

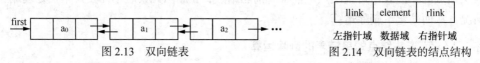

图 2.13　双向链表

llink	element	rlink

左指针域　数据域　右指针域

图 2.14　双向链表的结点结构

双向链表的存储结构定义如下。

```
typedef struct duNode{
    ElemType element;               //结点的数据域
    struct duNode *llink;           //结点的左指针域，存储直接前驱结点的地址
    struct duNode *rlink;           //结点的右指针域，存储直接后继结点的地址
}DuNode, DuList;
```

1. 双向链表的插入

为了实现在双向链表的元素 a_i 之前插入 x，首先需查找到元素 a_i 所在结点并使指针 p 指向它，这个过程与单链表的查找运算类似；然后生成新的结点，将新结点的数据域置为 x，指针 q 指向

此结点；最后在 p 所指向的结点之前插入 q 所指向的结点，如图 2.15 所示。

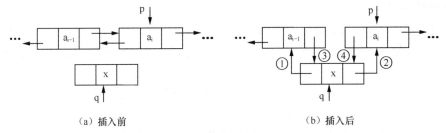

（a）插入前 （b）插入后

图 2.15 双向链表的插入

双向链表的插入运算的核心代码如下。

```
q->lLink=p->lLink;      //对应图 2.15(b)①
q->rLink=p;             //对应图 2.15(b)②
p->lLink->rLink=q;      //对应图 2.15(b)③
p->lLink=q;             //对应图 2.15(b)④
```

2. 双向链表的删除

为了在双向链表中删除元素 a_i，首先需要查找元素 a_i，并令指针 p 指向其所在结点，这个过程与单链表的查找运算类似；然后使元素 a_i 的前驱结点 a_{i-1} 的右指针域存储 a_i 的后继结点 a_{i+1} 的地址，使元素 a_i 的后继结点 a_{i+1} 的左指针域存储 a_i 的前驱结点 a_{i-1} 的地址；最后释放元素 a_i 所在结点的存储空间，如图 2.16 所示。

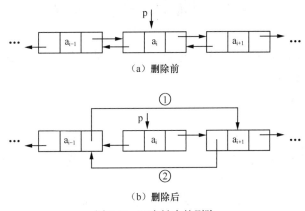

（a）删除前

（b）删除后

图 2.16 双向链表的删除

双向链表的删除运算的核心代码如下。

```
p->lLink->rLink=p->rLink;      //对应图 2.16(b)①
p->rLink->lLink=p->lLink;      //对应图 2.16(b)②
free(p);
```

2.4 顺序表与链表的比较

前面介绍了线性表的两种存储结构：顺序表和链表。顺序表和链表各有优缺点，不能笼统地说哪种存储结构更好，只能根据实际问题的具体需要，对它们的优缺点加以综合分析比较，才能选择出符合应用需求的存储结构。下面从时间性能和空间性能两方面对顺序表和链表进行比较。

1．时间性能方面

顺序表是随机存取结构，完成按位置随机访问的运算的时间复杂度为 O(1)；链表不具有随机访问的特点，按位置访问元素时只能从表头开始遍历链表，直至找到特定的位置，平均时间复杂度为 O(n)。

对于链表，在确定插入或删除的位置后，只需修改指针即可完成插入或删除运算，所需的时间复杂度为 O(1)；顺序表进行插入或删除操作时，需移动近乎表长一半的元素，平均时间复杂度为 O(n)，当线性表中元素个数较多时，移动元素的时间开销相当可观。

如上所述，若线性表需频繁进行插入和删除操作，则宜采用链表作为存储结构；若线性表需频繁查找却很少进行插入和删除操作，或所做运算与"数据元素在线性表中的位置"密切相关，则宜采用顺序表作为存储结构。

2．空间性能方面

顺序表需要预分配一定长度的存储空间，若存储空间预分配过大，将导致存储空间浪费；若存储空间预分配过小，将造成空间溢出问题。链表不需要预分配空间，只要有可用的内存空间，链表中的元素个数就没有限制。

如上所述，当线性表中元素个数变化较大或者未知时，应尽量采用链表作为存储结构；当线性表中元素个数变化不大，可事先确定线性表的大致长度时，宜采用顺序表作为存储结构。

2.5 线性表的应用

线性表作为一种最基本的数据结构，应用十分广泛。本节将以一元整系数多项式的算术运算为例，介绍线性表的应用。

设有一个一元整系数多项式

$$p(x)=7x^{12}-5x^6+6x^3+9$$

可把上述多项式中的每一项抽象成 $coef \cdot x^{exp}$ 形式，其中 coef 为项的系数，exp 为指数。这样，一个多项式可以看成 n 个项组成的线性表。为了方便描述，现约定在本节中多项式按降幂表示。

将以下两个多项式进行加法运算。

$$p(x)= 7x^{12}-5x^6+6x^3+9, \quad q(x)=2x^{10}+4x^6-6x^3+5$$

为了节省存储空间，将 p(x) 和 q(x) 相加的结果存放在 q(x) 上，并仍保持降幂排列，则以上两个多项式相加的结果为 $q(x)= 7x^{12}+2x^{10}-x^6+14$。与 q(x) 中先前的项相比，结果中增加了新的项 $7x^{12}$，$-6x^3$ 则被删除了。由此可知，在进行加法运算时，多项式中的项会被频繁地插入、删除，因此，链式存储结构更适合表示多项式。为了实现方便，本节采用带表头结点的单循环链表表示多项式。其中，单链表的每个项结点有三个域，系数域记为 coef，指数域记为 exp，指针域记为 link。p(x)的单链表表示如图 2.17 所示。相应的类型定义如下。

```
typedef struct pNode{
    int coef;
    int exp;
    struct pNode* link;
}PNode;
typedef struct polynominal{
```

```
    PNode *head;
}Polynominal;
```

图 2.17 p(x)的单链表表示

1. 多项式的创建

多项式的创建运算是先初始化一个空的带表头结点的单循环链表以表示多项式，然后逐个插入各项，并保证多项式的各项降幂排列。

【算法步骤】

（1）创建一个带表头结点的空单循环链表。

（2）循环执行以下操作，直至输入的指数为负数。

① 生成新结点* pn。

② 输入新结点* pn 的系数和指数。

③ 将新结点的指数与多项式各结点的指数比较，找到第一个指数小于新结点指数的结点，将新结点插入此结点之前。

程序 2.18 多项式的创建

```c
void Create(Polynominal *p)
{
    PNode *pn,*pre,*q;
    p->head=(PNode*)malloc(sizeof(PNode));
    p->head->exp=-1;
    p->head->link=p->head;
    for(;;)
    {
        pn=(PNode*)malloc(sizeof(PNode));
        printf("coef:\n");
        scanf("%d",&pn->coef);
        printf("exp:\n");
        scanf("%d",&pn->exp);
        if(pn->exp<0) break;
        pre=p->head;
        q=p->head->link;
        while(q&&q->exp>pn->exp)
        {
            pre=q;
            q=q->link;
        }
        pn->link=q;
        pre->link=pn;
    }
}
```

2. 多项式的加法

多项式的加法运算是把多项式 p(x)和多项式 q(x)相加，并将 q(x)作为结果多项式。

【算法步骤】

（1）初始化指针 p,q，并令指针 q1 指向 q 的前驱结点。

（2）在多项式 p(x)中全部结点未处理完时，循环比较指针 p 和 q 所指向结点的指数值，存在下列 3 种情况。

① 若 p->exp<q->exp，则 q 所指向的项成为结果多项式中的一项，q1 和 q 分别右移一项。

② 若 p->exp==q->exp，则系数相加，即 q->coef=q->coef+p->coef。若 q->coef 不为零，则指针 q1 和 q、p 分别右移一项；否则从 q(x)中删除 q 所指向的结点，重置 q，使其指向下一项，指针 p 右移一项。

③ 若 p->exp>q->exp，则复制 p 所指向的结点，并将其插在 q1 之后，指针 p 右移一项。

程序 2.19　多项式的加法运算

```c
void Add(Polynominal *px,Polynominal *qx)
{
    PNode *q,*q1=qx->head,*p, *p1,*temp; //q1 指向表头结点
    p=px->head->link;                   //p 指向多项式 px 的第一个结点
    q=q1->link;                         //q1 是 q 的前驱
    while(p->exp>=0)
    {
        while(p->exp<q->exp)            //跳过 q->exp 大的项
        {
            q1=q;
            q=q->link;
        }
        if(p->exp==q->exp)              //当指数相等时，系数相加
        {
            q->coef=q->coef+p->coef;
            if(q->coef==0)              //若相加后系数为 0
            {
                q1->link=q->link;       //删除 q
                free(q);                //释放 q 的空间
                q=q1->link;             //重置 q 指针
                p=p->link;
            }
            else    //若相加后系数不为 0
            {
                q1=q;   //q1 后移
                q=q->link;
                p=p->link;
            }
        }
        else //p->exp>q->exp 的情况
        {
            temp=(PNode*)malloc(sizeof(PNode));  // 以 p 的系数和指数生成新结点
            temp->coef=p->coef;
            temp->exp=p->exp;
            temp->link=q1->link;
            q1->link=temp;
            q1=q1->link;
            p=p->link;
        }
    }
}
```

2.6 本章小结

本章首先在介绍线性表概念和逻辑结构的基础上，用抽象数据类型定义了线性表，该抽象数据类型定义直观地给出了线性表结构中的数据情况和相关运算；然后讨论了线性表的两种存储表示方法，包括顺序表示法和链式表示法；接着在这两种存储结构上实现了抽象数据类型中定义的各种运算；最后以一元整系数多项式的算术运算为例介绍线性表的应用。在应用实例中，讨论了如何将多项式抽象为线性表，如何选择存储结构，以及如何去实现具体的运算操作。

习 题

一、基础题

1. 如果线性表最常用的操作是读取第 i 个元素的值，则采用_____存储方式最节省时间。

   A. 顺序表   B. 带表头结点的单链表

   C. 不带表头结点的单链表   D. 双向链表

2. 对于线性表，下列说法正确的是_____。

   A. 每个元素都有一个直接前驱和直接后继

   B. 线性表中至少要有一个元素

   C. 表中元素的排列顺序必须是由小到大或由大到小

   D. 除第一个元素和最后一个元素外，其余每个元素都有且仅有一个直接前驱和直接后继

3. 已知顺序表中每个元素占 2 个存储单元，第一个元素 a_0 在内存中的存储地址是 100，则表中元素 a_5 在内存中的存储地址为_____。

   A. 112   B. 110

   C. 120   D. 140

4. 线性表采用链式存储结构所具有的特点是_____。

   A. 所需空间的地址必须连续   B. 可随机存取

   C. 插入、删除操作不必移动元素   D. 需要事先估计所需存储空间

5. 带表头结点的单链表中，first 指向表头结点。当_____时，带表头结点的单链表为空。

   A. first == NULL   B. first->link == NULL

   C. first->link == first   D. first != NULL

6. 设双向循环链表中结点包括数据域 data、左指针域 llink 和右指针域 rlink，若在指针 p 所指向的结点之后插入指针 s 所指向的结点，则应执行下列_____操作。

   A. s->llink=p; p->rlink=s; s->rlink=p->rlink; p->rlink->llink=s;

   B. p->rlink=s; p->rlink->llink=s; s->llink=p; s->rlink=p->rlink;

   C. s->rlink=p->rlink; s->llink=p;p->rlink=s; p->rlink->llink=s;

   D. s->llink=p; s->rlink=p->rlink; p->rlink->llink=s; p->rlink=s;

7. 线性表若采用链式存储结构，要求内存中可用存储单元的地址_____。

    A. 必须是连续的　　　　　　　　　　B. 部分必须是连续的

    C. 一定是不连续的　　　　　　　　　　D. 连续或不连续都可以

8. 在单链表中增加一个表头结点的目的是_____。

    A. 使单链表至少有一个结点　　　　　　B. 避免"断链"现象

    C. 方便插入和删除运算的实现　　　　　D. 说明单链表是线性表的链式存储

9. 若某线性表最常用的操作是存取任一指定序号的元素和在最后进行插入和删除运算，则采用_____存储方式最节省时间。

    A. 顺序表　　　　　　　　　　　　　　B. 双链表

    C. 带头结点的双循环链表　　　　　　　D. 单循环链表

10. 循环链表的主要优点是_____。

    A. 不再需要头指针

    B. 到达某个结点时，能够直接访问它的直接前驱结点

    C. 在进行插入、删除运算时，能更好地避免"断链"现象

    D. 从表中的任意结点出发都能扫描到整个链表

二、扩展题

1. 编写程序实现对顺序表逆置。

2. 编写程序将有序递增的单链表中数据值在 a 与 b(a<=b)之间的元素删除。

3. 编写程序删除单链表中所有关键字值为 x 的元素。

4. 编写程序实现对单链表的逆置。

5. 编写程序实现将数据域值最小的元素放置在单链表的最前面。

6. 编写程序将两个有序递增的单链表合并为一个有序递增的单链表。

7. 以顺序表 A、B 表示两个集合，编写程序求 A、B 的交集。

8. 以单链表 A、B 表示两个集合，编写程序求 A、B 的交集。

9. 顺序表的 Insert 函数，在表满时仅提示出错信息，请重写此函数，在表满时使表的长度增加 1 倍，并将新元素插入顺序表。

10. 编写程序实现将数据域值最大的元素放置在单链表的最后面。

第3章 堆栈和队列

堆栈和队列也属于线性数据结构，但是与线性表不同，它们只能在头部或尾部进行元素插入和删除。堆栈和队列也是最常用的重要数据结构，广泛应用于物流管理、交通控制等领域。

3.1 堆 栈

3.1.1 堆栈 ADT

堆栈（简称栈）是限定插入和删除操作都在表的同一端进行的线性结构。允许插入和删除元素的一端称为栈顶（top），另一端称为栈底（bottom）。若堆栈中无元素，则为空栈。设堆栈 $S=(a_0,a_1,\cdots,a_{n-1})$ 如图 3.1 所示，将 a_0 称为栈底元素，a_{n-1} 称为栈顶元素。设元素 $a_0,\cdots,a_{n-1}$ 依次进栈，则这些元素出栈的顺序与进栈时完全相反，具有后进先出（Last In First Out，LIFO）的特点。例如，元素 a_{n-1} 最后进栈，却最先出栈。

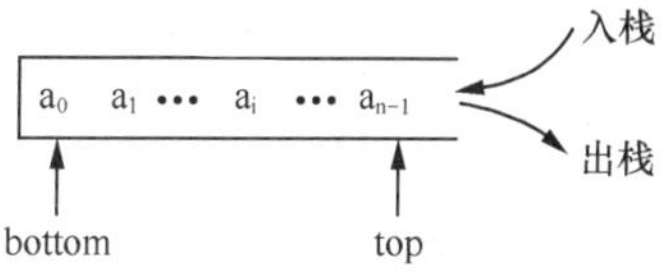

堆栈的抽象数据类型定义见 ADT 3.1。

图 3.1 堆栈示意图

```
ADT 3.1 堆栈 ADT
ADT Stack {
数据:
    n 个元素的线性序列(a₁,a₁,...,a_{n-1})，其中线性序列的长度上限为 maxSize，且 0≤n<maxSize。
运算:
    Create(S,maxSize)：建立一个最多能存储 maxSize 个元素的空堆栈 S。
    Destroy(S)：释放堆栈所占的存储空间。
    IsEmpty(S)：若堆栈 S 为空，则返回 TRUE；否则返回 FALSE。
    IsFull(S)：若堆栈 S 已满，则返回 TRUE；否则返回 FALSE。
    Top(S,x)：获取堆栈 S 的栈顶元素，并通过 x 返回。若操作成功，则返回 TRUE；否则返回 FALSE。
    Push(S,x)：在堆栈 S 的栈顶位置插入元素 x（入栈操作）。若操作成功，则返回 TRUE；否则返回 FALSE。
    Pop(S)：从堆栈 S 中删除栈顶元素（出栈操作）。若操作成功，则返回 TRUE；否则返回 FALSE。
    Clear(S)：清除堆栈 S 中全部元素。
}
```

与线性表的两种存储结构相对应，堆栈也有两种存储结构：顺序栈和链式栈。以下分别介绍。

3.1.2 堆栈的顺序表示

堆栈的顺序表示可以用一维数组实现，其结构如图 3.2 所示。在顺序结构存储的堆栈中，

maxSize–1 为堆栈的最大栈顶位置下标，top 为当前栈顶位置下标。顺序方式表示的栈又称为顺序栈，结构定义如下。

```
typedef struct stack
{
    int top;
    int maxSize;
    ElemType *element;
}Stack;
```

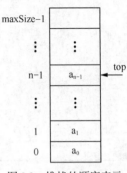

图 3.2　堆栈的顺序表示

在以上定义中，ElemType 是用户自定义类型，它是为了统一描述数据结构中数据元素的类型而设定的，element 为存储堆栈元素的一维数组首地址指针。在实际使用时，用户可以根据需要具体定义数据元素的数据类型，可以是整型、浮点型等基本数据类型，也可以是结构体类型等。

程序 3.1 给出顺序栈的具体代码实现。

程序 3.1　顺序栈

```
//堆栈结构体定义
typedef struct stack
{
    int top;
    int maxSize;
    ElemType *element;
} Stack;

//创建一个能容纳 mSize 个单元的空堆栈
void Create(Stack *S, int mSize)
{
    S->maxSize=mSize;
    S->element=(ElemType*)malloc(sizeof(ElemType)*mSize);
    S->top=-1;
}

//销毁一个已存在的堆栈，即释放堆栈占用的数组空间
void Destroy(Stack *S)
{
    S->maxSize=0;
    free(S->element);
    S->top=-1;
}

//判断堆栈是否为空栈，若是，则返回 TRUE；否则返回 FALSE
BOOL IsEmpty(Stack *S)
{
    return S->top==-1;
}

//判断堆栈是否已满，若是，则返回 TRUE；否则返回 FALSE
BOOL IsFULL(Stack *S)
{
    return S->top==S->maxSize-1;
}
```

```
//获取栈顶元素，并通过 x 返回。若操作成功，则返回 TRUE；否则返回 FALSE
BOOL Top(Stack *S, ElemType *x)
{
    if(IsEmpty(S))                      //空栈处理
        return FALSE;
    *x=S->element[S->top];
    return TRUE;
}

//在栈顶位置插入元素 x（入栈操作）。若操作成功，则返回 TRUE；否则返回 FALSE
BOOL Push(Stack *S, ElemType x)
{
    if(IsFull(S))                       //溢出处理
        return FALSE;
    S->top++;
    S->element[S->top]=x;
    return TRUE;
}

//删除栈顶元素（出栈操作）。若操作成功，则返回 TRUE；否则返回 FALSE
BOOL Pop(Stack *S)
{
    if(IsEmpty(S))                      //空栈处理
        return FALSE;
    S->top--;
    return TRUE;
}

//清除堆栈中全部元素，但并不释放空间
 void Clear(Stack *S)
{
    S->top=-1;
}
```

3.1.3　堆栈的链接表示

堆栈也可以用链接方式表示，此时栈顶指针 top 指向栈顶元素结点，如图 3.3 所示。链接方式表示的栈又称链式栈。链式栈的定义和操作的实现类似于单链表。

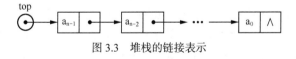

图 3.3　堆栈的链接表示

3.2　队　　列

3.2.1　队列 ADT

队列是限定在表的一端插入、在表的另一端删除的线性结构。其中，队尾（rear）为新元素依次进队的位置，而队头（front）则为队列中元素依次出队的位置。若队列中无元素，则为空队列。设队列 Q=$(a_0,a_1,\cdots,a_{n-1})$ 如图 3.4 所示，a_0 称为队头元素，a_{n-1} 称为队尾元素。若元素 $a_0,\cdots,a_{n-1}$ 依次入队，则元素出队时的顺序与入队时完全相同，即 a_0 出队后，a_1 才能出队。因此，队列为先进先出（First In First Out, FIFO）的线性数据结构。

ADT 3.2 为队列抽象数据类型的定义。

图 3.4　队列示意图

```
ADT 3.2  队列 ADT
ADT Queue{
数据:
    n 个元素的线性序列(a₀,a₁,⋯,aₙ₋₁)，其最大允许长度为 maxSize，且 0≤n≤maxSize。
运算:
    Create(Q,maxSize): 建立一个最多能存储 maxSize 个元素的空队列 Q。
    Destroy(Q): 释放队列 Q 申请的存储空间。
    IsEmpty(Q): 若队列 Q 空，则返回 TRUE; 否则返回 FALSE。
    IsFull(Q): 若队列 Q 已满，则返回 TRUE; 否则返回 FALSE。
    Front(Q,x): 获取队列 Q 的队头元素，并通过 x 返回。操作成功，则返回 TRUE; 否则返回 FALSE。
    EnQueue(Q, x): 在队列 Q 的队尾插入元素 x（入队操作）。操作成功，则返回 TRUE; 否则返回 FALSE。
    DeQueue(Q): 从队列 Q 中删除队头元素（出队操作）。操作成功，则返回 TRUE; 否则返回 FALSE。
    Clear(Q): 清除队列中全部元素。
}
```

与堆栈的 ADT 定义类似，上述队列抽象数据类型定义并不涉及具体的实现，因此所描述的参数和数据元素暂不必给出具体的数据类型声明，可根据实际使用需求进行具体的表示和实现。

3.2.2　队列的顺序表示

队列的顺序表示也用一维数组实现，其数据结构定义如下。

```
typedef struct queue
{
  int front;
  int rear;
  int maxSize;
  ElemType *element;
}Queue;
```

其中，front 为指向队头元素的前一单元的下标位置，rear 为指向队尾元素的下标位置，maxSize 表示队列中最多允许存储的元素数量（注意：在本书提供的实现方法中，队列最多允许存储的实际数量为 maxSize–1），element 表示存储队列元素的一维数组首地址指针。

设有 maxSize=5 的队列，初始时，空队列的顺序表示如图 3.5（a）所示。元素入队时，先将队尾下标 rear 加 1，然后元素入队；元素出队时，先将队头下标 front 加 1，然后元素出队。元素 20、30、40、50 依次入队后的情况如图 3.5（b）所示；执行 3 次元素出队操作，元素 20、30 和 40 依次出队，此时的队列状态如图 3.5（c）所示。

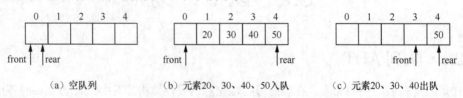

（a）空队列　　　　　　（b）元素20、30、40、50入队　　　　（c）元素20、30、40出队

图 3.5　队列的顺序表示及入队、出队操作

从图 3.5（c）可以看到，当再有元素需要入队时，将产生"溢出"，但显然队列中还有 3 个空的存储单元，我们称这种现象为"假溢出"。这种"假溢出"现象的发生，说明上述存储方式是有缺陷的。常用的一种改进方法是采用循环队列结构，即把数组从逻辑上看成一个头尾相连的环。当有新元素入队时，将该新元素存入环形结构的下一个单元位置。

图 3.6 所示为循环队列结构。为实现循环队列的入队和出队，可以利用取余运算符"%"。

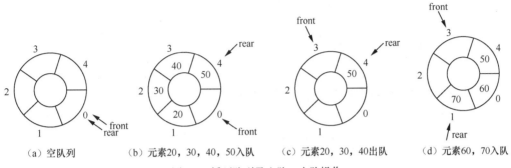

（a）空队列　　　（b）元素20，30，40，50入队　　（c）元素20，30，40出队　　（d）元素60，70入队

图 3.6　循环队列及入队、出队操作

front 前进 1 个单元位置：front=(front+1)%maxSize。

rear 前进 1 个单元位置：rear=(rear+1)%maxSize。

图 3.6 中，（a）是初始化生成的空队列，（b）到（d）是循环队列的入队和出队操作示意图。在空队列中将 20、30、40、50 依次入队，得到图 3.6（b）所示的队列状态；然后 20、30、40 依次出队，得到图 3.6（c）所示的队列状态；最后 60、70 入队，形成图 3.6（d）所示的队列状态。可以看出，当 60 入队时，rear 已经为 4，此时，再执行 rear=(rear+1) % maxSize 后 rear=0，因此 60 被插入下标位置为 0 的单元，解决了"假溢出"问题。

在循环队列结构中，front==rear 表示该队列为空队列，(rear+1)%maxSize==front 表示该队列为满队列。注意：在队列满时，该队列实际上仍然有一个元素的空间未被使用。

程序 3.2 给出循环队列的具体代码实现。

程序 3.2　循环队列

```
//循环队列结构体定义
typedef struct queue
{
  int front;
  int rear;
  int maxSize;
  ElemType *element;
} Queue;

//创建一个能容纳 mSize 个单元的空队列
void create(Queue *Q, int mSize)
{
  Q->maxSize=mSize;
  Q->element=(ElemType*)malloc(sizeof(ElemType)*mSize);
  Q->front=Q->rear=0;
}

//销毁一个已存在的队列，即释放队列占用的数组空间
```

```
void Destroy(Queue *Q)
{
    Q->maxSize=0;
    free(Q->element);
    Q->front=Q->rear=-1;
}


//判断队列是否为空，若是，则返回 TRUE；否则返回 FALSE
BOOL IsEmpty(Queue *Q)
{
    return Q->front==Q->rear;
}


//判断堆栈是否已满，若是，则返回 TRUE；否则返回 FALSE
BOOL IsFULL(Queue *Q)
{
    return (Q->rear+1)%Q->maxSize==Q->front;
}


//获取队头元素，并通过 x 返回。若操作成功，则返回 TRUE；否则返回 FALSE
BOOL Front(Queue *Q, ElemType *x)
{
    if(IsEmpty(Q))                    //空队列处理
        return FALSE;
    *x=Q->element[(Q->front+1)%Q->maxSize];
    return TRUE;
}


//在队列 Q 的队尾插入元素 x（入队操作）。操作成功，则返回 TRUE；否则返回 FALSE
BOOL EnQueue(Queue *Q, ElemType x)
{
    if (IsFull(Q))                    //溢出处理
        return FALSE;
    Q->rear=(Q->rear+1)%Q->maxSize;
    Q->element[Q->rear]=x;
    return TRUE;
}


//从队列 Q 中删除队头元素（出队操作）。操作成功，则返回 TRUE；否则返回 FALSE
BOOL DeQueue(Queue *Q)
{
    if(IsEmpty(Q))                    //空队列处理
        return FALSE;
    Q->front=(Q->front+1)%Q->maxSize;
    return TRUE;
}


//清除队列中全部元素，使队列恢复到初始状态（Q->front=Q->rear=0），但并不释放空间
void Clear(Queue *Q)
{
    Q->front=Q->rear=0;
}
```

3.2.3 队列的链接表示

队列的链接表示用单链表存储队列中的元素,队头指针 front 和队尾指针 rear 分别指向队头结点和队尾结点,如图 3.7 所示。链接方式表示的队列称为**链式队列**。

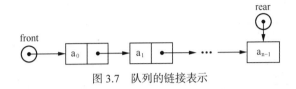

图 3.7 队列的链接表示

有了单链表和链式栈的基础,读者不难定义链式队列,并进行代码实现。

3.3 表达式计算

表达式是由操作数、操作符和界符组成的。根据操作符的放置顺序,表达式可分为前缀表达式、中缀表达式和后缀表达式,其中最常用的是中缀表达式和后缀表达式。表达式计算是程序编译中一个最基本的问题,而表达式求值常借助于堆栈来实现。

3.3.1 中缀表达式

操作符在两个操作数之间的表达式称为中缀表达式,如 a+b 等。中缀表达式是表达式最常见的形式。为正确计算表达式的值,程序设计语言必须明确规定各操作符的优先级,C 语言中定义的部分操作符的优先级如表 3.1 所示。C 语言规定的表达式计算顺序为:有括号时先计算括号中的表达式;高优先级表达式先计算。相同优先级的操作符计算有两种情况:一种是左结合原则,即从左向右依次计算;另一种是右结合原则,即从右向左依次计算。

表 3.1   C 语言中部分操作符的优先级

操作符	优先级
-, !	7
*, /, %	6
+, -	5
<, <=, >, >=	4
==, !=	3
&&	2
||	1

3.3.2 后缀表达式及其求值方法

尽管中缀表达式是普遍使用的书写形式,但在编译程序中常用的是后缀表达式。后缀表达式是把操作符放在两个操作数之后的表达式,又称为逆波兰表达式。后缀表达式中没有括号,计算时也不需要考虑操作符的优先级,因此更易于计算机编译处理。

表 3.2 列出了一些中缀表达式和它们对应的后缀表达式。

表 3.2　　　　　　　　　　　　　　中缀表达式和后缀表达式

中缀表达式	后缀表达式
a*b+c	ab*c+
a*b/c	ab*c/
a*b*c*d*e*f	ab*c*d*e*f*
a+(b*c+d)/e	abc*d+e/+
a*((b+c)/(d−e)−f)	abc+de−/f−*
a/(b−c)+d*e	abc−/de*+

实现后缀表达式计算的算法思想为：从左往右依次扫描后缀表达式，遇到操作数，则将该操作数进栈；遇到操作符，则从堆栈中弹出两个操作数，并执行该操作符规定的计算，将计算结果进栈。如此下去，直到后缀表达式扫描结束。此时，堆栈栈顶元素即为表达式的计算结果。注意，这里表达式中只考虑双目操作符，从堆栈中弹出两个操作数时，先出栈的是右操作数，后出栈的是左操作数。

表 3.3 列出了后缀表达式 abc−/de*+（其对应的中缀表达式为 a/(b−c)+d*e）的计算过程，其中 a=6,b=4,c=2,d=3,e=2。

表 3.3　　　　　　　　　　　　　　后缀表达式的计算过程

扫描项	操作	栈
6	6 进栈	6
4	4 进栈	4 6
2	2 进栈	2 4 6
−	2、4 出栈，计算 4−2，结果 2 进栈	2 6
/	2、6 出栈，计算 6/2，结果 3 进栈	3
3	3 进栈	3 3
2	2 进栈	2 3 3
*	2、3 出栈，计算 3*2，结果 6 进栈	6 3
+	6、3 出栈，计算 3+6，结果 9 进栈	9
（扫描结束）	弹出栈顶元素 9 即为结果	

从表 3.3 中可以看到，当扫描到减号时，2、4 出栈，但执行的是 4−2=2，而不是 2−4=−2。

下面通过给出一个简单后缀表达式求值计算器的模拟程序，进一步说明后缀表达式的计算。假设该计算器支持浮点数据的表达式计算，但只支持双目操作符+、−、*、/和^的运算，表达式中相邻的操作数均以空格分隔，例如：23.5 12.3−2.6 *。为实现支持后缀表达式求值的计算器，我们采用堆栈存放操作数（堆栈的实现参见程序 3.1）。

后缀表达式求值计算器程序的声明及其实现见程序 3.3。在主函数中通过输入流读入后缀表达式 postfix，然后调用 IsLegal(*)函数检查 postfix 中是否存在非法字符，若不存在，则调用函数 Caculating(*)对 postfix 进行求值，过程如下：利用 GetItem(*)函数依次扫描 postfix 中的每一个元素（这里的元素是指表达式中的操作符或操作数），若当前扫描的元素是操作符，则调用函数

DoOperator(*)执行相应的计算；若当前扫描的元素是操作数，则将该操作数进栈。在后缀表达式 postfix 扫描完毕后，栈顶元素即为后缀表达式的求值结果。注意：由于堆栈用于存储浮点型操作数，因此在程序编译调试前应将 stack.h 中 ElemType 的类型重定义为 double，即在 stack.h 中写入"typedef double ElemType;"。

程序 3.3 后缀表达式求值计算器

```c
#include "stack.h"
#include <math.h>
#include <stdio.h>
#include <stdlib.h>
#include <string.h>
#define STACKSIZE 20          //堆栈容量，可根据需要进行调整
#define ITEMSIZE  20          //操作数或操作符允许的最大长度，可根据需要进行调整
#define POSTFIXSIZE  200      //输入的后缀表达式允许的最大长度，可根据需要进行调整

//判断表达式中是否存在非法字符，合法字符仅包含 0~9、.、+、-、*、^、除号和空格
BOOL IsLegal(char *postfix)
{
  int i;
  char c;
  for(i=0;i<strlen(postfix);i++)
  {
    c=postfix[i];
    if(!((c>='0'&&c<='9')||c=='.'||c=='+'||c=='-'
                        ||c=='*'||c=='/'||c=='^'||c==' '))
      return FALSE;
  }
  return TRUE;
}

//从表达式的当前位置 curPos 获取一个元素，获取完成后，curPos 移动到下一个元素的首字符位置
//出现异常返回-1；若当前元素为操作数，则返回 0，若为操作符，则返回 1
int GetItem(char *postfix, int *curPos, char *item)
{
  int i=0, k=*curPos, flag;
  if(postfix[k]=='.')    //元素的首字符不能是小数点
    flag = -1;
  else if(postfix[k]>='0'&&postfix[k]<='9')  //若元素的首字符是数字，则当前元素为操作数
  {
    while((postfix[k]>='0'&&postfix[k]<='9')||postfix[k]=='.')
      item[i++]=postfix[k++];
    item[i]='\0';
    flag = 0;
  }
  else      //否则，当前元素为操作符
  {
    item[0]=postfix[k++];
    item[1]='\0';
    flag = 1;
  }
  while(postfix[k]==' ') //跳过当前元素后面的空格，下次取元素的起始位置为非空格字符
    k++;
```

```
    *curPos = k;
    return flag;
}


//根据操作符执行由 2 个操作数和 1 个操作符构成的基础表达式的计算
void DoOperator(Stack *S, char oper)
{
    double oper1,oper2;
    if(!Top(S, &oper1))    //从栈中弹出右操作数
    {
        printf("异常: 后缀表达式格式出错, 存在多余的操作符!\n");
        exit(0);
    }
    Pop(S);
    if (!Top(S,&oper2))     //从栈中弹出左操作数
    {
        printf("异常: 后缀表达式格式出错, 存在多余的操作符!\n");
        exit(0);
    }
    Pop(S);
    switch(oper)          //根据操作符执行指定运算
    {
    case '+':
        Push(S, oper2+oper1);
        break;
    case '-':
        Push(S, oper2-oper1);
        break;
    case '*':
        Push(S, oper2*oper1);
        break;
    case '/':
        if (fabs(oper1)<1e-6) //如果分母为 0, 则做出错处理
        {
            printf("异常: 除数不可以为 0!\n");
            exit(0);
        }
        else
            Push(S, oper2/oper1);
        break;
    case '^':
        Push(S, pow(oper2,oper1));
        break;
    }
}


//对后缀表达式 postfix 进行求值
double Caculating(char * postfix)
{
    Stack S;
    char  item[ITEMSIZE];     //存储后缀表达式中的元素
    double data;
    int flag=-1;    //标识当前扫描元素的类型, 操作符标记 1, 操作数标记 0, 存在异常标记-1
    int  curPos = 0;          //记录当前扫描元素的首字符下标位置
```

```
      while(postfix[curPos]==' ')   //过滤 postfix 最前面的所有空格
        curPos++;
      Create(&S, STACKSIZE);              //创建堆栈，动态申请 STACKSIZE 大小的空间
      while(curPos < strlen(postfix))
      {
         flag = GetItem(postfix, &curPos, item);   //获取当前扫描的表达式的元素
         if(flag == -1)
         {
            printf("异常：后缀表达式元素不合法！\n");
            exit(0);
         }
         else if(flag == 1)        //当前元素为操作符，则进行相应的计算
         {
            switch(item[0])
            {
            case '+':
            case '-':
            case '*':
            case '/':
            case '^':
               DoOperator(&S,item[0]);
               break;
            }
         }
         else                        //当前元素为操作数，则进栈
         {
            data=atof(item);      //atof 为系统函数，将字符串 item 转换为浮点数并返回
            Push(&S, data);
         }
      }
      if(S.top == 0)          // 若堆栈中只剩下唯一的元素，则栈顶元素即为计算结果
         Top(&S, &data);
      else
      {
         printf("异常：后缀表达式格式出错，存在多余操作数！\n");
         exit(0);
      }
      Destroy(&S);          //释放堆栈创建时动态申请的空间
      return data;
}

void main()
{
   char  postfix[POSTFIXSIZE];   //存储表达式中的扫描元素
   printf("请输入后缀表达式（连续的操作数之间用空格隔开）：\n");
   gets(postfix);                //从输入流读入后缀表达式，连续的操作数用空格隔开
   if(!IsLegal(postfix))   //检查后缀表达式中是否有非法字符
   {
      printf("异常：中缀表达式中存在非法字符！\n");
      return;
   }
   printf("%s = %.2f\n", postfix, Caculating(postfix));   //输出计算结果（保留两位小数）
}
```

若输入的后缀表达式为 6 4 2 – / 3 2 * +，则计算结果为 9.00。

设后缀表达式中的符号数为 n（表达式中操作数和操作符的总数），由于对输入的表达式只进行一次扫描，因此其时间复杂度为 O(n)。

3.3.3* 中缀表达式转换为后缀表达式

由于后缀表达式具有计算简便等优点，编译程序中常将中缀表达式转换为后缀表达式，这种转换也是堆栈应用的一个典型实例。

利用堆栈，我们给出实现中缀表达式到后缀表达式的转换算法。

【算法步骤】

（1）初始化堆栈，并将#进栈。

（2）从左到右顺序扫描中缀表达式中的每一个元素（这里的元素是指表达式中的操作数、操作符或界符），执行如下步骤。

① 若当前扫描元素为操作数，则直接输出。

② 若当前扫描元素为右括号），则连续出栈输出，直至遇到左括号（出栈为止，左括号出栈但并不输出。

③ 若当前扫描元素为操作符或左括号（，则将该元素的栈外优先级与栈顶元素的栈内优先级进行大小比较，若前者小于等于后者，则连续出栈输出，直到当前扫描元素的栈外优先级大于栈顶元素的栈内优先级时，停止出栈。此时，再将该扫描元素进栈。

（3）扫描结束时，依次输出栈中其他元素（#除外）。

上述算法执行过程中依次输出的元素序列即为与输入的中缀表达式相对应的后缀表达式。实现这个转换的关键是确定操作数以外的表达式元素的优先级，因为优先级决定了这些元素是否进、出栈。同时，这些元素在栈内和栈外的优先级应该有所不同，以实现中缀表达式到后缀表达式的正确转换。为此，我们设计了栈内优先级（In-Stack Priority，ISP）和栈外优先级（InComing Priority，ICP），如表 3.4 所示。

表 3.4　　　　　　　　　　　操作符的栈内外优先级

操作符	#	(	*/	+ –	)
ICP	0	7	4	2	1
ISP	0	1	5	3	7

表 3.5 所示为中缀表达式 a/(b–c)+d*e 转换为后缀表达式 abc–/de*+ 的过程。

表 3.5　　　　　　　　　　　中缀表达式转换为后缀表达式的过程

扫描项	操作	栈	输出
	#进栈	#	
a	a 输出	#	a
/	ICP('/')> ISP('#'), /进栈	/#	a
(	ICP('(')> ISP('/'), (进栈	(/#	a
b	b 输出	(/#	ab
–	ICP('-')> ISP('('), -进栈	–(/#	ab
c	c 输出	–(/#	abc

续表

扫描项	操作	栈	输出
)	ICP(')')< ISP('-'), -出栈输出	(/#	abc-
	ICP(')')== ISP('('), (出栈	/#	abc-
+	ICP('+')< ISP('/'), /出栈输出	#	abc-/
	ICP('+')> ISP('#'), +进栈	+#	abc-/
d	d 输出	+#	abc-/d
*	ICP('*')> ISP('+'), *进栈	*+#	abc-/d
e	e 输出	*+#	abc-/de
#	输出栈中剩余符号，*出栈输出	+#	abc-/de*
	+出栈输出	#	abc-/de*+

程序 3.4 是将中缀表达式转换为后缀表达式的算法实现，操作数支持整型和浮点型，操作符只支持双目操作符+、-、*和/，界符支持左括号（和右括号）。在输出的后缀表达式中，相邻的操作数以及操作符均用一个空格分隔。ICP(*)和 ISP(*)分别是求栈外和栈内优先级的函数。

程序 3.4 的执行流程描述如下。在主函数中通过输入流读入中缀表达式 infix，然后调用 IsLegal(*)函数检查 infix 中是否存在非法字符，若不存在，则调用函数 InfixToPostfix (*)将 infix 转换为后缀表达式，存储至变量 postfix 中，过程描述如下：利用 GetItem(*)函数依次扫描 infix 中的每一个元素（这里的元素是指表达式中的操作符、操作数或界符），若当前扫描的元素是操作数，则直接输出至 postfix；若当前扫描的元素是界符)，则连续出栈直至出栈元素为(，连续出栈的元素依次输出至 postfix，界符(只出栈不输出；若当前扫描的元素是其他操作符或界符(，则比较当前扫描元素的栈外优先级和栈顶元素的栈内优先级，若前者小于等于后者，则执行连续出栈输出操作，直至栈顶元素的栈内优先级小于当前扫描元素的栈内优先级，再将当前扫描元素进栈。在中缀表达式扫描完毕后，将堆栈中的元素依次出栈并输出至 postfix（注意：栈底的#不输出），此时 postfix 即为转换生成的后缀表达式。

注意：由于堆栈用于存储操作符和界符（均为单字符），因此在程序编译调试前应将 stack.h 中 ElemType 的类型重定义为 char，即在 stack.h 中写入"typedef char ElemType;"。

程序 3.4　中缀表达式到后缀表达式的转换

```
#include <stdio.h>
#include <stdlib.h>
#include <string.h>
#include "stack.h"
#define STACKSIZE 20        //堆栈容量，可根据需要进行调整
#define ITEMSIZE  20        //表达式中元素的最大长度，可根据需要进行调整
#define EXPSIZE   200       //表达式的最大长度，可根据需要进行调整
//判断表达式中是否存在非法字符，合法字符仅包含 0～9、.、(、)、+、-、*、除号和空格
BOOL IsLegal(char *postfix)
{
  int i;
  char c;
  for(i=0;i<strlen(postfix);i++)
  {
```

```
            c=postfix[i];
            if(!(((c>='0'&&c<='9')||c=='.'||c=='+'||c=='-'
                ||c=='*'||c=='/'||c==' '||c=='('||c==')' ))
                return FALSE;
        }
    return TRUE;
}
//从表达式的当前位置 curPos 获取一个元素，获取完成后，curPos 移动到下一个元素的首字符位置
//出现异常返回-1；若当前元素为操作数，则返回0，若为操作符，则返回1
int GetItem(char *postfix, int *curPos, char *item)
{
    …    //GetItem 函数的实现与程序 3.3 中相同，故此处省略
}
//获取操作符的栈外优先级
int ICP(char c)
{
    if(c=='#')
        return 0;
    else if(c=='(')
        return 7;
    else if(c=='*'||c=='/')
        return 4;
    else if(c=='+'||c=='-')
        return 2;
    else if(c==')')
        return 1;
    else
    {
        printf("后缀表达式不支持操作符%c!\n",c);
        exit(0);
    }
}
//获取操作符的栈内优先级
int ISP(char c)
{
    if(c=='#')
        return 0;
    else if(c=='(')
        return 1;
    else if(c=='*'||c=='/')
        return 5;
    else if(c=='+'||c=='-')
        return 3;
    else if(c==')')
        return 7;
    else
    {
        printf("后缀表达式不支持操作符%c!\n",c);
        exit(0);
    }
}
//将中缀表达式 infix 转换为后缀表达式 postfix，后缀表达式中相邻元素（操作符或操作数）用空格分隔
void InfixToPostfix(char *infix, char *postfix)
{
```

```
Stack S;
char item[ITEMSIZE];          //存储中级表达式中的元素
int flag=-1;                  //标识当前扫描元素的类型，操作符标记 1，操作数标记 0，存在异常标记-1
int curPos = 0;               //记录当前扫描元素的首字符下标位置
int k=0, i;
char ch, curOP;

while(infix[curPos]==' ')              //过滤 infix 最前面的所有空格
  curPos++;
Create(&S, STACKSIZE);                 //创建堆栈，动态申请 STACKSIZE 大小的空间
Push(&S,'#');
while(curPos < strlen(infix))
{
  flag = GetItem(infix, &curPos, item);  //获取当前扫描的表达式的元素
  if(flag == -1)
  {
    printf("异常：中级表达式元素不合法！\n");
    exit(0);
  }
  else if(flag == 1)              //当前元素为操作符或界符
  {
      curOP = item[0];              //curOP 为当前扫描的操作符
      if(curOP==')')               //扫描到右括号时的处理，连续出栈输出，直到遇到左括号
      {
         do
         {
            Top(&S,&ch);
            Pop(&S);
            if(ch=='#')
            {
               printf("异常：中级表达式不合法！\n");
               exit(0);
            }
            if(ch!='(')     //左括号不输出
            {
                postfix[k++]=ch;
                postfix[k++]=' ';  //相邻元素用空格分隔
            }
         }while(ch!='(');
      }
      else{    //扫描到其他操作符时的处理
         Top(&S,&ch);    //获取当前栈顶操作符
         while(ICP(curOP)<=ISP(ch))
         {
            Pop(&S);
            postfix[k++]=ch;
            postfix[k++]=' ';     //相邻元素用空格分隔
            Top(&S,&ch);          //获取当前栈顶操作符
         }
         Push(&S, curOP);         //当前扫描的操作符进栈
```

```
        }
    }
    else                         //当前元素为操作数，直接输出
    {
        for(i=0;i<strlen(item);i++,k++)
            postfix[k]=item[i];
        postfix[k++]=' ';        //相邻元素用空格分隔
    }
}
while(!IsEmpty(&S))              //输出栈中剩余操作符
{
    Top(&S,&ch);
    Pop(&S);
    if(ch!='#')
    {
        postfix[k++]=ch;
        postfix[k++]=' ';        //相邻元素用空格分隔
    }
}
postfix[--k]='\0';              //去除最后一个多余的空格
}

void main()
{
    char  infix[EXPSIZE];        //存储用户输入的中缀表达式
    char  postfix[EXPSIZE];      //存储转换生成的后缀表达式
    printf("请输入中缀表达式: %s\n", infix);
    gets(infix);                 //从输入流读入中缀表达式
    if(!IsLegal(infix))
    {
        printf("异常: 中缀表达式中存在非法字符! \n");
        return;
    }
    InfixToPostfix(infix, postfix);
    printf("%s ===> %s \n", infix, postfix);        //取栈顶元素，得结果输出
}
```

该算法对中缀表达式只扫描一次，因此其时间复杂度是 O(n)，n 是表达式中的元素数量。

3.4 递 归

3.4.1 递归的概念

递归是一个数学概念，也是一种有用的程序设计方法。在程序设计中，处理重复性计算最常用的方法是组织迭代循环，此外还可以采用递归计算的方法，后者尤其适用于非数值计算领域。递归本质上也是一种循环的程序结构，它把"较复杂"的计算逐次归结为"较简单"的计算，一直归结到"最简单"的计算，并得到计算结果为止。许多问题采用递归方法来编写程序，使得程

序非常简洁和清晰，易于分析。

例如，斐波那契级数的递归定义可以用公式（3-1）表示。

$$\begin{cases} F_0 = 0 \\ F_1 = 1 \\ F_n = F_{n-1} + F_{n-2} \qquad (n > 1) \end{cases} \qquad (3\text{-}1)$$

根据斐波那契级数的递归定义可以很自然地写出计算 F_n 的算法。为便于在表达式中直接引用，我们把它设计成一个函数过程，见程序 3.5。

程序 3.5 计算斐波那契级数

```
long Fib(int n)
{
   if(n==0||n==1) return n;
   return Fib(n-2)+Fib(n-1);
}
```

函数 Fib(n)中又调用了函数 Fib，这种在函数中自己调用自己的做法称为递归调用，包含递归调用的过程称为递归过程。从实现方法上说，递归调用与调用其他子程序没有什么两样。设有一个过程 P，它调用 Q(x)，P 称为调用过程(Calling Procedure)，而 Q 称为被调过程(Called Procedure)。在调用过程 P 中，使用 Q(a)来引起被调过程 Q 的执行，这里 a 是实际参数，x 称为形式参数。当被调过程是 P 本身时，P 就成为递归过程。有时，递归调用还可以是间接的。对间接递归调用，在这里不做进一步讨论。

数据结构原则上都可以采用递归的方法来定义。但是习惯上，许多数据结构并不采用递归方式，而是直接定义，如线性表、字符串和一维数组等，其原因是这些数据结构的直接定义方式更自然，更直截了当。对第 5 章中将要讨论的树形结构，通常使用递归方法定义。使用递归方法定义的数据结构常称为递归数据结构。

3.4.2 递归的实现

递归算法的优点是明显的：程序非常简洁和清晰，且易于分析。但它的缺点是费时间，费空间。

首先，系统实现递归需要有一个系统栈，用于在程序运行时处理函数调用。系统栈是一块特殊的存储区。当一个函数被调用时，系统创建一个工作记录，称为栈帧（ Stack Frame ），并将其置于栈顶。初始时栈帧只包括返回地址和指向上一个帧的指针。当该函数调用另一个函数时，调用函数的局部变量、参数将加到它的栈帧中。一旦一个函数运行结束，它的栈帧将从栈中删除，程序控制返回原调用函数。假定 main 函数调用函数 a_1，图 3.8（ a ）所示为 main 函数系统栈，图 3.8（ b ）所示为包括函数 a_1 的系统栈。

由此可见，递归实现的空间效率不高。此外，频繁进栈、出栈所带来的时间开销也较大。

其次，递归实现的时间效率也不高。除了上面提到的局部变量、形式参数和返回地址的进栈出栈，以及参数传递需要消耗时间，重复计算也是费时的主要原因。我们用递归树来描述调用程序 3.5 计算斐波那契级数的过程。考察 Fib(4)的执行过程，其递归树如图 3.9 所示。由图 3.9 可知，主程序调用 Fib(4)，Fib(4)分别调用 Fib(2)和 Fib(3)，Fib(2)又分别调用 Fib(0)和 Fib(1)……其中，Fib(0)被调用了 2 次，Fib(l)被调用了 3 次，Fib(2)被调用了 2 次。若参数 n 较大，则将产生非常多的递归调用，且其中存在着许多重复的递归调用，因此整个工作的时间效率不高。

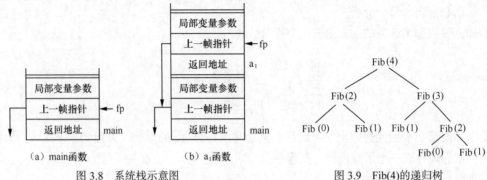

图 3.8　系统栈示意图　　　　　　　　图 3.9　Fib(4)的递归树

正因为递归算法有上述缺点，如果可能，常常将递归改为非递归，即采用循环方法来解决同一问题。如果递归调用语句是递归过程的最后一条可执行语句，则称这样的递归为尾递归。尾递归很容易改为迭代过程。因为当递归调用返回时，程序控制总是返回上一层递归调用语句的下一语句处，在尾递归的情况下，正好返回到函数的末尾，不再需要利用栈来保存返回地址，而除了返回值和引用值，其他参数和局部变量值此时都不再需要，因此可以不用栈，直接用循环形式得到非递归过程，从而提高程序的执行效率。

下面用一个例子来说明这一问题。程序 3.6 所示的递归函数 rsum 按照 n-1 到 0 的次序，输出有 n 个元素的一维整数数组 list 中的所有元素。从程序中可以看到，只有 n≥0 时，执行输出并递归调用；当 n < 0 时，递归结束。由于递归语句 rsum(matrix, n) 是最后一条可执行语句，因此程序 3.6 是尾递归的函数，很容易用迭代方法改为非递归函数，见程序 3.7。

程序 3.6　输出数组元素的递归函数
```
void rsum(int matix[], int n)
{
    n=n-1;
    if(n>=0)
    {
        printf("%d", matix[n]);
        rsum(matix, n);                 //尾递归
    }
}
```

程序 3.7　程序 3.6 的迭代函数
```
void sum(int matix[], int n)
{
    int i;
    for(i=n-1;i≥0;i--)                 //用循环消除尾递归
        printf("%d", matix[i]);
}
```

3.5　本 章 小 结

本章介绍了堆栈和队列这两种特殊的线性数据结构，它们都是存取受限的线性结构，插入和删除操作分别只能在表的一端和两端进行，而第 2 章中讨论的线性表可以在表中任何位置插入和删除元素。堆栈的特点是后进先出，队列的特点是先进先出。堆栈和队列都可以用来保存待处理

的数据，符合后进先出特征的用堆栈，符合先进先出特征的用队列。与线性表一样，堆栈和队列都可以采用顺序和链式存储结构。本章介绍的后缀表达式的计算和中缀表达式到后缀表达式的转换都是堆栈的应用实例。

本章最后介绍了递归的概念和递归的实现。递归算法具有结构简洁清晰、易于分析等优点；但由于递归函数在运行过程中的嵌套调用特性，其时间和空间效率往往不如相应的非递归算法。因此，强调效率的应用场景中应尽量避免使用递归。

习　　题

一、基础题

1. 栈和队列的主要区别是＿＿＿＿＿。
   A. 逻辑结构不同　　　　　　　　　　B. 存储结构不同
   C. 所包含的运算个数不同　　　　　　D. 限定插入和删除的位置不同

2. 设 A、B、C 三个元素依次进栈（进栈后可立即出栈），请写出所有可能的出栈序列。

3. 阐述栈和队列的特点，并说明它们的作用。

4. 循环队列的元素存放在数组 Q 中，M 是数组 Q 的最大长度，队尾指针 rear 指向队尾元素在 Q 中的下标值，队头指针 front 指向队头元素在 Q 中的下标值−1。试分别写出判队列为空和判队列为满的条件。

5. 利用栈计算下列表达式的值，指出栈中最多时有几个元素，并给出对应的中缀表达式。
   （1）5 3 2 * 3 + 3 / +　　　　　　　（2）4 2 4 1 * 1 3 * −^ 2 1 * / +

6. 写出下列表达式的后缀形式。
   （1）(a+b)/(c+d)　　　　　　　　　（2）b^2−4*a*c
   （3）a*c−b/c^2　　　　　　　　　　（4）(a+b)*c+d/(e+f)
   （5）(a+b)*(c*d+e)−a*c

7. 什么是递归、递归算法？比较递归和非递归算法的优缺点。

二、扩展题

1. 设 A、B、C、D、E 五个元素依次进栈（进栈后可立即出栈），问能否得到下列序列。若能得到，则给出相应的 push 和 pop 序列；若不能，则说明理由。
   （1）A，B，C，D，E
   （2）A，C，E，B，D
   （3）C，A，B，D，E
   （4）E，D，C，B，A

2. 利用栈可以检查表达式中括号是否配对，试编写算法实现。

3. 循环队列元素放在 q[1…n]中，试给出实现队列的各种操作的程序。

4. 编程实现利用队列将栈中元素逆置的算法。

5. 对整数数组 A[n]设计递归算法分别实现如下功能：
   （1）求数组中的最大整数；
   （2）求数组中 n 个数的平均值。

6. 设计一个递归算法，实现在一个线性表中搜索一个指定关键字值的元素。

第4章　数组和字符串

数组是由数量固定且类型相同的数据元素组成的有序集合，是程序设计中最常用的数据结构之一，也是实现数据顺序存储表示的基本数据结构。线性表、树、图、集合等常见数据结构都可以借助数组来实现顺序存储。本章首先讨论数组及数组元素在计算机内的表示，然后从抽象数据类型的角度讨论数组的定义及其实现，并在此基础上讨论基于数组的数据类型——特殊矩阵与稀疏矩阵，最后讨论基于数组的重要应用——字符串匹配算法。

4.1　数　　组

数组（array）是连续存储的数据类型，常被用来实现数据的顺序存储结构。由于数组元素具有相同的数据类型，即每个数组元素所占存储空间大小一致，在已知数组存储空间首地址的前提下，通过数组下标（index）可以实现对数组元素的随机存取。

4.1.1　一维数组

在 C 语言中，一维数组的声明方式如下所示。

ElemType arrName[n];

ElemType 是数组元素类型，arrayName 是数组名，n 是数组大小，即数据元素数量。例如，float a[3]表示创建了一个名为 a 的数组，该数组包含 3 个单精度浮点型数据元素，下标从 0 到 2。

数组可以在声明时获得连续存储空间，其大小取决于 ElemType 与 n 的值。假设一个单精度浮点型数据元素占 4 字节，则上述 a 数组一共获得 4×3 字节存储空间。一旦为一个数组分配了存储空间，就不能增加或减少已分配存储空间，只能访问或修改数组元素值，因此数组是静态的数据结构。

数组可以在声明时对数组元素整体赋值，也可以通过下标单独对某个数组元素进行赋值。例如

float a[3] = {4.01, 11.2, 3.33};

等价于

a[0] = 4.01;

a[1] = 11.2;

a[2] = 3.33;

一个数组元素占用存储空间大小取决于数组声明的 ElemType。由于每个数据元素都占用相同的存储空间，可以通过数组下标快速计算出数组元素的存储地址。下标为 i(0≤i<n)的数组元素 arrName[i]的存储地址 loc(arrName[i])为

$$loc(arrName[i])=loc(arrName[0])+i \times sizeof(ElemType) \quad (0≤i<n) \quad (4-1)$$

在公式（4-1）中，loc(arrName[0])表示数组第一个元素（下标为 0）的存放地址，也是数组所分配存储空间的首地址，称为**基地址**。sizeof(ElemType)表示类型为 ElemType 的数据元素所占用存储空间的大小。由公式（4-1）可知，计算数组任意元素存储地址所耗费的时间都是相同的，存取数组任意元素所耗费的时间也是相同的,具有这种特点的存储结构称为**随机存取的存储结构**。

4.1.2　二维数组

C 语言中，二维数组的声明方式如下所示。

ElemType arrName [m][n];

m 与 n 共同决定了二维数组的大小，即数据元素数量为 m×n 个。二维数组中的数据元素在两个维度上各有一个下标，这两个下标共同决定了数组元素在数组中的位置。例如，int b[3][2]是一个二维数组，该数组包含了 3×2 个整型数据元素，其中，b[i][j]表示数组 b 的一个数组元素，i 表示数组元素在第一个维度中的下标，取值范围是 0 到 2，j 表示数组元素在第二个维度中的下标，取值范围是 0 到 1。

给定一个 m×n 的二维数组，采用顺序方式存储时，其占用空间大小为 m×n× sizeof(ElemType)。在计算机中实现数据存储时，二维数组需要映射到一维存储空间中，存在两种存储规则：**行优先存储**和**列优先存储**。

二维数组中，在第一个维度上下标相同的数组元素被看作一**行**（row），在第二个维度上下标相同的数据元素被看作一**列**（column）。例如，上述数组 b 可看作由 3 行数组元素组成。

第1行数组元素 (i = 0)：b[0][0], b[0][1]
第2行数组元素 (i = 1)：b[1][0], b[1][1]
第3行数组元素 (i = 2)：b[2][0], b[2][1]

数组 b 也可以看作由 2 列数组元素组成。

第1列数组元素 (j = 0)：b[0][0], b[1][0], b[2][0]
第2列数组元素 (j = 1)：b[0][1], b[1][1], b[2][1]

采用行优先顺序存储方式将二维数组存储到一维连续存储空间中的具体步骤是：首先将数组第 1 行的所有数组元素依次存储到一维存储空间中，再将数组第 2 行的所有数组元素依次存储到一维存储空间中，以此类推，最后将数组第 m 行的所有数组元素依次存储到一维存储空间中。以上述数组 b 为例，采用行优先存储规则，数组 b 中的元素在一维存储空间中的存储形式如图 4.1 所示。

图 4.1　行优先顺序存储二维数组

以行优先顺序存储的二维数组中，数组元素 arrName[i][j]的存储地址 loc(arrName[i][j])为

$$loc(arrName[i][j])= loc(arrName[0][0])+(i \times n+j) \times sizeof(ElemType) \quad (0≤i<m,0≤j<n) \quad (4-2)$$

在公式（4-2）中，loc(arrName[0][0])是二维数组的基地址。与一维数组类似，二维数组也是

随机存取存储结构。

同样，我们可以得出以列优先顺序方式存储二维数组的步骤。以上述数组 b 为例，采用列优先存储规则，数组 b 中的元素在一维存储空间中的存储形式如图 4.2 所示。

图 4.2　列优先顺序存储二维数组

以列优先顺序存储的二维数组中，数组元素 arrName[i][j]的存储地址 loc(arrName[i][j]为

$$loc(arrName[i][j]) = loc(arrName[0][0]) + (j \times m + i) \times sizeof(ElemType) \quad (0 \leq i < m, 0 \leq j < n) \quad (4-3)$$

4.1.3　多维数组

在 C 语言中，n 维数组的声明方式如下所示。

$$ElemType\ arrName\ [m_1][\ m_2]\cdots[\ m_n];$$

n 维数组中的元素使用 n 个下标 $i_1, i_2, \cdots, i_n$ 进行标识 $(0 \leq i_1 < m_1, \cdots, 0 \leq i_n < m_n)$，如 arrName $[i_1][\ i_2]\cdots[i_n]$。

当 n 维数组存储到一维存储空间时，数组元素 arrName $[i_1][\ i_2]\cdots[i_n]$的存储地址 loc(arrName $[i_1][\ i_2]\cdots[i_n]$)为

$$loc(arrName[i_1][\ i_2]\cdots[i_n]) = loc(arrName\ [0][0]\cdots[0]) +$$
$$(i_1 \times m_2 \times m_3 \times \cdots \times m_n +$$
$$i_2 \times m_3 \times \cdots \times m_n +$$
$$i_3 \times \cdots \times m_n +$$
$$\cdots +$$
$$i_n)$$
$$\times sizeof(ElemType)$$

4.2　数组的抽象数据类型

C 语言提供的数组并非一个完备的数据结构，主要体现在：（1）不能实现数组的整体赋值；（2）不能将数组作为函数值返回；（3）对数组元素下标不提供边界检查；（4）将数组名作为变量进行传递时，传递的实际上是数组的基地址。

如果我们需要像使用整型、浮点型、字符型等基本类型一样将数组作为一种数据类型来使用，则需要基于 C 语言所提供的数组支持，定义一个数组的抽象数据类型并实现。数组的抽象数据类型如 ADT 4.1 所示。

```
ADT 4.1 Array{
数据:
    下标 i = < i₁, i₂, …, iₙ >和元素 v 的偶对<i, v>集合。其中 n 是数组维度，i₁, i₂, …, iₙ表示元素在
数组各个维度的下标值；数组在各个维度的长度分别是 m₁, m₂, …, mₙ；数据元素类型为 ElemType。
```

运算：

    CreateArray (A, m₁, m₂, …, mₙ)

    创建运算：申请 n 维数组 A 所需存储空间并分配给数组 A，成功分配则函数返回 OK；否则，函数返回 ERROR。

    DestroyArray (A)

    清除运算：判断数组 A 是否存在，若存在，则撤销数组，函数返回 OK；否则，函数返回 ERROR。

    RetrieveArray (A, i₁, i₂, …, iₙ)

    数组元素查询运算：判断数组 A 是否存在，若不存在，则函数返回 ERROR；否则，对 i₁, i₂, …, iₙ 进行边界检查，若下标非法，则函数返回 ERROR，否则返回下标为 i₁, i₂, …, iₙ 的数组元素。

    StoreArrayItem (A, i₁, i₂, …, iₙ, x)

    数组元素赋值运算：判断数组 A 是否存在，若不存在，则函数返回 ERROR；否则，对 i₁, i₂, …, iₙ 进行边界检查，若下标非法，则函数返回 ERROR，否则将下标为 i₁, i₂, …, iₙ 的数组元素值设置为 x，函数返回 OK。

    OutputArray (A)

    数组输出运算：判断数组 A 是否存在，若不存在，则函数返回；否则，将数组中所有元素依次输出。

    CopyArray (A, B)

    数组复制运算：判断数组 A 和 B 是否存在，若 A 或 B 不存在，则函数返回 ERROR；否则，判断数组 A 和 B 是否大小相同（指每一个维度的大小都相同），若不同，则函数返回 ERROR，否则，将数组 A 中元素依次复制到数组 B 中。

}

下面借助 C 语言的结构体和动态数组，实现一个三维整型数组类型 TripleArray 及其运算。

```
typedef struct triplearray
{
  int m1;
  int m2;
  int m3;
  int *array;
}TripleArray;
```

程序 4.1　三维整型数组运算的 C 语言程序

```
#define ERROR 0
#define OK 1
#define NotPresent 2
#define Duplicate 3
#define IllegalIndex 4
typedef int Status;

Status CreateArray(TripleArray *triArray, int m1, int m2, int m3)
{
  triArray->m1 = m1;
  triArray->m2 = m2;
  triArray->m3 = m3;
  triArray->array = (int *)malloc(m1*m2*m3*sizeof(int));
  if(!triArray->array)
     return ERROR;
  return OK;
}


Status DestroyArray(TripleArray *triArray)
{
```

```
    if(!triArray)
        return ERROR;
    if(triArray->array)
        free(triArray->array);
    return OK;
}

Status RetrieveArray(TripleArray triArray, int i1, int i2, int i3, int *x)
{
    if(!triArray.array)
        return NotPresent;
    if(i1<0||i2<0||i3<0||i1>=triArray.m1||i2>=triArray.m2||i3>=triArray.m3)
        return IllegalIndex;
    *x = *(triArray.array+i1*triArray.m2*triArray.m3+i2*triArray.m3+i3);
    return OK;
}

Status StoreArrayItem(TripleArray *triArray, int i1, int i2, int i3, int x)
{
    if(!triArray->array)
        return NotPresent;
    if(i1<0||i2<0||i3<0||i1>=triArray->m1||i2>=triArray->m2||i3>=triArray->m3)
        return IllegalIndex;
    *(triArray.array+i1*triArray->m2*triArray->m3+i2*triArray->m3+i3) = x;
    return OK;
}

void OutputArray(TripleArray triArray)
{
    int i1, i2, i3;
    if(!triArray.array)
        return;
    for(i1 = 0; i1<triArray.m1; i1++)
        for(i2 = 0;i2<triArray.m2; i2++)
            for(i3 = 0;i3<triArray.m3; i3++)
            {
                int value;
                RetrieveArray(triArray, i1, i2, i3, &value);
                printf("array[%d][%d][%d] = %d\n", i1, i2, i3, value);
            }
}

Status CopyArray(TripleArray *triArrayA, TripleArray *triArrayB)
{
    int i1, i2, i3;
    if(!triArrayA->array||!triArrayB->array)
        return NotPresent;
    if(triArrayA->array==triArrayB->array)
        return Duplicate;
    if(triArrayA->m1!=triArrayB->m1||triArrayA->m2!=triArrayB->m2
        ||triArrayA->m3!=triArrayB->m3)
        return ERROR;
    for(i1 = 0; i1<triArrayA->m1; i1++)
        for(i2 = 0; i2<triArrayA->m2; i2++)
            for(i3 = 0; i3<triArrayA->m3; i3++)
            {
```

```
                int value;
                RetrieveArray(triArrayA, i1, i2, i3, &value);
                StoreArrayItem(triArrayB, i1, i2, i3, value);
            }
    return OK;
}
```

程序 4.2 是一个简单的测试程序，用以测试程序 4.1 中已经实现的三维整型数组运算。

程序 4.2 三维整型数组运算测试

```
void main(void)
{
    int i1, i2, i3;
    TripleArray TripleArrayA, TripleArrayB;
    CreateArray(&TripleArrayA, 2, 2, 2);
    CreateArray(&TripleArrayB, 2, 2, 2);
    for(i1 = 0; i1<TripleArrayA.m1; i1++)
        for(i2 = 0; i2<TripleArrayA.m2; i2++)
            for(i3 = 0; i3<TripleArrayA.m3; i3++)
            {
                StoreArrayItem(&TripleArrayA, i1, i2, i3, 10);
                StoreArrayItem(&TripleArrayB, i1, i2, i3, 5);
            }
    OutputArray(TripleArrayA);
    OutputArray(TripleArrayB);
    CopyArray(&TripleArrayA, &TripleArrayB);
    OutputArray(TripleArrayA);
    OutputArray(TripleArrayB);
}
```

4.3 特 殊 矩 阵

矩阵（matrix）在数学中被描述为一个按照长方阵列排列的复数或实数集合。矩阵的概念被广泛应用于数学、物理学、计算机科学等学科中。在计算机科学中，图像处理、三维动画制作等都需要应用矩阵及其运算。由于矩阵具有行与列的概念，二维数组非常适合描述矩阵。

在实际应用中，矩阵规模通常很大，为了节约存储空间，加快矩阵运算速度，需要对矩阵进行压缩存储。压缩存储的核心思想包括：（1）对于值相同的多个矩阵元素，只为其中一个元素分配存储空间；（2）值为零的矩阵元素尽量不分配空间；（3）可实现无损解压，即矩阵中所有未分配存储空间的元素可以被完全恢复。

特殊矩阵是数据元素的数值或位置具有一定规律的矩阵，如对称矩阵、三角矩阵、带状矩阵等。本节重点介绍对称矩阵、三角矩阵，并讨论这两种特殊矩阵的存储形式。

4.3.1 对称矩阵

n 阶矩阵 A 中的矩阵元素满足 $a_{ij}=a_{ji}$ $(0{\leqslant}i, j{<}n)$，则称矩阵 A 为 n 阶对称矩阵。

在计算机中实际存储一个对称矩阵时，只需要存储矩阵上三角（或下三角）中的元素（包括对角线元素），未实际分配存储空间的下三角（或上三角）元素（不包括对角线元素），可以通过对称矩阵的特征恢复。因此，包含 n×n 个元素的对称矩阵，实际存储时只需 n×(n+1)/2 个元素的存储空间，也就是说，在实际存储对称矩阵时，只需要一个长度为 N 的一维数组，N= n×(n+1)/2。

与二维数组类似，存储对称矩阵元素时，也需要约定存储规则：行优先或列优先。同时，还需要约定存储的是上三角元素还是下三角元素。

给定一个 n 阶对称矩阵，约定以行优先规则存储矩阵元素至一维数组 B，若存储下三角元素（包括对角线元素），则矩阵元素 a_{ij} 在一维数组 B 中下标 k（$0 \leqslant k < N$）满足如下公式：

$$k = \begin{cases} \dfrac{i \times (i+1)}{2} + j & i \geqslant j \\ \dfrac{j \times (j+1)}{2} + i & i < j \end{cases} \tag{4-4}$$

如果约定以行优先规则存储矩阵元素，且存储上三角元素（包括对角线元素），则矩阵元素 a_{ij} 在一维数组 B 中下标 k（$0 \leqslant k < N$）满足如下公式：

$$k = \begin{cases} \dfrac{j \times (2n-j-1)}{2} + i & i > j \\ \dfrac{i \times (2n-i-1)}{2} + j & i \leqslant j \end{cases} \tag{4-5}$$

例如，一个 4 阶对称矩阵，如图 4.3（a）所示。以行优先存储该对称矩阵，存储下三角元素时，矩阵元素在一维空间中的存储表示如图 4.3（b）所示；存储上三角元素时，矩阵元素在一维空间中的存储表示如图 4.3（c）所示。

图 4.3 对称矩阵及其存储表示

4.3.2 三角矩阵

若 n 阶矩阵 A 中的矩阵元素满足 a_{ij}（$0 < i < j < n$）为常数 c（通常 c=0），则矩阵 A 称为**下三角矩阵**。若 A 中的矩阵元素满足 a_{ij}（$0 < j < i < n$）为常数 c，则矩阵 A 称为**上三角矩阵**。上三角矩阵和下三角矩阵统称为三角矩阵。

在实际存储一个 n 阶三角矩阵时，只需要一个长度为 N+1 的一维数组，其中 N（$N=n \times (n+1)/2$）个元素存储空间用于存储非常数项矩阵元素，1 个元素存储空间用于存储常数 c。

给定一个 n 阶下三角矩阵，约定以行优先规则存储矩阵元素至一维数组 B，则元素 a_{ij} 在一维数组中的下标 k（$0 \leqslant k \leqslant N$）满足如下公式：

$$k = \begin{cases} \dfrac{i \times (i+1)}{2} + j & i \geqslant j \\ N & i < j \end{cases} \tag{4-6}$$

给定一个 n 阶上三角矩阵，约定以行优先规则存储矩阵元素至一维数组 B，则元素 a_{ij} 在一维数组中的下标 k（$0 \leqslant k \leqslant N$）满足如下公式：

$$k=\begin{cases} N & i>j \\ \dfrac{i\times(2n-i-1)}{2}+j & i\leqslant j \end{cases}\qquad\qquad(4\text{-}7)$$

例如，一个 4 阶下三角矩阵，如图 4.4（a）所示，以行优先顺序存储该矩阵，矩阵元素在一维空间中的存储表示如图 4.4（b）所示。

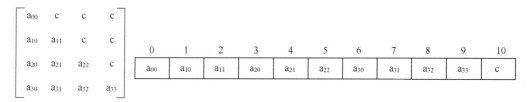

（a）下三角矩阵　　　　　　　　　　（b）下三角矩阵元素存储表示

图 4.4　下三角矩阵及其存储表示

一个 4 阶上三角矩阵，如图 4.5（a）所示，以行优先顺序存储该矩阵，矩阵元素在一维空间中的存储表示如图 4.5（b）所示。

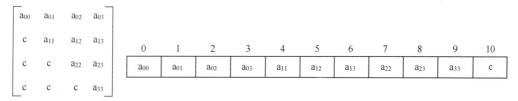

（a）上三角矩阵　　　　　　　　　　（b）上三角矩阵元素存储表示

图 4.5　上三角矩阵及其存储表示

4.4　稀　疏　矩　阵

矩阵中非零元素数量占元素总数的比例称为矩阵的**稠密度**。稠密度很小，即包含大量零元素的矩阵称为稀疏矩阵（sparse matrix）。通常稠密度小于 5% 的矩阵即可视为稀疏矩阵。与特殊矩阵不同，稀疏矩阵中零元素的位置分布没有规律。

稀疏矩阵常出现于大规模集成电路设计、图像处理等应用领域。由于稀疏矩阵中只有少量非零元素，为了节省存储空间，对稀疏矩阵可以只存储非零元素。

4.4.1　稀疏矩阵的抽象数据类型

稀疏矩阵的抽象数据类型如 ADT 4.2 所示。

```
ADT 4.2 SparseMatrix{
数据:
大多数元素值为 0 的矩阵。
运算:
    CreateSparseMatrix (A, m, n)
    创建运算:创建一个 m×n 的空稀疏矩阵。
```

```
ClearSparseMatrix (A)
```
清除运算：清除稀疏矩阵，成功清除，则函数返回 OK；否则，函数返回 ERROR。
```
StoreSparseMatrixItem (A, i, j, x)
```
赋值运算：判断稀疏矩阵 A 是否存在，若不存在，则函数返回 ERROR；否则，设置稀疏矩阵中下标为
i, j 的元素值为 x，设置成功，函数返回 OK，否则，函数返回 ERROR。
```
RetrieveSparseMatrix (A, i, j)
```
查找运算：判断稀疏矩阵 A 是否存在，若不存在，则函数返回 ERROR；否则，对 i, j 进行边界检查，若下
标非法，则函数返回 ERROR，否则，返回下标为 i, j 的元素。
```
OutputSparseMatrix (A)
```
输出运算：判断稀疏矩阵 A 是否存在，若不存在，则函数返回；否则，将矩阵所有非零元素及其下标依次输出。
```
TransposeSparseMatrix (A)
```
转置运算：判断稀疏矩阵 A 是否存在，若不存在，则函数返回 ERROR；否则，返回 A 的转置矩阵。
```
AddSparseMatrix (A, B)
```
加法运算：判断稀疏矩阵 A 和 B 是否存在，若 A 或 B 不存在，则函数返回 ERROR；否则，返回 A 和 B 之和。
```
MultiSparseMatrix (A, B)
```
乘法运算：判断稀疏矩阵 A 和 B 是否存在，若 A 或 B 不存在，则函数返回 ERROR；否则，返回 A 和 B 之积。
```
}
```

以上描述稀疏矩阵的抽象数据类型，暂不涉及具体的实现，因此所描述的参数和数据元素暂未给出具体数据类型，可根据实际使用需求进行具体的表示和实现。

因为稀疏矩阵中非零元素的存储位置分布没有规律，在存储非零元素时，需连同其位置信息一起存储，否则无法恢复。将稀疏矩阵中非零元素 a_{ij} 以三元组 $<i, j, a_{ij}>$ 表示，i, j 为非零元素 a_{ij} 的下标，即其在稀疏矩阵中的位置信息。在顺序存储方式下，稀疏矩阵非零元素可以按照行优先或列优先顺序存储到一个一维数组中。以行优先规则存储稀疏矩阵非零元素的一维数组称为**行三元组表**；以列优先规则存储稀疏矩阵非零元素的一维数组称为**列三元组表**。

图 4.6 给出了一个稀疏矩阵的行三元组表与列三元组表示例。值得注意的是，在行三元组表中，矩阵元素按照其在稀疏矩阵中的行号从小到大顺序排列；在列三元组表中，则按照列号从小到大顺序排列。

		-5	-2	0	0	0	0
		0	0	0	-6	0	0
		0	-3	0	0	0	0
		-7	0	0	-4	0	0
		0	0	-1	0	0	0

	i	j	a_{ij}
0	0	0	-5
1	0	1	-2
2	1	3	-6
3	3	1	-3
4	4	0	-7
5	4	3	-4
6	5	2	-1

	i	j	a_{ij}
0	0	0	-5
1	4	0	-7
2	0	1	-2
3	3	1	-3
4	5	2	-1
5	1	3	-6
6	4	3	-4

（a）稀疏矩阵　　　　　　（b）行三元组表　　　　　　（c）列三元组表

图 4.6　稀疏矩阵及其顺序表示

三元组和三元组表的 C 语言定义如下所示。

```
#define maxSize 100        //可存储的非零元素数量上限
typedef int ElemType;
typedef struct term{
    int col, row;          //非零元素在稀疏矩阵中的列下标 col 和行下标 row
```

```
    ElemType value;            //非零元素的值
}Term;
typedef struct sparsematrix{
    int m, n, t;               //m 是矩阵行数，n 是矩阵列数，t 是非零元素个数
    Term table[maxSize];       //存储非零元素的三元组表
}SparseMatrix;
```

4.4.2　稀疏矩阵的转置算法

矩阵转置是最常见的矩阵运算。采用二维数组 A 存储一个普通 m×n 矩阵，假设将矩阵转置结果存储到 n×m 矩阵 B 中，转置运算的核心程序如下。

```
for(int i=0; i<m; i++)
    for(int j=0; j<n; j++)
        B[j][i] = A[i][j];
```

上述程序段需要访问矩阵中的每一个元素，其时间复杂度为 O(m×n)。

当采用三元组表存储稀疏矩阵时，稀疏矩阵转置算法实现则略为复杂。本节中给出稀疏矩阵转置的两个常见转置算法和一个快速转置算法。假设按照行优先存储稀疏矩阵非零元素，稀疏矩阵 A 进行转置后的结果存储到稀疏矩阵 B 中。

1. 稀疏矩阵转置算法 1

该转置算法步骤如下。

步骤 1：依次访问 A 的行三元组表中各个三元组 <i, j, a_{ij}>，交换元素行列号后将其依次保存到 B 的行三元组表中。

步骤 2：将 B 的行三元组表中的行三元组按照下标 i 值从小到大重新排序。

上述算法的步骤 2 是一个排序过程，其时间复杂度直接决定了整个转置算法的时间复杂度。排序算法的时间复杂度一般为 O(t^2) 或 O(t×$\log_2 t$)（详见第 10 章），t 为非零元素个数。图 4.7 给出了转置算法 1 的过程示例。

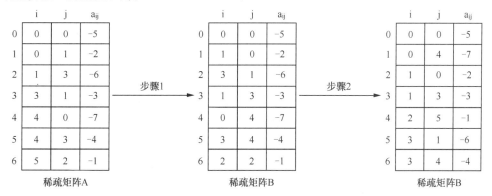

图 4.7　转置算法 1 的过程

2. 稀疏矩阵转置算法 2

该转置算法步骤如下。

步骤 1：对 A 的行三元组表进行第 1 次扫描，找到列下标 j = 0 的所有三元组 <i, 0, a_{i0}>，交换元素行列号后将其依次保存到 B 的行三元组表中。

步骤 2：对 A 的行三元组表进行第 2 次扫描，找到列下标 j = 1 的所有三元组 <i, 1, a_{i1}>，交换元素行列号后将其依次保存到 B 的行三元组表中。

：

步骤 n：对 A 的行三元组表进行第 n 次扫描，找到列下标 $j = n-1$ 的所有三元组 $<i, n-1, a_{i,n-1}>$，交换元素行列号后将其依次保存到 B 的行三元组表中。

上述算法对 A 的行三元组表进行了最多 n 次扫描，时间复杂度为 O(t×n)。图 4.8 所示为转置算法 2 的过程示例。

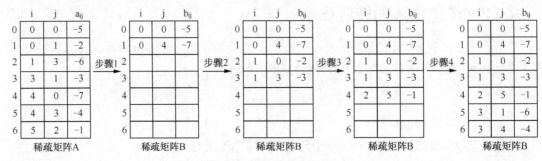

图 4.8　转置算法 2 的过程

3. 稀疏矩阵的快速转置算法

上面介绍的两种简单稀疏矩阵转置算法都比较耗时。通过增加适量额外存储空间，存储预先计算的辅助信息，能够实现稀疏矩阵的快速转置，算法时间复杂度可以降低至 O(n+t)。这是一种典型的以空间代价换取时间代价的做法。

假设按照行优先存储稀疏矩阵非零元素，稀疏矩阵 A 进行转置后的结果存储到稀疏矩阵 B 中。实现快速转置算法需要借助两个一维辅助数组 num 和 k，这两个数组长度都为 n（稀疏矩阵 A 的列数）。

数组 num 的元素 num[j] 统计稀疏矩阵 A 中列号为 j 的非零元素个数。只需要对 A 的行三元组表进行一次扫描，即可统计出 A 的每一列非零元素个数，程序段如下所示。

```
for(int j=0; j<n; j++)
    num[j] = 0;  // num 初始化
for(int i=0; i<t; i++)
    num[A.table[i].col]++;
```

数组 k 的元素 k[j] 统计稀疏矩阵 A 中列号从 0 到 j-1 的非零元素个数总和，该值也表示 j 列第一个非零元素在转置稀疏矩阵 B 的行三元组表中的位置。只需要对辅助数组 num 进行一次扫描，即可完成数组 k 中各元素值的计算，程序段如下所示。

```
for(int j = 0; j<n; j++)
    k[j] = 0; // k 初始化
for(int j = 1; j<n; j++)
    k[j] = k[j-1] + num[j-1];
```

计算数组 num 和 k 的两个程序段时间复杂度为 O(n+t)。图 4.7 中的稀疏矩阵 A 的辅助数组 num 和 k 如表 4.1 所示。

表 4.1　　　　　　　　　　辅助数组 num 和 k

j	0	1	2	3	4	5
num[j]	2	2	1	2	0	0
K[j]	0	2	4	5	7	7

借助辅助数组 k，即可完成快速转置，程序段如下所示。

```
for(int i=0; i<t; i++){
    int index = k[A.table[i].col]++;
    B.table[index].col = A.table[i].row;
    B.table[index].row = A.table[i].col;
    B.table[index].value = A.table[i].value;
}
```

注意：在快速转置开始前，k[j]的值表示稀疏矩阵列号为 j 的列中第一个非零元素在转置矩阵中的存储位置；在快速转置执行的过程中，k[j]每被访问一次，都需要执行一次加 1 的操作，表示该列中下一个非零元素在转置矩阵中的存储位置。

上述程序段只需要对稀疏矩阵 A 的行三元组表进行一遍扫描，时间复杂度为 O(t)。因此，稀疏矩阵的快速转置矩阵时间复杂度为 O(n+t)（包含辅助数组的计算时间）。图 4.9 给出了快速转置算法的过程示例。

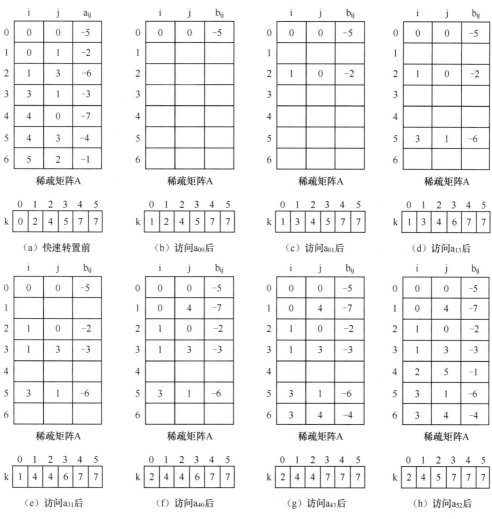

图 4.9　快速转置算法的过程

4.5 字 符 串

字符串是计算机最常处理的数据对象之一。在字符串中，数据元素字符以特定次序组织成连续的字符序列。基于字符串的操作广泛应用于文本编辑领域。

4.5.1 字符串的抽象数据类型

字符串是由 n (n≥0) 个字符组成的具有特定次序的序列，如 $s = "a_0a_1a_2\cdots a_{n-1}"$。n=0 的字符串称为空串。给定字符串中任意个连续字符组成的子序列称为该字符串的子串，包含子串的字符串称为主串。通常以子串的首字符在主串中的位置作为子串在主串中的位置。例如，主串为"abcaabcbcde"，子串"aabc"在主串中的位置是 3，子串"abc"在主串中的位置是 0 和 4。虽然在字符串中，字符之间具有线性逻辑关系，但与一般线性数据类型不同，字符串上的运算通常以子串为对象进行。

C 语言中一般将字符串作为字符数组来处理，举例如下。

```
char str[10] = "abcdefg";
```

数组存储字符串时，默认最后一个字符的后面紧跟一个休止符\0。上述字符串在数组中实际存储形式如图 4.10 所示。

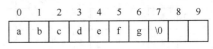

图 4.10　字符串在数组中的存储形式

C 语言通过库函数（string.h）提供了很多字符串处理函数，因此可以认为 C 语言已经实现了字符串数据类型。string.h 提供常用字符串处理运算，例如，strcpy 函数将一个字符串复制到另外一个字符串里，strcat 函数将一个字符串拼接到另一个字符串后面，strcmp 函数比较两个字符串是否相等。

我们也可以自己定义字符串抽象数据类型，提供更多字符串运算。字符串的抽象数据类型如 ADT 4.3 所示。

```
ADT 4.3 String{
数据：
由 n (n≥0) 个字符组成的具有特定次序的字符序列 s = "a₀a₁a₂…aₙ₋₁"，最大长度为 maxLength。
运算：
    CreateString (s, maxlength)
    创建运算：创建存储字符串的空间，可以存储最大长度为 maxLength 的字符串，将其置为空串。
    Length (s)
    长度运算：计算字符串长度。
    Clear (s)
    清空运算：将字符串置为空串。
    Insert(s, p, pos)
    插入运算：如果字符串 s 的存储空间足够容纳字符串 p，则将字符串 s 中 pos 位置开始的所有字符都后移
    Length(p)个空间，将 p 存入字符串 s 的 pos 位置处。
    Remove(s, pos, len)
    删除运算：从字符串 s 的 pos 位置开始删除连续 len 个字符。
    SubString(s, pos, len)
    获取子串运算：返回字符串 s 的一个子串，这个子串由主串 s 中 pos 位置开始的连续 len 个字符组成。
    Index (s, p, pos)
```

匹配运算：从主串 s 的 pos 位置处向后查找是否存在子串 p，如果存在，则返回子串位置，否则返回-1。
}

采用 C 语言自定义一个字符串结构体如下。

```
#define MaxSize 256
typedef struct string
{
    char str[MaxSize];
    int length, maxLength;
}String;
```

4.5.2　简单字符串匹配算法

从主串 s 中 pos 位置开始查找子串 p 的过程称为字符串模式匹配，被查找的子串 p 也称为模式串。模式匹配最常见的应用就是在文本文件中进行内容查找，如 Microsoft Office Word 的查找功能。

模式匹配最简单的做法是从主串 s 的 pos 位置开始进行逐趟匹配，每趟匹配都与模式串 p 依次比较各个字符，发生失配时，本趟匹配失败，从主串的下一个位置和模式串的第一个位置开始下一趟匹配。假设主串和模式串以字符数组方式存储，简单字符串匹配算法具体步骤如下。

第 1 趟匹配：　　　　　　比较 s[pos]与 p[0]，相等

　　　　　　　　　　　　比较 s[pos+1]与 p[1]，相等

　　　　　　　　　　　　…

　　　　　　　　　　　　比较 s[pos+k_1]与 p[k_1] (k_1<p.length-1)，不相等，本趟匹配失败

第 2 趟匹配：　　　　　　比较 s[pos+1]与 p[0]，相等

　　　　　　　　　　　　比较 s[pos+2]与 p[1]，相等

　　　　　　　　　　　　…

　　　　　　　　　　　　比较 s[pos+1+k_2]与 p[k_2] (k_2<p.length-1)，不相等，本趟匹配失败

⋮

第 i 趟匹配：　　　　　　比较 s[pos+i-1]与 p[0]，相等

　　　　　　　　　　　　比较 s[pos+i]与 p[1]，相等

　　　　　　　　　　　　…

　　　　　　　　　　　　比较 s[pos+i-1+k_i]与 p[k_i] (k_i<p.length-1)，不相等，本趟匹配失败

⋮

第 N 趟匹配：匹配成功　比较 s[pos+N-1]与 p[0]，相等

（最后一趟）　　　　　　比较 s[pos+N]与 p[1]，相等

　　　　　　　　　　　　…

　　　　　　　　　　　　比较 s[pos+N-1+p.length]]与 p[p.length-1]，相等，匹配成功

　　　　　　　　　　　　匹配失败 比较 s[pos+N-1]与 p[0]，相等

　　　　　　　　　　　　比较 s[pos+N]与 p[1]，相等

　　　　　　　　　　　　…

　　　　　　　　　　　　比较 s[pos+N-1+k_N]与 p[k_N] (k_N<p.length-1)，不相等，本趟匹配失败

　　　　　　　　　　　　如果 pos+N+p.length > s.length，匹配彻底失败

表 4.2 与表 4.3 分别是简单字符串匹配算法匹配成功与失败的过程示例，其中 pos=0。

表 4.2　　　　　　　　　　　简单字符串匹配算法匹配成功过程示例

i	0	1	2	3	4	5	6	7	8	9	10
s	a	a	c	a	a	b	c	d	a	f	a
p	a	a	b	c							
第 1 趟匹配	↑匹配	↑匹配	↑失配								
s	a	a	c	a	a	b	c	d	a	f	a
p		a	a	b	c						
第 2 趟匹配		↑匹配	↑失配								
s	a	a	c	a	a	b	c	d	a	f	a
p			a	a	b	c					
第 3 趟匹配			↑失配								
s	a	a	c	a	a	b	c	d	a	f	a
p				a	a	b	c				
第 4 趟匹配				↑匹配	↑匹配	↑匹配	↑匹配				

表 4.3　　　　　　　　　　　简单字符串匹配算法匹配失败过程示例

i	0	1	2	3	4	5	6	7	8	9	10
s	a	b	a	b	c	b	c	d	a	f	a
p	a	b	a	b	b						
第 1 趟匹配	↑匹配	↑匹配	↑匹配	↑匹配	↑失配						
s	a	b	a	b	c	b	c	d	a	f	a
p		a	b	a	b	b					
第 2 趟匹配		↑失配									
s	a	b	a	b	c	b	c	d	a	f	a
p			a	b	a	b	b				
第 3 趟匹配			↑匹配	↑匹配	↑失配						
s	a	b	a	b	c	b	c	d	a	f	a
p				a	b	a	b	b			
第 4 趟匹配				↑失配							
s	a	b	a	b	c	b	c	d	a	f	a
p					a	b	a	b	b		
第 5 趟匹配					↑失配						

续表

i	0	1	2	3	4	5	6	7	8	9	10
s	a	b	a	b	c	b	c	d	a	f	a
p						a	b	a	b	b	

第 6 趟匹配

↑（5）失配

s	a	b	a	b	c	b	c	d	a	f	a
p							a	b	a	b	b

第 7 趟匹配

↑（6）失配

程序 4.3 是简单字符串匹配算法的 C 语言实现。

程序 4.3　简单字符串匹配算法

```
int Index(String s, String p, int pos)
{
    int s_start, p_start=0, s_ fail, p_ fail;
    for(s_start =pos; s_start<=s.length-p.length; s_start++)
    {
        if(Match(s, p, s_start, p_start, &s_fail, &p_ fail))
        return s_start;
    }
    return -1;
}
BOOL Match(String s, String p, int s_start, int p_start, int*s_ fail, int*p_ fail)
//从模式串 p_start 位置与主串的 s_start 位置开始进行匹配
{
    int i=s_start, j=p_start;
    for(; j<p.length; i++, j++)
    {
        if(s.str[i] != p.str[j])
        {
            *s_ fail = i; //s_ fail 记录主串失配位置
            *p_ fail = j; // p_ fail 记录模式串失配位置
            return FALSE;
        }
    }
    return TRUE;
}
```

Match 函数实现了一趟匹配过程。在一趟匹配过程中，两个游标 i 和 j 分别指向主串和模式串当前比较的字符，当字符匹配时，i 和 j 同时前进，即 i++ 和 j++。

设主串长度为 n，模式串长度为 m。在简单字符串匹配算法中，完成一趟匹配至少进行 1 次比较，最多进行 m 次比较。简单字符串匹配算法最多进行 n−m+1 趟匹配，因此最坏情况下一共进行 m(n−m+1)次比较，时间复杂度为 $O(m \times n)$。最坏情况是每一趟匹配都在最后一个字符发生失配，如 s="aaaaaaaa"，p="aab"。

4.5.3　改进的字符串匹配算法

简单字符串匹配算法效率不高，原因是存在不必要的回溯。每趟匹配，游标 i 都会回溯到主串的新位置 s_start 开始匹配，这个 s_start 比上一趟的 s_start 只前进了一个位置；而游标 j 一定会回溯到模式串的位置 0 开始匹配。

表 4.3 中，通过分析模式串"ababb"可知

p[0]≠p[1], p[0]=p[2], p[1] = p[3]

第 1 趟匹配结束时，可知

s[0]=p[0], s[1]=p[1], s[2]=p[2], s[3]=p[3], s[4]≠p[4]

通过这些信息，我们可以推导出 s[1]≠p[0]，而在第 2 趟第一对进行比较的字符就是 s[1]与 p[0]，由此可知第 2 趟注定失败，可以跳过第 2 趟直接开始第 3 趟匹配。而我们从模式串本身信息以及第 1 趟失败的信息中，还能推导出 p[0]=s[2]，p[1]=s[3]，因此第 3 趟的前两次字符匹配必然成功，可以直接开始 s[4]与 p[2]的比较，即 i 不必回溯，直接从第 1 趟匹配失败的位置 4 开始第 2 趟匹配，而 j 不必回溯到 0，只需回溯到位置 2 开始第 2 趟匹配。

由此，我们发现当一趟匹配失败后，可以根据模式串匹配失败的位置，以及模式串本身可提取的信息，快速计算出下一趟匹配游标 i 和 j 的开始位置。i 和 j 如果能够实现尽可能少回溯，将会大大提高匹配算法效率。KMP[①]算法就是这样一种改进的字符串匹配算法，它能够实现主串游标 i 不发生回溯，模式串游标 j 尽可能少回溯，匹配算法的时间复杂度可以降低至 O(n+m)。

在介绍 KMP 算法之前，首先介绍以下几个概念。

前缀子串：给定一个长度为 n 的字符串 s="$a_0a_1a_2\cdots a_{n-1}$"，它的前缀子串是 s 的一个子串，至少包含主串中第一个字符，长度不超过 n-1。例如，"ababa"的前缀子串有"a""ab""aba"和"abab"。注意：长度为 1 的字符串没有前缀子串。

后缀子串：给定一个长度为 n 的字符串 s="$a_0a_1a_2\cdots a_{n-1}$"，它的后缀子串是 s 的一个子串，至少包含主串中最后一个字符，长度不超过 n-1。例如，"ababa"的后缀子串有"a""ba""aba"和"baba"。注意：长度为 1 的字符串没有后缀子串。

相等的前缀与后缀子串：给定一个长度为 n 的字符串"$a_0a_1a_2\cdots a_{n-1}$"，若存在 k，使得前缀子串"$a_0a_1\cdots a_{k-1}$"等于后缀子串"$a_{n-k}\cdots a_{n-1}$"，则子串"$a_0a_1\cdots a_{k-1}$"与"$a_{n-k}\cdots a_{n-1}$"称为相等的前缀与后缀子串。例如，"ababa"存在 2 对相等的前缀与后缀子串：前缀子串"a"与后缀子串"a"、前缀子串"aba"与后缀子串"aba"，长度分别为 1 和 3。

最长相等的前缀与后缀子串：给定一个长度为 n 的字符串"$a_0a_1a_2\cdots a_{n-1}$"，其所有相等的前缀与后缀子串中长度最长的那对子串称为最长相等的前缀与后缀子串。例如，"ababa"的最长相等的前缀与后缀子串是：前缀子串"aba"与后缀子串"aba"，长度为 3。

如果模式串 p 在 j 位置发生失配，说明其前 j 个字符都匹配成功，那么下一趟 j 应该回溯的位置计算方法是：取出模式串 p 的前 j 个字符组成的子串 P(0, j-1) = p[0] p[1]…p[j-1]，计算子串 P(0, j-1)的最长相等的前缀与后缀子串，其长度即为下一趟匹配 j 应该回溯的位置。

设主串 s=s[0]s[1]…s[n-1]，模式串 p=p[0]p[1]…p[m-1]，某趟匹配过程中，失配发生在 p[j]与 s[i]上，即 p[j]≠s[i]。由此可以推断出

---

① KMP 算法是由克努特（D.E.Knuth），莫里斯（J.H.Morris）和普拉特（V.R.Partt）提出的算法，并以这三人名字的首字母组合命名。

$$p[0]=s[i-j], p[1]=s[i-j+1], p[2]=s[i-j+2], \cdots, p[j-2]=s[i-2], p[j-1]=s[i-1]$$

即

$$P(0, j-1) = S(i-j,i-1) \tag{4-8}$$

其中 S(i−j,i−1) 表示主串中 i−j 到 i−1 位置的 j 个字符组成的子串。

设子串 P(0, j−1) 的最长相等的前缀与后缀子串长度为 k，则可以推断出

$$p[0]=p[j-k], p[1]=p[j-k+1], \cdots, p[k-1]=p[j-1]$$

即

$$P(0, k-1) = P(j-k, j-1) \tag{4-9}$$

由公式（4-8）也可以推导出

$$P(0, k-1) = S(i-j,i-j+k-1) \tag{4-10}$$

$$P(j-k, j-1) = S(i-k,i-1) \tag{4-11}$$

根据公式（4-9）、公式（4-10）和公式（4-11）可以推导出

$$P(0, k-1) = S(i-k,i-1) \tag{4-12}$$

图 4.11 所示的一趟失败的匹配中，阴影部分的 4 个子串完全相等。

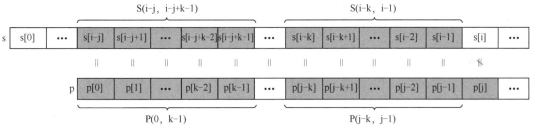

图 4.11　一趟失败的匹配

按照简单字符串匹配算法，图 4.11 所示匹配失败后，下一趟匹配应如图 4.12 所示。基于公式（4-12）可以推断，下一趟匹配可以直接从 s[i] 与 p[k] 的位置开始进行，p[0]…p[k−1] 肯定与主串相应部分匹配成功，即 j 只需要回溯到 k。

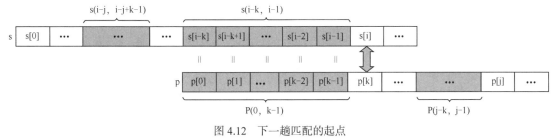

图 4.12　下一趟匹配的起点

k 是子串 P(0, j−1) 的最长相等的前缀与后缀子串长度，它还表示最长相等的前缀子串后一位字符的位置，这个字符应该是下一趟匹配中模式串开始匹配的位置，也就是 j 回溯的位置。而主串的游标 i 可以从上一趟匹配失败的地方继续进行匹配，不必回溯。

因此，计算最长相等的前缀与后缀子串被应用于 KMP 算法中求模式串游标 j 的最少回溯位置。给定长度为 m 的模式串 p，可以在进行字符串匹配前，预先求其子串 P(0, 0), P(0, 1), P(0, 2),…, P(0, m−2) 的最长相等的前缀与后缀子串长度，这样就能在 KMP 算法的一趟匹配失败后，立刻计算下一趟匹配 j 的回溯位置，避免不必要的回溯。

定义模式串 p 的失败函数 Fail(j)：当失配发生在 p[j] (j>0) 的位置时，下一趟匹配 j 应该回溯的

位置是 Fail(j)，主串游标 i 保持在上一趟匹配失败的位置；当失配发生在 p[0] 的位置时，Fail(0)=-1，此时下一趟匹配 j 应该回溯的位置是 0，而主串游标 i 应该前进一个位置，即 i++。

求 Fail(j) (j>0) 的值，等价于求模式串的子串 P(0, j-1) 的最长相等的前缀与后缀子串长度。失败函数 Fail 的公式描述如下：

$$Fail(j) = \begin{cases} -1 & j = 0 \\ k & P(0, j-1) \text{的最长相等前缀与后缀子串长度} \\ 0 & P(0, j-1) \text{没有相等的前缀与后缀子串} \end{cases} \quad (4-13)$$

表 4.4 给出了一个失败函数的例子。

表 4.4　　　　　　　　　　　　　　　失败函数的例子

j	0	1	2	3	4	5
p	a	b	a	b	a	b
Fail	−1	0	0	1	2	3

基于表 4.4 给定的失败函数，表 4.5 给出在主串 "ababacaabca" 上进行匹配的 KMP 算法过程。

表 4.5　　　　　　　　　　　　　　　KMP 算法过程示例

		i=0	i=1	i=2	i=3	i=4	i=5				
	s	a	b	a	b	a	c	a	a	b	c	a
第1趟匹配		↑匹 ↓配	↑匹 ↓配	↑匹 ↓配	↑匹 ↓配	↑匹 ↓配	↑失 ↓配				
	p	a	b	a	b	a	b				
		j=0	j=1	j=2	j=3	j=4	j=5				
							i=5				
	s	a	b	a	b	a	c	a	a	b	c	a
第2趟匹配							↑失 ↓配				
	p			a	b	a	b	a	b			
							j=Fail(5)=3				
							i=5				
	s	a	b	a	b	a	c	a	a	b	c	a
第3趟匹配							↑失 ↓配				
	p					a	b	a	b	a	b	
							j=Fail(3)=1				
							i=5				
	s	a	b	a	b	a	c	a	a	b	c	a
第4趟匹配							↑失 ↓配				
	p						a	b	a	b	a	b
							j=Fail(1)=0				

失败函数的计算是一个递推的过程，如果已知 fail[j]，可以推导出 fail[j+1] 的值。设 fail[j]=k，可知 P(0, k−1)=P(j−k, j−1)，即 p[0]p[1]···p[k−1]=p[j−k]p[j−k+1]···p[j−1]。计算 fail[j+1] 时，存在两种可能性。

（1）p[k]=p[j]，则 P(0, k)=P(j−k, j)，fail[j+1]=k+1；k+1 是 P(0, j) 的最长相等前缀与后缀子串的长度。是否可能存在 k'> k+1，使得 P(0, k'−1)=P(j−k'+1, j)？可以通过反证法来证明不存在这样的 k'。

证明：假设存在 k'> k+1，使得 P(0, k'−1)=P(j−k'+1, j)，必然有 P(0, k'−2)=P(j−k'+1, j−1)，即 fail[j]=k'−1>k，而这个结论与已知条件 fail[j]=k 相矛盾，因此 k+1 是 P(0, j) 的最长相等前缀与后缀子串的长度。

（2）p[k]≠p[j]，即 p[fail[j]]≠p[j]，则 P(0, k)≠P(j−k, j)。计算 fail[fail[j]]，考察 p[fail[fail[j]]] 与 p[j] 是否相等，如果相等，则表明 P(0, fail[fail[j]])=P(j−fail[fail[j]], j)，则 fail[j+1]= fail[fail[j]]+1；否则计算 fail[fail[fail[j]]]，考察 p[fail[fail[fail[j]]]] 与 p[j] 是否相等······以此类推，直到某次 p[fail[···fail[j]]]= p[j]，得出 fail[j+1]= fail[···fail[j]]+1，或者 fail[···fail[j]]=−1，得出 fail[j+1]=0。

设 $fail^h[j]= fail^{h-1}[fail[j]]$，失败函数可以描述如下：

（1）fail[0] =−1；

（2）若存在最小整数 h 满足 $p[fail^h[j]]= p[j]$，则 $fail[j+1] = fail^h[j]+1$；

（3）若不存在 h 满足 $p[fail^h[j]]= p[j]$，则 fail[j+1]=0。

程序 4.4 是失败函数的 C 语言实现。计算失败函数的时间复杂度为 O(m)。

程序 4.4 失败函数

```
void Fail(String p, int* fail)
{
    int j=0, k=-1;
    fail[0] = -1;
    while(j<p.length)
    {
        if(k==-1||p.str[j]==p.str[k])
        {
            j++; k++;
            fail[j] = k;
        }
        else k=fail[k];
    }
}
```

程序 4.5 是 KMP 算法的 C 语言实现。

程序 4.5 KMP 算法

```
int KMPIndex(String s, String p, int pos, int* fail)
{
    int s_start=0, p_start=0, s_fail, p_ fail;
    while(s_start<=s.length-p.length)
    {
        if(Match(s, p, s_start, p_start, & s_fail, &p_ fail))
            return s_start-p_start;
        else/*本趟匹配失败时，根据失败函数计算下一趟主串与模式串的开始匹配位置*/
        {
            p_start = fail[p_fail];
            s_start = s_fail;
```

```
            if(p_start==-1)  /*在模式串第一个字符上发生失配的特殊情况*/
            {
                p_start = 0;
                s_start ++;
            }
        }
    }
    return -1;
}
```

对 KMPIndex 进行时间复杂度分析如下。

在一趟匹配过程中，s[i]一旦与模式串某个字符匹配成功，i 就会前进，s[i]就不会再被比较了，所以主串每个字符匹配成功的次数只有 1 次。

s[i]第 1 次匹配就发生匹配失败，设模式串失败在位置 j 上，i 会停止前进若干趟，直到 s[i]匹配成功。在这个过程中，j 回溯的次数就是 s[i]匹配失败的次数；根据 fail[j]<j 这一特点，j 回溯的位置不断递减。最坏情况下，每次回溯 1 个位置，每次回溯后 s[i]匹配都失败，s[i]匹配失败 j 次。但是 s[i]最多失败 j 次，其实对应着 s[i-j]…s[i-1]的 j 次匹配成功，所以主串字符匹配失败的总次数不会超过主串字符匹配成功总次数。KMP 算法字符匹配成功与失败的总次数不超过 2n。同理，失败函数 Fail 自身的执行步数不超过 2m，失败函数的时间复杂度是 O(m)，因此 KMP 算法时间复杂度为 O(n+m)。

4.6　本　章　小　结

本章介绍了数组数据结构。数组一般可以看成具有线性逻辑且顺序存储的数据结构，它也常常被用于实现其他顺序存储的数据结构。本章首先介绍一维数组、二维数组和多维数组的存储表示规则；然后从抽象数据类型的角度定义数组数据结构，并给出三维数组的具体实现程序；接着讨论了数据元素值分布具有一定位置规律和取值规律的特殊矩阵，介绍了这类特殊矩阵的压缩存储方式，并重点介绍了稀疏矩阵压缩存储后进行快速转置的算法设计；最后讨论了基于数组的重要应用——字符串的实现和字符串匹配算法 KMP 算法。

习　　题

一、基础题

1. 二维数组 A[4][3]中数组元素以行优先顺序存储，已知 loc(A[0][0]) = 100，一个数组元素占 4 个单位存储空间，则数组元素 A[3][2]的存储地址为_____。

    A. 128　　　　　　　　　　　　　　　B. 144

    C. 152　　　　　　　　　　　　　　　D. 140

2. 三维数组 A[5][4][3]中数组元素以行优先顺序存储，已知 loc(A[0][0][0]) = 100，一个数组元素占 4 个单位存储空间，则数组元素 A[2][2][2]的存储地址为_____。

    A. 228　　　　　　　　　　　　　　　B. 144

    C. 188　　　　　　　　　　　　　　　D. 200

3. 对 10 阶对称矩阵 A 中上三角元素以行优先顺序存储，已知 $loc(a_{00}) = 100$，一个矩阵元素占 2 个单位存储空间，则矩阵元素 a_{76} 的存储地址为_____。

    A. 128　　　　　　　　　　　　　B. 144

    C. 152　　　　　　　　　　　　　D. 192

4. 对稀疏矩阵进行压缩存储的目的是_____。

    A. 便于进行矩阵运算　　　　　　B. 可随机存取

    C. 节省存储空间　　　　　　　　D. 降低运算时间复杂度

5. 以下说法错误的是_____。

    A. 稀疏矩阵压缩存储后会失去随机存取功能

    B. 数组元素类型一定相同

    C. 数组可看作一种线性结构，因此可以与线性表一样进行数据元素的插入与删除运算

    D. 对 n 阶对称矩阵进行压缩存储，只需要存储 n×(n+1)/2 个矩阵元素

二、扩展题

1. 请给出对称矩阵的 ADT 描述。

2. 编写程序实现行优先存储的下三角矩阵的查找运算、元素赋值运算与矩阵输出运算。

3. 请给出如下稀疏矩阵所对应的行三元组表和列三元组表。

$$\begin{bmatrix} -1 & 0 & 0 & 0 & 0 & 0 & 9 \\ 0 & 2 & 0 & 0 & 5 & 0 & 0 \\ 0 & 0 & 3 & 0 & 0 & 0 & 0 \\ 0 & 0 & 0 & 0 & 0 & 0 & 12 \\ 0 & 0 & 0 & 0 & 0 & 11 & 0 \\ 0 & 0 & 0 & 0 & 0 & 0 & 0 \end{bmatrix}$$

4. 请为题 3 的稀疏矩阵构造快速转置算法所需的 num 数组与 k 数组。

5. 编写程序实现稀疏矩阵元素的查找运算，并给出算法时间复杂度分析。

6. 编写程序实现稀疏矩阵的加法运算，并给出算法时间复杂度分析。

7. 编写程序实现稀疏矩阵的乘法运算，并给出算法时间复杂度分析。

8. 对程序 4.4 进行改进，使得失败函数算法时间复杂度不超过 O(m)，m 是模式串长度。

9. 计算模式串"abcdabcabcdaab"的失败函数。

第**5**章　树和二叉树

　　类似于自然界中的树，树形结构是一种元素具有分层特性的结构，属于非线性数据结构，主要用于描述应用中的一对多的关系表示、存储和实现。在计算机应用领域，树形结构应用广泛，如操作系统的目录结构、编译系统源程序的语法结构、数据压缩存储技术等。本章主要介绍树和二叉树的概念、二叉树的存储结构及其运算、二叉树与树之间的转换和二叉树的应用。

5.1　树

5.1.1　树的定义

　　层次结构数据在现实世界中大量存在。例如：一个国家包括若干省，一个省有若干市，每个市管辖若干个县、区；一本书的内容可以分成章节，章节编号也是分层次的。所有上级和下级、整体和部分、祖先和后裔的关系都是层次关系的例子。许多应用程序的执行需要处理具有**层次结构关系的数据**。图 5.1 所示为 Linux 操作系统中文件系统的构成关系，图中描述各层文件夹以及文件之间的隶属关系所采用的正是树形结构描述方法。

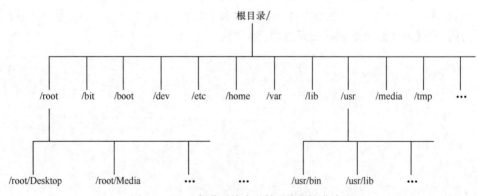

图 5.1　Linux 操作系统中文件系统的构成关系

　　在前几章中，我们已经学习了多种具有线性关系的数据结构，但线性结构一般并不适用于表示具有层次结构的数据。组织这类数据可以采用树形数据结构。本章将讨论多种具有不同特性的树形数据结构，如树、二叉树、堆、哈夫曼树等。

1. 树的定义

定义 5.1 树是包括 n(n≥0)个结点的有限集合 D，R 是由 D 中元素构成的序偶的集合。若 D 为空，则 R 也为空，此时该树为空树。否则，R 满足以下特性：

（1）有且仅有一个结点 r∈D，不存在任何结点 v∈D，v≠r，使得<v,r>∈R，称 r 为树的**根**；

（2）对于除根结点 r 以外的任一结点 u∈D，都有且仅有一个结点 v∈D，v≠u，使得<v,u>∈R。满足上述条件的结构称为**树**。

从上述定义可知，树可以为空集，对于非空树而言，至少有一个根结点，根结点没有前驱结点，其余结点都有唯一的前驱结点，因此树具有层次结构特点。

2. 树的递归定义

定义 5.2 树是包含 n(n≥0)个结点的有限集合 T。若 n=0，则该树为空树；否则该树为非空树，此时，有且仅有一个根结点 r，其余结点 T−{r}划分成 m(m≥0)个互不相交的非空子集 T_1，T_2，…，T_m，其中，每个子集都是树，也被称为根结点 r 的**子树**。

第 3 章讨论了递归定义和递归数据结构。定义 5.2 是递归的，即用子树来定义树，也就是说，在树的定义中引用了树概念本身。所以，树具有**递归结构特征**。

根据定义 5.2，只包含一个结点的树仅包含根结点，此时 m=0，该树的根结点没有子树；包含 n(n>1)个结点的树由一个根结点和 m 棵子树构成。例如，图 5.2（a）所示的树 T_2，它由根结点 X 和非空结点子集{Y}和{Z,U}组成。显然，子集{Y}是只包含一个结点的子树；而子集{Z,U}是一棵由根结点 Z 和以 U 为根结点的子树组成的树。

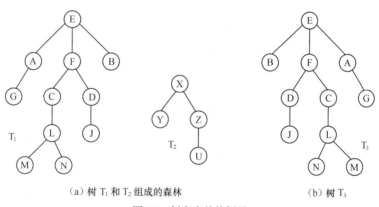

（a）树 T_1 和 T_2 组成的森林 　　　　　　（b）树 T_3

图 5.2　树和森林的例子

可以看到，定义 5.1 和定义 5.2 这两种关于树的定义是完全一致的。

5.1.2　基本术语

树中元素常称为**结点**。根和它的子树根（如果存在）之间形成**边**。如果从某个结点沿着树中的边可到达另一个结点，则称这两个结点间存在一条**路径**。

若一个结点有子树，那么该结点称为子树根的**双亲**，子树的根是该结点的**孩子**。有相同双亲的结点互为**兄弟**。一个结点的所有子树上的任何结点都是该结点的**后裔**，从根结点到某个结点路径上的所有结点都是该结点的**祖先**。

一个结点拥有的子树数量称为该**结点的度**。度为 0 的结点称为**叶结点**，其余结点称为**分支结点**，树中结点的最大的度称为**树的度**。

树具有层次结构特点，一般将根结点的**层次定义**为 1，其余结点的层次等于其双亲结点的层次加 1。树中结点的最大层次称为该树的**高度**。

如果一棵树中各结点的子树的次序不重要，可以交换位置，这样的树称为**无序树**。如果将树中结点的各棵子树看成是从左到右有次序的，则称该树为**有序树**。从左到右，可分别称这些子树为第一子树、第二子树等。

森林是树的有限集合。图 5.2（a）中，T_1 和 T_2 是两棵树，组合在一起成为森林。如果树是无序的，则图 5.2（a）中树 T_1 和图 5.2（b）中树 T_3 是等价的，否则它们是不相同的树。在树 T_1 中：结点 A、F 和 B 是结点 E 的孩子，结点 E 是 A、F 和 B 的双亲，结点 A、F 和 B 互为兄弟；结点 E、F、C 和 L 都是结点 N 的祖先，F 的后裔结点有 C、L、M、N、D 和 J；结点 E 的度为 3；根结点 E 的层次是 1，F 的层次为 2。树 T_1 的高度为 5，T_2 的高度为 3。在树 T_1 中，G、M、N、J 和 B 是叶结点，其余结点是分支结点。

5.2 二 叉 树

二叉树是非常重要的树形数据结构。很多从实际问题中抽象出来的数据具有二叉树结构特征，而且许多算法如果采用二叉树形式解决会非常方便、高效。此外，树或森林都可以通过简单的转换获得与之相应的二叉树，从而为树和森林的存储和处理提供有效的解决方案。

这里我们通过一个应用实例来引入二叉树。设有序表为(21,25,28,33,36,45)，现要在表中查找元素 36。通常的做法是将待查元素 36 与表中元素进行逐一比对，直到找到 36 为止。假定表中每个元素被比对的概率相同，则查找成功时，平均需要比对表中的一半元素。如果让表中元素组成图 5.3 所示的树形结构，则能够提高查找效率。例如，要查找 36，只需让 36 与根结点 28 比较，因 36 比 28 大，接着查右子树，则查找成功。该查找过程从树的根结点开始，自顶向下，所需的比较次数不超过树的高度。显然，对于该应用实例，采用树形结构能有效地提高查找效率。

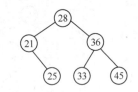

图 5.3 树形结构应用示例

5.2.1 二叉树的定义

定义 5.3 二叉树是结点的有限集合，该集合或者为空集，或者由一个根和它互不相交的、同为二叉树的左子树和右子树组成。

上述定义表明二叉树可以为空集，因此，可以有空二叉树，二叉树的根也可以有空的左子树和/或右子树，从而得到图 5.4 所示的二叉树的五种基本形态。

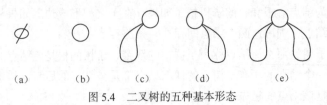

(a)　　　(b)　　　(c)　　　(d)　　　(e)

图 5.4 二叉树的五种基本形态

请注意树和二叉树定义的差别。首先，树的子树可以是无序的，二叉树中要区分左、右子树，即使在一棵子树的情况下也要指明它是左子树还是右子树，如图 5.5 所示；其次，树中结点的度可以大于 2，但二叉树的每个结点最多只有两棵子树。除此之外，上一节中引入的关于树的术语对二叉树同样适用。

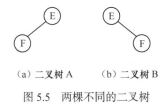

（a）二叉树 A　　　　（b）二叉树 B

图 5.5　两棵不同的二叉树

5.2.2　二叉树的性质

本节讨论二叉树、满二叉树和完全二叉树的若干性质。扩充二叉树的性质将在后续章节讨论。

性质 5.1　二叉树的第 i(i≥1) 层上最多有 2^{i-1} 个结点。

此结论可用数学归纳法证明。当 i=1 时，二叉树只有一个结点，结论成立。设当 i=k 时结论成立，即二叉树上最多有 2^{k-1} 个结点；当 i=k+1 时，因为每个结点最多只有两个孩子，所以，第 k+1 层上至多有 $2\times2^{k-1}=2^k$ 个结点，显然，性质成立。

性质 5.2　高度为 h 的二叉树上至多有 2^h-1 个结点。

当 h=0 时，二叉树为空二叉树，结论成立。当 h > 0 时，显然，当每一层中结点数量均为最多时，整个树中的结点数量达到最大值，即根据性质 5.1 可知，在任意第 i 层均有 2^{i-1} 个结点。因此，高度为 h 的二叉树中结点的总数最多为

$$\sum_{i=1}^{h}2^{i-1}=2^h-1 \tag{5-1}$$

性质 5.3　包含 n 个结点的二叉树的高度至少为 $\lceil\log_2(n+1)\rceil$[①]，最高为 n。

由性质 5.2 可知，高度为 h 的二叉树最多有 2^h-1 个结点，因此 $n\leq2^h-1$，则有 $h\geq\log_2(n+1)$。由于 h 是整数，所以 $h\geq\lceil\log_2(n+1)\rceil$。而当每层中均只有一个结点时二叉树的高度最高，此时高度即为 n。

性质 5.4　任意一棵二叉树中，若叶结点的数量为 n_0，度为 2 的结点的数量为 n_2，则 $n_0=n_2+1$ 成立。

设二叉树的结点总数为 n，树中度为 1 的结点数为 n_1，由于二叉树仅包含度为 0、1、2 三种类型的结点，因此 $n=n_0+n_1+n_2$。设二叉树中边的数量为 B，显然，除了根结点外，每个结点都有一条边进入，则有 B=n-1；同时，每条边又是由度为 1 或者度为 2 的结点发出来的，则有 $B=2n_2+n_1$，此时可得 $n-1=2n_2+n_1$，即 $n=2n_2+n_1+1$，再结合前述结论 $n=n_0+n_1+n_2$，最终可得 $n_0=n_2+1$ 成立。

下面我们给出满二叉树、完全二叉树和扩充二叉树这三种常用的特殊二叉树的定义。

定义 5.4　高度为 h 的二叉树恰好有 2^h-1 个结点时称为**满二叉树**。

定义 5.5　一棵二叉树中，只有最下面两层结点的度可以小于 2，并且最下层的叶结点集中在靠左的若干位置上，这样的二叉树称为**完全二叉树**。

定义 5.6　不存在度为 1 的结点的二叉树称为扩充二叉树，又称为**2-树**。

显然，在扩充二叉树中，除叶结点外，其余结点如果有孩子，则均有两个孩子。

[①] 符号 $\lfloor x\rfloor$ 表示不大于 x 的最大整数，符号 $\lceil x\rceil$ 表示不小于 x 的最小整数。

如图 5.6 所示，（a）是满二叉树，（b）是扩充二叉树，（c）是完全二叉树，（d）不符合上述三种树的定义。满二叉树是完全二叉树，也是扩充二叉树。

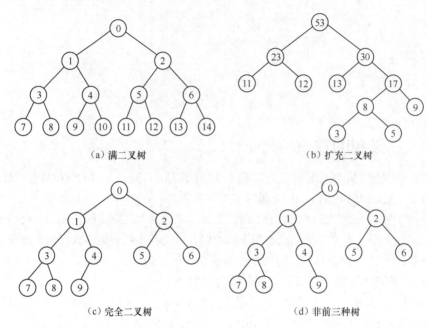

图 5.6　几种特殊二叉树

下面是完全二叉树的两个性质。

性质 5.5　具有 n 个结点的完全二叉树的高度为$\lceil \log_2 (n+1) \rceil$。

设完全二叉树的高度为 h，则除最下层外，前 h−1 层形成满二叉树，总共有 $2^{h-1}-1$ 个结点；而最下层，即第 h 层的结点个数不超过 2^{h-1} 个。因此有

$$2^{h-1}-1 < n \leqslant 2^h-1 \tag{5-2}$$

移项得

$$2^{h-1} < n+1 \leqslant 2^h \tag{5-3}$$

取对数得

$$h-1 < \log_2(n+1) \leqslant h \tag{5-4}$$

可知，h 是不小于 $\log_2(n+1)$ 的最小整数，因此，h=$\lceil \log_2 (n+1) \rceil$。

性质 5.6　一棵包含 n 个结点的完全二叉树，对树中的结点按从上到下、从左到右的顺序，从 0 到 n−1 编号，设树中某个结点的编号为 i，0≤i < n，则有以下关系成立：

（1）当 i=0 时，该结点为二叉树的根；

（2）若 i > 0，则该结点的双亲结点的编号为$\lfloor (i-1)/2 \rfloor$；

（3）若 2i+1 < n，则该结点有左孩子，该左孩子结点的编号为 2i+1；

（4）若 2i+2 < n，则该结点有右孩子，该右孩子结点的编号为 2i+2。

例如，在图 5.6（c）中，结点 1 的左孩子结点的编号为 3，右孩子结点的编号为 4；结点 3 和 4 的双亲结点的编号是 1。

5.2.3　二叉树 ADT

下面我们使用抽象数据类型定义二叉树，见 ADT5.1。这里只列出几个最常见的运算。

```
ADT 5.1  二叉树 ADT
ADT BinaryTree {
```

数据：

　　二叉树是结点的有限集合，它或者为空集合，或者由一个根结点和两棵子树构成，这两棵子树也是二叉树。

运算：

　　Create(bt)：构造一棵空二叉树 bt。

　　NewNode(x,ln,rn)：创建一个新结点，该结点的值为 x，ln 和 rn 为该结点的左右孩子结点。

　　IsEmpty(bt)：若二叉树 bt 为空，则返回 TRUE，否则返回 FALSE。

　　TreeClear(bt)：清除二叉树 bt 中的所有结点，使之成为空二叉树。

　　Root(bt,x)：若二叉树 bt 非空，则用 x 返回其根结点的值，并返回 TRUE，否则返回 FALSE。

　　MakeTree(bt,x,left,right)：构造一棵二叉树 bt，根结点的值为 x，以 left 和 right 为该根结点的左右子树。

　　PreOrderTree(bt)：先序遍历二叉树 bt。

　　InOrderTree(bt)：中序遍历二叉树 bt。

　　PostOrderTree(bt)：后序遍历二叉树 bt。

　　LevelOrderTree(bt)：层次遍历二叉树 bt。

　　…

}

ADT5.1 定义了一组常见的二叉树运算，我们也可以根据需求，定义其他必要的二叉树运算。

5.2.4　二叉树的存储表示

1. 完全二叉树的顺序表示

　　完全二叉树中的结点可以按层次顺序，存储在一组连续的存储单元中，即可以用数组存储。根据性质 5.6，如果已知一个结点的位置，可方便地计算出它的左、右孩子和双亲的位置，这说明该存储方式能够完全反映一棵二叉树的结构信息，且访问效率高。图 5.7 所示为图 5.6（c）的完全二叉树的顺序表示，该完全二叉树中的结点元素从下标为 0 的位置开始存放。

0	1	2	3	4	5	6	7	8	9
0	1	2	3	4	5	6	7	8	9

图 5.7　图 5.6（c）的完全二叉树的顺序表示

　　一般二叉树不宜采用顺序表示，但可以采用下面介绍的链接结构表示。

2. 二叉树的链接表示

　　链接存储结构提供了二叉树在计算机内的一种表示方法，称为二叉链表。二叉链表的结点结构如图 5.8 所示。

lChild	element	rChild

图 5.8　二叉链表的结点结构

　　其中，lChild 和 rChild 分别为指向左、右孩子的指针，element 是元素域。图 5.9（b）是图 5.9（a）所示的二叉树的二叉链表。

　　一棵包含 n 个结点的二叉树中，除根结点外，其余每个结点均有一个出自某个指针域的指针指向该结点，因此，共有 n-1 个指针域非空。二叉链表结构中，指针域的数目为 2n，所以恰好有 n+1 个空指针域。

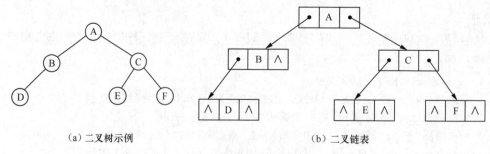

（a）二叉树示例 　　　　　　　　　　　　（b）二叉链表

图 5.9　二叉树的链接表示

二叉树的二叉链表结构有利于自上而下从双亲到孩子方向的访问。如果已知二叉树的一个结点，要查找其双亲结点，在该结构下只能从根结点开始，遍历整个二叉树来实现，这显然是费时的。这类似于已知单链表的一个结点，为了得到其前驱结点，只能从表头开始查找。如果应用程序需要经常执行从孩子到双亲方向的访问，可在二叉链表结点中增加一个 parent 域，令其指向该结点的双亲结点。这就实现了从孩子到双亲，以及从双亲到孩子的双向链接结构。

5.2.5　二叉树的存储实现和基本运算

程序 5.1 是二叉链表结点的结构体 BTNode。每个结点包含三个数据元素。

程序 5.1　二叉树结点结构体

```
typedef struct btnode
{
    ElemType element;
    struct btnode *lChild;
    struct btnode *rChild;
}BTNode;
```

程序 5.2 定义了由二叉链表表示的二叉树结构体 BinaryTree，包含唯一的数据成员，它是指向一个二叉链表根结点的指针 root。

程序 5.2　二叉树结构体

```
typedef struct binarytree
{
    BTNode *root;
}BinaryTree;
```

关于二叉树的基本运算，本节我们主要实现 Create、NewNode、Root 和 MakeTree 运算，二叉树遍历运算的算法留待下一节讨论。

函数 MakeTree 有三个参数：数据元素 e、两个二叉树结构体对象 left 和 right。left.root 和 right.root 分别指向二叉树 left 和 right 的根结点。函数 MakeTree 新建一个根结点，其值为 e，并将二叉树 left 和 right 作为该根结点的左、右子树，然后使得 left 和 right 自身成为空二叉树。

试想，如果不使 left 和 right 成为空树，left 和 right 将与新二叉树共享二叉链表结点。这种共享结点的现象是十分危险的。一旦应用程序删除或修改了 left 和 right 所包含的二叉树，而这种修改不是新二叉树所希望的，就会造成混乱。所以，应当尽量避免这种共享结点的现象发生。同时，调用函数 MakeTree 时也需注意，左、右子树 left 和 right 不能是同一个二叉树。

程序 5.3 部分二叉树运算

```c
void Create(BinaryTree *bt)
{
    bt->root=NULL;
}

BTNode* NewNode(ElemType x, BTNode *ln, BTNode *rn)
{
    BTNode *p=(BTNode *)malloc(sizeof(BTNode));
    p->element=x;
    p->lChild=ln;
    p->rChild=rn;
    return p;
}

BOOL Root(BinaryTree *bt, ElemType *x)
{
    if(bt ->root)
    {
        x=&bt->root->element;
        return TRUE;
    }
    else
        return FALSE;
}

void MakeTree(BinaryTree *bt, ElemType e, BinaryTree *left,
              BinaryTree *right)
{
    if(bt->root||left==right)
        return;
    bt->root=NewNode(e,left->root,right->root);
    left->root=right->root=NULL;
}
```

程序 5.4 是一个简单的测试程序，用以测试程序 5.3 中已实现的二叉树运算。程序调用的遍历函数 PreOrderTree 将在下节实现，这里不妨将其看成一个打印二叉树中结点的函数，用来显示所生成的二叉树。TreeClear 函数用于清除二叉树中所有结点，并释放其占用的空间，它需要通过遍历二叉树来实现，我们也将在下一节给出具体实现。

程序 5.4 给出了利用 MakeTree 构建二叉树的示例：首先定义 a、b、x、y 和 z 五个二叉树变量，并使用初始化函数将它们初始化为空二叉树；然后调用 MakeTree 函数逐步构建二叉树。函数 main 的详细执行过程如图 5.10 所示。

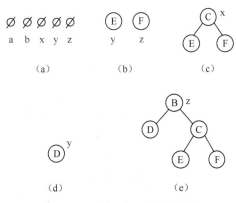

图 5.10 函数 main 的详细执行过程

程序 5.4 main 函数

```c
typedef char ElemType;
void main()
```

```
{
    BinaryTree a,b,x,y,z; //图 5.9(a)
    Create(&a);
    Create(&b);
    Create(&x);
    Create(&y);
    Create(&z);
    MakeTree(&y,'E',&a,&b);
    MakeTree(&z,'F',&a,&b); //图 5.9(b)
    MakeTree(&x,'C',&y,&z); //图 5.9(c)
    MakeTree(&y,'D',&a,&b); //图 5.9(d)
    MakeTree(&z,'B',&y,&x); //图 5.9(e)
    PreOrderTree(&z); //先序遍历二叉树 z，详见程序 5.5
    TreeClear(&z) //清空二叉树 z，释放空间，详见程序 5.7
}
```

注意：程序 5.4 只是一种构建二叉树的示例方法，除此以外，还可以利用其他方法创建二叉树，如程序 5.9 给出的先序构建二叉树方法等。

5.3　二叉树的遍历

对于一个有限元素的集合，遍历是对该集合中的每个元素访问且仅访问一次的运算操作。二叉树是由有限个结点，根据父子关系构成的特殊结构，因此，对二叉树的遍历就是实现对二叉树中的每个结点访问且仅访问一次。二叉树的遍历是二叉树的一项基本运算操作，利用二叉树遍历的思想，可以实现针对二叉树的查找、复制、删除等各项复杂运算操作。本节我们将介绍四个方面的内容：二叉树遍历的递归算法、二叉树遍历的应用实例、二叉树遍历的非递归算法以及线索二叉树的概念。

5.3.1　二叉树遍历的递归算法

在 ADT 5.1 中，我们定义了二叉树的四种遍历运算，即先序遍历、中序遍历、后序遍历和层次遍历。其中，先序遍历、中序遍历和后序遍历的设计思想与二叉树的递归定义密切相关；层次遍历是利用二叉树中各结点所在的层次，按照从上到下、从左到右的顺序访问二叉树中的每一个结点。下面，我们介绍上述四种遍历方法及相应的算法实现。

1. 二叉树的先序、中序和后序遍历

对一个数据结构中的每个结点都访问一遍，需要设定一种访问次序。对一个线性表的遍历，这种次序是自然的，可以从头到尾，也可以从尾到头。而根据二叉树的递归定义可知，二叉树是由根结点和该根结点的左、右子树这三部分构成。假设 L、V 和 R 分别代表遍历左子树、访问根结点和遍历右子树这三个操作，那么就可以得到六种遍历次序，分别是 VLR、LVR、LRV、VRL、RVL 和 RLV。对子树的遍历，如果总是采用先左后右的规则（访问完左子树的所有结点后，再访问右子树的结点），则根据访问根结点的时间的不同，可以形成三种遍历次序，即先访问根结点的先序遍历 VLR、中间访问根结点的中序遍历 LVR 和最后访问根结点的后序遍历 LRV。对另外三种遍历次序 VRL、RVL 和 RLV 的讨论与前三种完全相同。下面，我们给出前三种遍历方法的设

这三种遍历二叉树的递归算法的核心思想可简要描述如下。

（1）先序遍历（VLR）

若二叉树为空，则空操作；

否则 ① 访问根结点；

　　　② 先序遍历左子树；

　　　③ 先序遍历右子树。

（2）中序遍历（LVR）

若二叉树为空，则空操作；

否则 ① 中序遍历左子树；

　　　② 访问根结点；

　　　③ 中序遍历右子树。

（3）后序遍历（LRV）

若二叉树为空，则空操作；

否则 ① 后序遍历左子树；

　　　② 后序遍历右子树；

　　　③ 访问根结点。

　　显然，上述算法是递归的，它们把对一棵二叉树的遍历分解为访问根结点和以相同次序遍历该根结点的左、右子树这三个核心步骤。图 5.11 给出了二叉树三种遍历算法的示例。

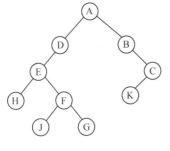

先序遍历：A，D，E，H，F，J，G，B，C，K

中序遍历：H，E，J，F，G，D，A，B，K，C

后序遍历：H，J，G，F，E，D，K，C，B，A

（a）二叉树　　　　　　　　　　（b）三种遍历次序

图 5.11　二叉树遍历示例

　　下面，我们以二叉树先序遍历为例，根据前述二叉树先序遍历的算法思想，在程序 5.5 中给出具体的先序遍历递归算法实现。这里假设二叉树结点中存储数据的 ElemType 为 char 类型。在程序 5.5 中，函数 PreOrderTree 以二叉树作为输入，通过调用递归函数 PreOrder 函数完成对整个二叉树的先序遍历。

程序 5.5　先序遍历

```
void PreOrderTree(BinaryTree * bt)
{
    PreOrder(bt->root);
}
void PreOrder(BTNode* t)
{
    if(!t)
        return;
```

```
    printf("%c", t->element);    //访问根结点
    PreOrder(t->lChild);         //先序遍历左子树
    PreOrder(t->rChild);         //先序遍历右子树
}
```

为了深入理解二叉树遍历算法和递归函数的运行机制，我们通过列出函数调用和元素访问序列，来跟踪递归函数 PreOrder(bt->root)的执行过程。图 5.12（b）所示是对图 5.12（a）的二叉树执行递归函数 PreOrder 时，该函数的执行过程示意图。PreOrder(A)代表先序遍历以 A 为根的二叉树，Print(A)表示输出结点 A。从图中可见，函数 PreOrder 能按先序次序正确遍历一棵二叉树。

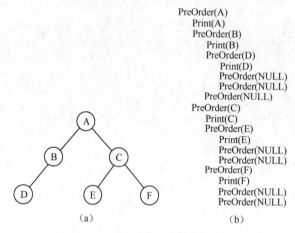

图 5.12　先序遍历递归函数的执行过程

同理可得中序和后序遍历二叉树的递归算法，请读者自行编码。

2. 二叉树的层次遍历

二叉树还可以按层次进行遍历。层次遍历是利用二叉树中各结点所在的层次位置，按照从上到下、从左到右的顺序访问二叉树中的每一个结点。实现二叉树层次遍历的基本方法如下：首先访问第一层中的根结点，然后按照从左到右的顺序访问第二层中的结点，以此类推，接着访问二叉树中第三层直至最后一层中的所有结点。例如，对于图 5.12 所示的二叉树，按层次遍历访问各结点的顺序如图 5.13 所示，容易得出该层次遍历的输出序列为：A,B,C,D,E,F。

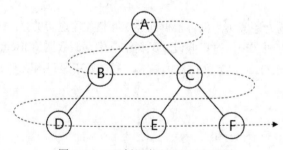

图 5.13　二叉树层次遍历的访问路径

二叉树层次遍历的实现需要使用队列结构，下面给出基于队列的二叉树层次遍历算法的基本思想。

（1）若二叉树为空，则直接退出；否则，初始化队列 Q，再将根结点进队。

（2）判断 Q 是否为空，若不为空，则执行如下操作：

① 获取队头中存储的结点 p，并将队头元素出队；

② 访问结点 p 中的数据；

③ 若 p 的左孩子结点存在，则将该左孩子结点进队；

④ 若 p 的右孩子结点存在，则将该右孩子结点进队。

（3）二叉树层次遍历算法执行结束，退出算法。

基于上述算法思想，我们给出对应的代码实现，如程序 5.6 所示，其中 Q 为用于存储结点类型的队列，为了方便描述，我们假设该队列包含 100 个单元的存储空间。队列数据结构及操作的具体实现参见本教材 3.2 节的相关内容。

程序 5.6　层次遍历

```
#define QUEUESIZE 100      //遍历过程中需要使用的队列的容量，根据实际需求调整
void LevelOrderTree(BinaryTree *tree)
{
    if(!tree->root)
        return;
    Queue Q;               //Q 是用于存储 BTNode 结点类型的队列
    Create(&Q, QUEUESIZE);  //创建包含 QUEUESIZE 个单元的队列存储空间
    BTNode *p=tree->root;
    EnQueue(&Q, p);        //将根结点进队
    while(!IsEmpty(&Q))
    {
        Front(&Q,&p);
        DeQueue(&Q);
        printf("%c",p->element);   //访问结点 p
        if(p->lChild)
            EnQueue(&Q,p->lChild);
        if(p->rChild)
            EnQueue(&Q,p->rChild);
    }
    Destroy(&Q);
}
```

上述二叉树的先序、中序、后序和层次遍历算法都执行对二叉树中的每个结点访问且仅访问一次的操作，因此这四个遍历算法的时间复杂度都为 O(n)，其中 n 为二叉树中的结点数量。

5.3.2　二叉树遍历的应用实例

利用二叉树遍历思想可以解决许多二叉树的应用问题，下面是两个典型的应用实例。

1. 计算二叉树的结点个数

运用二叉树遍历的思想，很容易计算一棵二叉树的结点总数。在遍历求解的过程中可以根据二叉树的两种不同状态，计算二叉树的结点数量：

（1）如果二叉树是空树，显然该二叉树的结点数量为 0；

（2）如果二叉树非空，则该二叉树中结点的数量等于其左、右子树的结点数量之和再加上一个根结点。

基于上述思想，设计递归函数 Size 求以 t 为根的二叉树的结点数量，调用 Size(t->lChild) 和 Size(t->rChild) 可以分别计算 t 的左、右子树的结点数量，具体求解过程见程序 5.7。函数 TreeSize 为上层用户调用的接口函数，实际计算二叉树中结点数量的任务由递归函数 Size 完成，函数 Size

本质上是一种后序遍历算法。

程序 5.7　求二叉树的结点数

```
int TreeSize(BinaryTree *bt)
{
    return Size(bt->root);
}
int Size(BTNode *t)
{
    if(!t)
      return 0 ;
    else
      return Size(t->lChild)+Size(t->rChild)+1;
}
```

2. 清空二叉树

运用二叉树遍历的思想，同样可以实现二叉树的清空操作，即删除二叉树中的每一个结点，并释放空间。在遍历过程中根据二叉树的两种不同状态执行如下操作：

（1）如果二叉树是空树，则对当前二叉树的清空任务已完成，直接返回；

（2）如果二叉树非空，则先清空该二叉树根结点的左子树，然后清空右子树，最后释放该二叉树的根结点。

基于上述思想，设计递归函数 Clear 清空以 t 为根的二叉树，调用 Clear(t->lChild)和 Clear(t->rChild)可以分别清空 t 的左、右子树，具体过程见程序 5.8。函数 TreeClear 为上层用户调用的接口函数，实际清空并释放二叉树中结点的任务由递归函数 Clear 完成，函数 Clear 本质上也是一种后序遍历算法。

程序 5.8　清空二叉树

```
void TreeClear(BinaryTree* bt)
{
    Clear(bt->root);
}
void Clear(BTNode* t)
{
    if(!t)
      return;
    Clear(t->lChild);
    Clear(t->rChild);
    free(t);
}
```

3. 先序构建二叉树

二叉树的先序、中序和后序遍历算法都是递归算法，利用遍历算法也可以构建二叉树。下面，我们给出采用先序遍历方法构建二叉树的算法实现，如程序 5.9 所示。

程序 5.9　先序遍历构建二叉树

```
BTNode* PreCreateBT(BTNode *t)
{
    char ch;
    ch=getchar(); //输入先序规则下当前子树根节点的元素
    if(ch=='#')    //输入为#表示这里建立空二叉树，即遍历算法的空操作
      t=NULL;
```

```
    else
    {
      t=(BTNode *)malloc(sizeof(BTNode));
      t->element=ch;                        //构造根结点
      t->lChild=PreCreateBT(t->lChild);  //构造左子树
      t->rChild=PreCreateBT(t-> rChild);  //构造右子树
    }
    return t;
  }
  void PreMakeTree(BinaryTree *bt)
  {
    bt->root = PreCreateBt(bt->root);
  }
```

采用先序遍历算法构建图 5.14 所示的二叉树只需要在 main 函数中调用 PreMakeTree 函数，并输入"BD##CE##F##"即可。

其他诸如求二叉树的高度、交换二叉树的左右子树等应用问题都可以采用基于遍历的思想来解决，详细算法这里不再赘述。

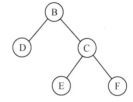

图 5.14　先序遍历构建二叉树

5.3.3　二叉树遍历的非递归算法

递归是程序设计中强有力的工具。递归函数结构清晰，使程序易读。但递归函数也有不可克服的弱点，时间、空间效率较低，运行代价较高，所以在实际使用中，常希望使用它的迭代版本。为了实现非递归遍历算法，需要一个堆栈，作为实现算法的辅助数据结构。堆栈用于存放遍历过程中待处理的任务线索。二叉树是非线性数据结构，遍历过程中访问的每一个结点都有左、右两棵子树，任何时刻程序只能访问其中之一，程序必须保留以后继续访问另一棵子树的"线索"，我们用堆栈来存放这种线索。二叉树遍历的递归算法虽然没有用户定义的栈，但是系统栈承担了此项任务。

这里，我们给出一个适用于先序、中序和后序遍历的非递归算法的通用设计框架，该框架主要包含 3 个函数定义。

（1）BTNode* GetFirst(BinaryTree *bt, Stack *s)，该函数负责返回二叉树 bt 中第一个被访问的结点，若二叉树为空，则返回 NULL。

（2）BTNode* GetNext (BTNode *current, Stack *s)，该函数负责返回当前遍历次序下的被访问结点 current 的后继结点，如果不存在后继结点，则返回 NULL。

（3）void Traverse(BinaryTree *bt)，该函数利用循环结构非递归地访问二叉树 bt 中的每个结点，且只访问一次。

下面以中序遍历为例，介绍二叉树中序遍历的非递归算法（具体算法实现见程序 5.10）。实现中序遍历的非递归算法需使用一个堆栈 S，记录遍历过程中待访问的结点，栈中存储数据的类型为二叉树结点指针类型，即 BTNode*类型。

在一棵二叉树（或子树）上，中序遍历访问的第一个结点是该二叉树的根结点的**最左后裔结点**（例如，图 5.13 所示的二叉树的根结点的最左后裔结点为结点 D）。非递归中序遍历算法的执行步骤如下：

（1）调用 GetFirst 函数获取二叉树的根结点的最左后裔结点（如果存在的话），并将该结点设置为当前待访问结点；

（2）只要当前待访问结点存在，则访问该结点，然后调用函数 GetNext 获取该结点在中序遍历下的直接后继结点，并作为新的当前待访问结点，继续循环执行步骤（2）。

　　GetFirst 函数用于获取二叉树的根结点的最左后裔结点，并使得从根结点到该最左后裔结点的路径中的所有结点（最左后裔结点除外）依次进栈。而 GetNext 函数则用于获取当前访问结点的中序遍历下的直接后继结点。

　　上述二叉树的非递归中序遍历算法及相关函数的具体实现如程序 5.10 所示。

程序 5.10　二叉树的非递归中序遍历

```
#define STACKSIZE 100      //遍历过程中需要使用的堆栈的容量，根据实际需求调整
//获取中序遍历规则下待访问的第一个结点
BTNode* GetFirst(BinaryTree *bt, Stack *S)
{
  BTNode *p=bt->root;
  if(!p)
    return NULL;
  while(p->lChild!=NULL)
  {
    Push(S, p);
    p=p->lChild;
  }
  return p;
}


//获取 current 结点在中序遍历规则下的下一个结点
BTNode* GetNext(BTNode *current, Stack *S)
{
    BTNode* p;
    if(current->rChild!=NULL)
    {
      p=current->rChild;
      while(p->lChild!=NULL)
      {
        Push(S, p);
        p=p->lChild;
      }
      current=p;
    }
    else if(!IsEmpty(S))
    {
      Top(S, current);
      Pop(s);
    }
    else
    {
      current=NULL;
      return NULL;
    }
    return current;
}


//按照中序遍历规则非递归遍历二叉树中所有结点
void Traverse(BinaryTree *bt)
{
    Stack S;
```

```
    BTNode *current;
    Create(&S, STACKSIZE);        //创建容量为 STACKSIZE 的堆栈
    current=GetFirst(bt,&S);
    while(current)
    {
        printf("%c", current->element);
        current=GetNext(current,&S);
    }
}
```

在遍历过程中，每个结点被访问且仅被访问一次，所以遍历算法的时间复杂度为 O(n)。遍历所需的辅助空间是栈的容量，栈的容量不超过树的高度，所以其空间复杂度也为 O(n)。

5.3.4 线索二叉树的基本概念和构造

二叉树的遍历算法能够将具有非线性结构特征的二叉树进行线性化表示，在遍历后得到的线性序列中，每个结点在该序列中均有唯一的前驱和后继（起点和终点除外），这与线性结构中结点之间的前驱和后继关系类似。但是这种前驱和后继的关系只有在遍历过程中才能获得，而在二叉树的二叉链表结构中无法直接获得。为了保存遍历过程中结点之间的前驱和后继关系信息，我们引入线索二叉树。

通常，有 n 个结点的二叉树包含 2n 个指针域，其中，非空指针域有 n−1 个，空指针域有 n+1 个。因此，可以使用这些空指针域来存储结点在特定遍历规则下的前驱或后继结点。具体方法如下：在二叉链表的结点结构中增加 lTag 和 rTag 两个标志域。线索二叉树中的结点结构如图 5.15 所示。

图 5.15 线索二叉树中的结点结构

当 lTag=0 时，lChild 指向该结点的左孩子；当 lTag=1 时，lChild 指向该结点的遍历前驱；当 rTag=0 时，rChild 指向该结点的右孩子；当 rTag=1 时，rChild 指向该结点的遍历后继。

这种指向前驱和后继结点的指针称为线索；以该结构组成的二叉链表称为线索二叉链表；对二叉树按照某种遍历次序（如先序、中序或后序）加上线索的过程称为二叉树的线索化，所形成的二叉树称为线索二叉树。

下面，我们通过一个示例来讨论线索二叉树的构造方法。对于图 5.16（a）所示的二叉树而言，其先序遍历序列为 A, B, D, E, C, F，显然结点 D 的前驱和后继分别为 B 和 E，结点 A 没有前驱（前驱为 NULL），而结点 F 没有后继（后继为 NULL）。在该二叉树对应的线索二叉树中，对于结点 A 而言，由于其左、右孩子都存在，分别为 B 和 C，因此结点 A 的 lTag 和 rTag 均等于 0，此时结点 A 的 lChild 和 rChild 存储的是结点 B 和 C 的首地址；对于结点 D 而言，由于其左、右孩子都不存在，因此结点 D 的 lTag 和 rTag 均等于 1，此时结点 D 的 lChild 和 rChild 存储的分别是 D 的前驱结点 B 和后继结点 E 的首地址，我们用方向向左的虚线线索表示前驱关系，用方向向右的虚线线索表示后继关系。按照上述规则，不难画出图 5.16（a）所示二叉树对应的先序线索二叉树，如图 5.16（b）所示，该线索二叉树对应的先序线索二叉链表如图 5.17 所示。

按照同样方法，我们也可以给出图 5.16（a）所示二叉树对应的中序和后序线索二叉树，分别如图 5.16（c）和图 5.16（d）所示。注意，如果某个结点的左孩子不存在，且该结点没有前驱结点，则将该结点对应的左向虚线线索指向空（NULL）；同理，如果某个结点的右孩子不存在，且

该结点没有后继结点，则将该结点对应的右向虚线线索指向空（NULL）。

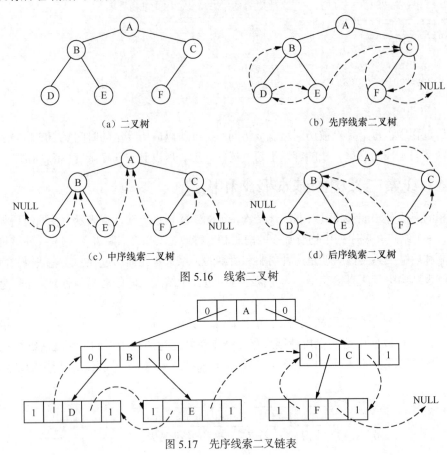

（a）二叉树　　　　　　　　　　　（b）先序线索二叉树

（c）中序线索二叉树　　　　　　　　（d）后序线索二叉树

图 5.16　线索二叉树

图 5.17　先序线索二叉链表

5.4　树和森林

在前面的章节中，我们已经介绍了树和森林的相关定义和概念，并对二叉树做了详细的介绍。本节我们重点讨论树和森林的存储表示及其遍历方法。

5.4.1　森林与二叉树的转换

前面我们已经对二叉树进行了深入研究，重点介绍了二叉树的定义、性质、存储及相关操作。如果树和森林能够用二叉树表示，那么二叉树的相关成果（如存储方法、遍历方法等）便可应用于树和森林。事实上，森林（或树）和二叉树之间有着一种自然的对应关系，我们可以将任何森林或树表示成唯一的二叉树，一棵二叉树也可以转换成对应的森林或树。

1. 森林转换成二叉树

森林可以唯一地表示成一棵二叉树，具体步骤如下：首先，将森林中各树的根用线连起来，并将树中具有兄弟关系的结点用线连起来；然后，去掉从双亲到除了第一个孩子以外的孩子的连线，只保留双亲到第一个孩子的连线；最后，使之稍微倾斜成我们习惯的二叉树形。

上述过程可以用以下定义精确地描述。

令 F=(T₁,T₂,...,Tₙ)是森林，F 所对应的二叉树为 B(F)：

① 若 F 为空，则 B 为空二叉树；

② 若 F 非空，则 B 的根是 F 中第一棵子树 T₁ 的根 R₁，B 的左子树是 R₁ 的子树森林 (T₁₁,T₁₂,...,T₁ₘ)所对应的二叉树，B 的右子树是森林(T₂,...,Tₙ)所对应的二叉树。

显然，上述转换步骤采取的是递归的执行方式。上述过程全部执行结束后，即可生成该森林对应的唯一的二叉树。而当 F 中只有唯一的树时，上述执行过程同样适用。因此，上述转换方法也适用于树到二叉树的转换。

2. 二叉树转换成森林

如果将上述森林到二叉树的转换过程进行逆转，则可以将任意二叉树转换为其对应的唯一森林。二叉树转换成森林的过程定义如下。

令 B=(R, BL, BR)是二叉树，R 是根，BL 是左子树，BR 是右子树，设 B 对应的森林包含 n 棵树，记为 F=(T₁,T₂,...,Tₙ)，则 F 的形成过程如下：

① 若 B 为空，则 F 为空森林；

② 若 B 非空，则 F 的第一棵树 T₁ 的根是二叉树的根 R，T₁ 的根的子树森林是 B 的左子树 BL 所对应的森林，F 中的其余树(T₂,...,Tₙ)是 B 的右子树 BR 所对应的森林。

综合上述树、森林和二叉树之间的转换方法可知，一棵树和其转换之后的二叉树之间具有如下关系：在树对应的二叉树中，一个结点的左孩子是它在原树中的第一个孩子，而右孩子则是它在原树中右侧的第一个兄弟。

图 5.18 为森林转换成二叉树的示例。根据转换方法易知，对于一棵树而言，该树对应的二叉树根结点的右子树一定不存在，如图 5.18（a）中 T₁、T₂ 所分别对应的那部分树形。图 5.19 给出了二叉树转换为森林的示例，转换生成的森林由 3 棵树组成。

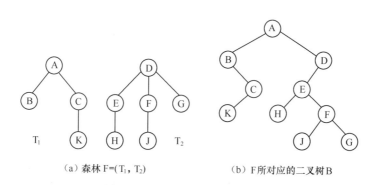

（a）森林 F=(T₁, T₂)　　　　（b）F 所对应的二叉树 B

图 5.18　森林到二叉树的转换示例

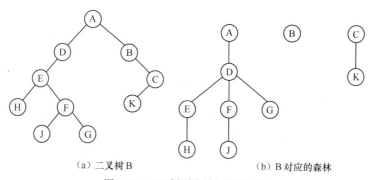

（a）二叉树 B　　　　　　（b）B 对应的森林

图 5.19　二叉树到森林的转换示例

上述森林与二叉树之间转换过程的定义都是递归的。它们都首先定义一种简单情况下的转换办法，即若二叉树为空，则对应的森林也为空，反之亦然。非空二叉树到森林的转换过程，是将二叉树划分成 3 部分，即根、左子树和右子树；同样，非空森林到二叉树的转换过程，也是将森林划分成 3 部分，即森林中第一棵树的根、第一棵树中除去根结点后其余子树组成的森林，以及原森林中除去第一棵树后其余的树组成的森林。然后，通过在这 3 部分之间建立一一对应关系，实现森林与二叉树之间的互相转换。递归方法往往采用将"规模较大"问题化简为"规模较小"问题的设计思想，在递归过程中，只要待解决的问题规模还不够小，则继续执行递归，直到问题规模小到可以直接求解为止。而当规模较小的问题解决了，在此基础上，通过回溯即可解决规模较大的问题。例如，在上述二叉树到森林的转换过程中，如果一棵二叉树的左、右子树都已分别转换成对应的森林，则意味着该二叉树到森林的转换也已完成，即只需将上面所说的 3 部分一一对应起来即可。

5.4.2　树和森林的存储表示

树是非线性数据结构，一般采用链接方式存储，但也存在着其他的存储方法。本节我们重点讨论树和森林的五种存储表示方法：多重链表表示法、孩子兄弟表示法、双亲表示法、三重链表表示法和带右链的先序表示法。

1. 多重链表表示法

在计算机内表示一棵树的最直接的方法是多重链表表示法，即每个结点包含多个指针域，存放每个孩子结点的地址。由于一棵树中每个结点的子树数量可能不相同，每个结点的指针域数量应设定为树的度 m，即树中孩子数最多的结点的度。因而，每个结点的结构如图 5.20 所示。

图 5.20　多重链表的结点结构

例如，图 5.21（a）所示的树对应的多重链表如图 5.21（b）所示。

（a）树 T　　　　　　　　（b）T 对应的多重链表

图 5.21　树多重链表表示法

包含多个指针域且结点长度固定的链接结构称为**多重链表**。设度为 m 的树中有 n 个结点，每个结点有 m 个指针，总共有 $n \times m$ 个指针域，其中，只有 $n-1$ 个非空指针域，其余 $n \times m - (n-1) = n(m-1) + 1$ 个指针域均为空。可见多重链表表示法有浪费存储空间的问题，但这种方法的好处是结构简单且易于实现。

2. 孩子兄弟表示法

孩子兄弟表示法本质上就是利用树或森林能够转换为唯一的二叉树这一特性所设计的存储表示方法，其每个结点的结构如图 5.22 所示。

图 5.22 孩子兄弟表示法的结点结构

图 5.23（a）、图 5-23（b）和图 5-23（d）给出了孩子兄弟表示法的示例。其中，图 5.23（a）中的树对应的二叉树如图 5.23（b）所示，因此，该树对应的利用孩子兄弟表示法形成的二叉链表如图 5.23（d）所示。

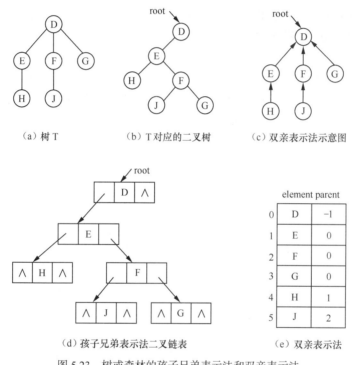

图 5.23 树或森林的孩子兄弟表示法和双亲表示法

3. 双亲表示法

利用多重链表表示法和孩子兄弟表示法，都能够方便地从双亲结点查找到孩子结点。但在某些应用场合，可能需要通过孩子结点获得其双亲结点，此时，就可以采用双亲表示法来存储树或森林。

双亲表示法的每个结点有两个域，即 element 和 parent。parent 用于指向当前结点的双亲结点，根结点没有双亲。图 5.23（c）即为图 5.23（a）中树的双亲表示法示意图。在图 5.23（e）中，我们使用一个连续的存储区（如数组）来存储树或森林，下标代表结点位置，根结点的 parent 域为 −1，其他结点的 parent 域是其双亲结点的下标；且树或森林中的结点按照从上到下、从左到右的次序存储。

4. 三重链表表示法

如果既想方便地从双亲查找孩子，又想方便地从孩子查找双亲，则可以将双亲表示法和孩子兄弟表示法结合起来，即在孩子兄弟表示法的每个结点中增加一个 parent 域，用于指向当前结点的双亲结点，这就是三重链表表示法。在该存储表示方法中，每个结点有三个指针链域，从而形成三重链表，其结点结构如图 5.24 所示。

Child	element	Sibling	parent

图 5.24　三重链表的结点结构

5. 带右链的先序表示法

带右链的先序表示法是将树或森林所对应的二叉树中的结点，按先序遍历的访问次序，依次存储在一个连续区域中，每个结点对应该连续区域中的一个单元，每一个单元包含三个域，分别是 sibling、element 和 lTag，其中 sibling 用于存储当前结点的第一个右兄弟结点的位置；element 用于存储当前结点的数据；lTag 用于标识当前结点是否有孩子结点，若 lTag=1，表示当前结点没有孩子结点，若 lTag=0，表示当前结点有孩子结点，且其第一个孩子结点存储在当前结点的下一个单元。

我们通过如下示例介绍树或森林的带右链的先序表示法，如图 5.25 所示。图 5.25（a）是一个包含两棵树的森林，该森林对应的二叉树如图 5.25（b）所示，先序遍历该二叉树得到的元素序列为：A, B, C, K, D, E, H, F, J, G。该森林对应的带右链的先序表示如图 5.25（c）所示。

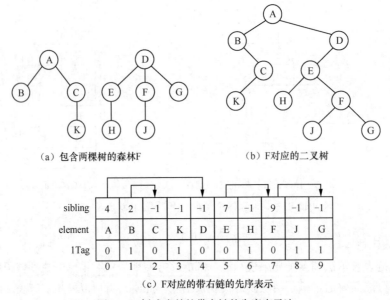

（a）包含两棵树的森林 F　　　　（b）F 对应的二叉树

sibling	4	2	-1	-1	-1	7	-1	9	-1	-1
element	A	B	C	K	D	E	H	F	J	G
lTag	0	1	0	1	0	0	1	0	1	1
	0	1	2	3	4	5	6	7	8	9

（c）F 对应的带右链的先序表示
图 5.25　树或森林的带右链的先序表示法

在图 5.25（c）中，对于森林中的结点 B 而言，它存储于 1 号单元，其中的 sibling 值为 2，表示 B 的右兄弟结点 C 存储于 2 号单元；同时，B 所在的 1 号单元的 lTag 值为 1，表示 B 没有孩子。而对于森林中的结点 C 而言，它存储于 2 号单元，其中的 sibling 值为-1，表明 C 没有右兄弟；同时该单元的 lTag 值为 0，表示 C 的第一个孩子结点存储在相邻的后继单元中，即后继单元中的结点 K 是 C 的孩子。

上述五种存储表示方法均可以用于存储树或森林，但各有特点，因此，在实际应用中，需结合具体需求，设计并使用合理的存储表示方法。

5.4.3　树和森林的遍历

一般的树和森林的遍历分成两类：按深度方向的遍历和按宽度方向的遍历。下面，我们详细介绍这两类遍历方法。

1. 按深度方向的遍历

根据树和森林与二叉树相互转换的一一对应关系可知，二叉树的三种遍历方法同样也可以应用于与其相对应的树或森林。因此，对于树和森林而言，同样也可以进行先序遍历、中序遍历和后序遍历。由于森林由若干棵树组成，下面，我们给出森林的先序、中序和后序遍历算法的具体过程。

（1）先序遍历算法

若森林为空，则遍历结束。

否则：　① 访问第一棵树的根；

　　　　② 按先序遍历方法，遍历第一棵树的根结点的子树构成的森林；

　　　　③ 按先序遍历方法，遍历除了第一棵树以外的树构成的森林。

（2）中序遍历算法

若森林为空，则遍历结束。

否则：　① 按中序遍历方法，遍历第一棵树的根结点的子树构成的森林；

　　　　② 访问第一棵树的根；

　　　　③ 按中序遍历方法，遍历除了第一棵树以外的树构成的森林。

（3）后序遍历算法

若森林为空，则遍历结束。

否则：　① 按后序遍历方法，遍历第一棵树的根结点的子树构成的森林；

　　　　② 按后序遍历方法，遍历除了第一棵树以外的树构成的森林；

　　　　③ 访问第一棵树的根。

由森林和二叉树的转换方法可知，森林中第一棵树的根即二叉树的根，第一棵树的子树组成的森林对应于二叉树的左子树，而除第一棵树以外的树组成的森林对应于二叉树的右子树，所以森林的先序遍历、中序遍历和后序遍历的结果应与对应二叉树的先序、中序和后序遍历的结果完全相同。例如，对图 5.25（a）的森林的先序遍历的结果为 A, B, C, K, D, E, H, F, J, G，等同于其对应的二叉树的先序遍历结果。对森林的后序遍历在逻辑上不太自然，在这种遍历方式下，对于森林中的任意一棵树而言，对该树根结点的访问，被推迟到该树后面的所有树中的结点都访问完毕才进行，所以不常用。

上述三种遍历是森林的深度优先遍历，同样，森林还可以按宽度方向进行层次遍历。

2. 按宽度方向的遍历

二叉树可以按宽度方向进行层次遍历，一般树和森林也可以进行层次遍历。层次遍历是一种宽度优先的遍历方法。具体过程如下：首先按照从左到右的次序，访问处于第一层的全部结点，然后按照同样的次序访问处于第二层的结点，再访问第三层……，最后访问最下层的结点。对图 5.25（a）中的森林进行层次遍历所得到的遍历结果为 A, D, B, C, E, F, G, K, H, J。显然，森林的层次遍历结果和对应二叉树的层次遍历结果之间，并没有逻辑上的对应关系。

5.5　堆和优先权队列

很多应用需要一种数据结构来存储元素，元素加到数据结构中的次序是无关紧要的，但要求每次从数据结构取出的元素是具有最高优先级的元素，这样的数据结构被称为**优先权队列**。显然优先权队列中的每个元素都应有一个优先级，优先级是可以比较高低的。优先权队列不同于先进先出队列，优先权队列按元素优先级的高低，而不是按元素进入队列的顺序来确定出队列的顺序。基于先进先出原则的传统队列结构，也可以看作一种特殊的优先权队列，元素的优先级由其进入队列的时间决定，时间越早则优先级越高。

实现优先权队列有多种方法，最简单的实现方法是用线性表表示优先权队列。在新元素入队时，将元素插在表的最前面（或尾部）；在元素出队时，从队列中查找并取出具有最高优先级的元素。由于该简单实现方法需要在线性表中执行元素的查找操作，因此，基于该实现方法的优先权队列出队操作的时间复杂度为 O(n)。如果我们利用堆来实现优先权队列，则可以提高优先权队列出队操作的效率。

5.5.1　堆

1. 堆的定义和存储表示

定义 5.7　一个大小为 n 的**堆**是一棵包含 n 个结点的完全二叉树，其根结点称为堆顶，根据堆中亲子结点的大小关系，堆可以分为如下两类。

（1）最小堆：如果树中每个结点的元素都小于或等于其孩子结点的元素，则该堆为最小堆。在最小堆中，堆顶存储的元素是整棵树中最小的。

（2）最大堆：如果树中每个结点的元素都大于或等于其孩子结点的元素，则该堆为最大堆。在最大堆中，堆顶存储的元素是整棵树中最大的。

2. 堆的存储表示

由定义 5.7 可知，堆的逻辑结构是树形结构，并且是特殊的树形结构，即完全二叉树。根据 5.2.4 节中完全二叉树的顺序存储表示方法可知，对于堆而言，在物理存储上同样可以采用顺序存储表示方法。这里，表示堆的逻辑结构的完全二叉树中的"结点"，与表示堆的存储结构的顺序结构中的"元素"在内涵上具有等价性关系。我们不妨假设一个包含 n 个元素的堆，其对应的顺序存储表示为顺序表 $(k_0,k_1,...,k_{n-1})$，k_i 为顺序表中的第 i 个元素。根据堆元素的顺序存储方法，堆又可以描述如下。

堆是包含 n 个元素的序列 $(k_0,k_1,...,k_{n-1})$，**堆顶**元素和**堆底**元素分别为序列的第一个元素 k_0 和最后一个元素 k_{n-1}。最小堆和最大堆的条件要求如下：当且仅当满足 $k_i \leq k_{2i+1}$ 且 $k_i \leq k_{2i+2}(i=0,1,...,\lfloor(n-2)/2\rfloor)$ 时，该序列为最小堆；当前仅当满足 $k_i \geq k_{2i+1}$ 且 $k_i \geq k_{2i+2}(i=0,1,...,\lfloor(n-2)/2\rfloor)$ 时，该序列为最大堆。

图 5.26 给出了最小堆和最大堆的结构示例。其中，图 5.26（a）和图 5.26（b）分别为最小堆和最大堆，图 5.26（c）是图 5.26（a）中的最小堆对应的顺序表。

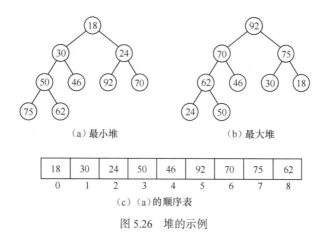

（a）最小堆　　　　　　　　　　（b）最大堆

18	30	24	50	46	92	70	75	62
0	1	2	3	4	5	6	7	8

（c）（a）的顺序表

图 5.26　堆的示例

3. 建堆运算

建堆运算 CreateHeap 的目标：对一个任意排列的元素序列执行若干调整，使得该元素序列满足最小堆（或最大堆）要求。这里，为了描述的简洁性，我们以最小堆为例，讨论建堆运算的实现方法，最大堆建堆方法与之类似。

在一棵完全二叉树中，由于所有的叶结点没有孩子，这些叶结点自然是满足最小堆的要求的，无须调整；而非叶结点不一定满足最小堆要求。因此，建堆运算中的结点（元素）调整操作应从最后一个非叶结点（也是最后一个叶结点的双亲结点）开始，即位置为 $\lfloor(n-2)/2\rfloor$ 的元素，重复执行调整操作，直到下标为 0 的元素完成调整，整个建堆运算结束。可见，对完全二叉树中非叶结点的调整是实现建堆运算的基本操作。

对完全二叉树中的非叶结点，需要执行面向建堆的向下调整运算 AdjustDown，从而使得每一个非叶结点在完成调整之后，都能够满足最小堆要求。接下来，我们详细介绍向下调整运算 AdjustDown 的实现方法，该运算的定义如下：

```
void AdjustDown (ElemType heap[], int current, int border)
```

其中，current 表示当前待调整的目标元素在以数组 heap 表示的完全二叉树中的位置，border 表示完全二叉树的下边界位置，即最后一个元素所在的位置；并且，heap 中从位置 current+1 到位置 border 之间的这 border−current 个元素都满足：其中的任一元素要么不存在孩子结点，要么该元素不大于其孩子结点中的元素，也就是说 heap 中的这 border−current 个元素都符合最小堆的要求。此时，执行 AdjustDown 操作将使得 heap 中增加一个满足最小堆的要求的元素（即 heap[current]）。

实现向下调整运算 AdjustDown 的具体方法如下：首先，设置变量 p 指向当前考查元素 heap[current]，即 p=current；接着启动循环调整过程，如果 p 指向的元素 heap[p]大于其左、右孩子中的较小者（即 heap[2*p +1]和 heap[2*p +2]中的较小的元素），则将 heap[p]与其较小孩子交换，并设置 p 指向原先较小孩子当前所在的位置（此时该位置中存储的依然是原先的当前考查元素，也就是说 p 指向的元素并没有发生变化），然后继续执行下一轮的循环。在循环过程中，如果发现 p 指向的元素 heap[p]不大于其左、右孩子中的较小者，或者 p 已到达叶结点，则本轮向下调整结束。

图 5.27 给出了向下调整算法示例。当前给定的序列 heap={18, 87, 20, 46, 50, 32, 44, 75, 62}，显然当前的 heap[2], heap[3] ,..., heap[8]已满足最小堆的条件要求，即这些元素都不大于它们的孩

子结点；当前需执行向下调整的目标对象为 p=1 指向的元素 heap[1]=87，调整过程如图 5.27 所示。
在图 5.27（a）中，由于 heap[1]大于其较小的孩子 heap[3]=46，所以首先将 heap[1]与 heap[3]交换，
交换后的 heap 如图 5.27（b）所示，此时 p 指向 heap[3]=87；继续比较 p 指向的元素 heap[3]和其
较小孩子 heap[8]=62 的大小关系，由于前者较小，继续交换 heap[3]与 heap[8]，交换后的 heap 如
图 5.27（c）图所示，此时 p 指向叶结点 heap[8]，针对 heap[1]的调整过程结束。

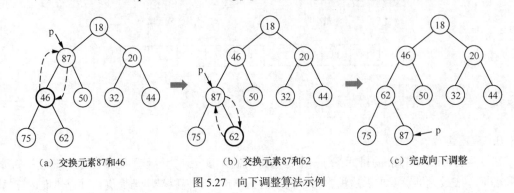

（a）交换元素87和46   （b）交换元素87和62   （c）完成向下调整

图 5.27　向下调整算法示例

向下调整运算 AdjustDown 和建堆运算 CreateHeap 的 C 语言程序实现参见程序 5.11。

程序 5.11　向下调整和建堆运算

```
void AdjustDown(ElemType heap[], int current, int border)
{
    int p=current;
    int minChild;
    ElemType temp;
    while(2*p+1<=border)   //若 p 不是叶结点，则执行调整
    {
        if((2*p+2<=border)&&(heap[2*p+1]>heap[2*p+2]))
            minChild=2*p+2;  //右孩子存在，且较小，则 minChild 指向 p 的右孩子
        else
            minChild=2*p+1;  //右孩子不存在，或较大，则 minChild 指向 p 的左孩子
        if(heap[p]<=heap[minChild])
            break;        //若当前结点不大于其最小的孩子，则调整结束
        else   //否则将 p 和其最小孩子交换
        {
            temp=heap[p];
            heap[p]=heap[minChild];
            heap[minChild]=temp;
            p=minChild;  //设置下轮循环待考查的元素的位置（即当前下移元素的位置）
        }
    }
}
void CreateHeap(ElemType heap[],int n)
{
    int i;
    for(i=(n-2)/2;i>-1;i--)
        AdjustDown(heap,i,n-1);
}
```

设有初始序列(61, 28, 81, 43, 36, 47, 83, 5)，针对该序列的建堆运算的执行过程如表 5.1 所

示。为了便于理解，读者也可使用如图 5.27 所示的完全二叉树形式来表示表 5.1 所描述的建堆过程。

表5.1 建堆运算执行过程

步骤	0	1	2	3	4	5	6	7
初始序列	61	28	81	43	36	47	83	5
1	61	28	81	5	36	47	83	43
2	61	28	47	5	36	81	83	43
3	61	5	47	28	36	81	83	43
4	5	28	47	43	36	81	83	61

4. 时间复杂度分析

下面，我们分析 CreateHeap 的时间复杂度。根据该函数的具体执行过程，我们知道，AdjustDown 函数的调用过程是从位于 $\lfloor(n-2)/2\rfloor$ 的元素开始的，直到完成堆顶元素的向下调整为止。每执行一次 AdjustDown 函数的时间复杂度是 $O(\log_2 n)$，因此，直观上，建堆的时间复杂度为 $O(n\log_2 n)$。更深入分析可知，建堆时间复杂度为 $O(n)$。

5.5.2　优先权队列

堆是实现优先权队列的有效的数据结构。在实际应用中，如果值越小，优先级越高，则使用最小堆即可，否则使用最大堆。本节以最小堆为例，讨论优先权队列的实现，基于最大堆的实现方法与之类似。

根据最小堆的定义，堆顶元素是堆中具有最小值的元素，在最小堆的顺序存储结构中，堆顶元素处于顺序表的第一个元素位置。因此，从优先权队列中删除最高优先级的元素（即堆顶元素）的操作是容易实现的，只需取出和删除堆顶元素即可。但删除堆顶元素后，必须将堆中剩余元素重新调整成堆。同样，当有新元素插入队列时，也必须重新调整，使之成为最小堆。

本节首先给出优先权队列 ADT 的定义，然后讨论实现优先权队列的关键操作"向上调整"，最后详细给出优先权队列的具体实现方法。

1. 优先权队列 ADT 与存储结构

我们首先给出优先权队列的抽象数据类型，见 ADT 5.2。

```
ADT 5.2　优先权队列 ADT
ADT PriorityQueue {
数据:
    n≥0 个元素的最小堆。
运算:
    Create(PQ, mSize): 建立一个空优先权队列。
    Destroy(PQ): 销毁一个优先权队列,释放其占用的内存空间。
    IsEmpty(PQ): 若优先权队列空, 则返回 TRUE; 否则返回 FALSE。
    IsFull(PQ): 若优先权队列满, 则返回 TRUE; 否则返回 FALSE。
    Size(PQ): 获取当前优先权队列中元素的数量
    Append(PQ,x): 将新元素 x 加入优先权队列。
    Serve(PQ,x): 从优先权队列中取出优先权最高的元素,并通过 x 返回。
}
```

在上述优先权队列的抽象数据类型定义的操作中，前 5 个运算（Create、Destroy、IsEmpty、IsFull 和 Size）较为简单，容易实现；而 Append 和 Serve 操作的实现较为复杂，不仅需要使用 5.5.1 节中介绍的向下调整运算 AdjustDown，还需要使用我们接下来介绍的向上调整运算 AdjustUp。

根据堆的定义及存储结构可知，一个最小堆可以用顺序表存储，因此我们给出优先权队列的存储结构，如程序 5.12 所示。

程序 5.12　优先权队列结构体

```
typedef struct priorityQueue
{
    ElemType *elements;  //存储元素的数组
    int n;               //优先权队列中元素的数量
    int maxSize;  //优先权队列的容量
}PriorityQueue;
```

2.　向上调整运算

在 Append 运算中，新元素 x 加入优先权队列时，该元素首先被存储于堆底元素（堆中的最后一个元素）的下一个单元。由于在原先符合最小堆的序列尾部添加了一个元素，很可能使得新的序列不再满足最小堆要求，因此需要对新增加的尾部元素执行向上调整运算 AdjustUp。

这里的向上调整运算 AdjustUp 的定义如下：

```
void AdjustUp (ElemType heap[], int current)
```

其中，heap 为存储元素序列的数组，current 为待调整元素的位置下标且当前 heap 的前 current 个元素构成的子序列符合最小堆的要求，即（heap[0],…, heap[current−1]）这 current 个元素已满足 heap[i]≤heap[2i+1] 和 heap[i]≤heap[2i+2] (i=0,1,…,⌊(current−2)/2⌋)。AdjustUp 操作完成后，增加了新元素的包含 current +1 个元素的新序列(heap[0], heap[1],…, heap[current])将满足最小堆的要求。

将新元素存入 heap[current]后的调整工作由函数 AdjustUp 完成，该函数遵循与函数 AdjustDown 方向相反的比较路径，孩子结点由下向上与双亲结点进行比较。若双亲结点的元素值比孩子结点的元素值大，则进行交换调整，直到其双亲元素不大于孩子元素，或者新元素已到堆顶为止。

图 5.28 所示为向上调整算法示例。图 5.28（a）中 p 指向的元素 18 为新插入元素，在元素 18 未插入该序列前，显然该序列符合最小堆要求，而 18 的插入，导致其不再满足最小堆要求，需要进行调整，图中的虚线箭头即为向上调整的执行路线；由于新插入元素 18 小于其双亲结点元素 48，需要执行双亲结点元素与孩子结点元素的交换，如图 5.28（b）所示，交换完成后的序列状态如图 5.28（c）所示；继续检查 p 指向的元素 18 与当前双亲结点的大小关系，显然它依然小于当前的双亲结点元素 31，继续交换，交换完成后的序列如图 5.28（d）所示；此时，当再次检查当前的 p 指向的元素 18 与双亲结点元素 15 的大小关系时，发现已经满足最小堆要求，整个向上调整过程结束。

程序 5.13 是 AdjustUp 函数的 C 语言程序。程序中首先设置变量 p 指向新插入元素 heap[current]位置，即令 p=current，然后启动循环处理过程进行向上调整：将 p 指向的元素 heap[p]与其双亲结点进行大小比较，若后者较小，则当前序列已满足最小堆要求，跳出循环；若前者较小，则进行交换，交换完成后，移动 p 的位置，使其指向双亲结点（此时双亲结点中存储的依然是新插入元素，也就是说 p 指向的元素始终是新插入元素），然后继续下一轮的循环，当 p 到达根结点时循环结束。

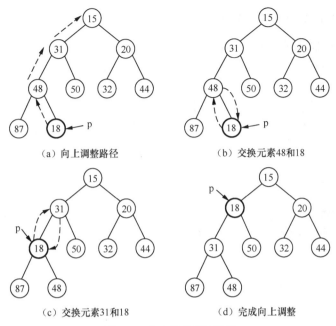

图 5.28 向上调整算法示例

程序 5.13 函数 AdjustUp

```
void AdjustUp(ElemType heap[], int current)
{
    int p=current;
    ElemType temp;
    while(p>0)
    {
        if(heap[p]<heap[(p-1)/2]) //若 p 指向的元素小于其双亲结点，则与双亲结点交换
        {
            temp=heap[p]; heap[p]=heap[(p-1)/2]; heap[(p-1)/2]=temp;
            p=(p-1)/2;        //将 p 向上移动至当前考查元素的双亲结点位置
        }
        else      //若 p 指向的元素不小于其双亲结点，则调整完毕
            break;
    }
}
```

3. 优先权队列的实现

下面，我们以最小堆为例，给出优先权队列的具体算法实现，基于最大堆的优先权队列的设计和实现方法与之类似。对照优先权 ADT 定义的 7 个基本运算，Create、Destroy、Size、IsEmpty和 IsFull 的实现相对简单，而 Append 和 Serve 运算较为复杂，需要调用程序 5.11 中的向下调整函数 AdjustDown 和程序 5.13 中的向上调整函数 AdjustUp。

对于 Append 运算而言，如果优先权队列未满，则在当前优先权队列的最后插入新元素，然后调用 AdjustUp，对新插入元素执行向上调整，从而将序列重新调整成最小堆。对于 Serve 运算而言，如果优先权队列非空，则首先将堆顶元素取出赋给参数 x，然后用原来的堆底元素替代当前堆顶元素，同时让堆的大小减 1，最后调用 AdjustDown，对堆顶元素执行向下调整，从而将序列重新调整成最小堆。

优先权队列的具体实现如程序 5.14 所示。

程序 5.14　优先权队列的算法实现

```
typedef  int BOOL;
typedef  int ElemType;

typedef struct priorityQueue
{
    ElemType *elements;
    int n;
    int maxSize;
}PriorityQueue;

//创建一个空的优先权队列
void CreatePQ(PriorityQueue *PQ, int mSize)
{
    PQ->maxSize=mSize;
    PQ->n=0;
    PQ->elements=(ElemType*)malloc(mSize*sizeof(ElemType));
}

//销毁一个优先权队列，释放其占用的内存空间
void Destroy(PriorityQueue *PQ)
{
    free(PQ->elements);
    PQ->n=0;
    PQ->maxSize=0;
}

//判断优先权队列是否为空
BOOL IsEmpty(PriorityQueue *PQ)
{
    if(PQ->n==0)
        return TRUE;
    else
        return FALSE;
}

//判断优先权队列是否已满
BOOL IsFull(PriorityQueue *PQ)
{
    if(PQ->n==PQ->maxSize)
        return TRUE;
    else
        return FALSE;
}

//获取当前优先权队列中元素的数量
int Size(PriorityQueue *PQ)
{
    return PQ->n;
}

//在优先权队列中增加一个新元素 x
```

```
void Append(PriorityQueue *PQ, ElemType x)
{
    if(IsFull(PQ)) return;
    PQ->elements[PQ->n]=x;
    PQ->n++;
    AdjustUp(PQ->elements, PQ->n-1);
}

//取出优先级最高的元素, 利用参数 x 返回, 并在优先权队列中删除该元素
void Serve(PriorityQueue *PQ, ElemType *x)
{
    if(IsEmpty(PQ))
        return;
    *x=PQ->elements[0];
    PQ->n--;
    PQ->elements[0]=PQ->elements[PQ->n];
    AdjustDown(PQ->elements, 0, PQ->n-1);
}
```

表 5.2 给出了优先权队列插入运算的例子, 该例子从空队列开始, 依次向队列中插入元素 71、74、2、72、54、93、52、28, 表中列出了每次插入元素后队列的状态。

表 5.2　　　　　　　　　　　　　　　　　优先权队列的插入运算

步骤	优先权队列状态						
插入 71 后	71						
插入 74 后	71	74					
插入 2 后	2	74	71				
插入 72 后	2	72	71	74			
插入 54 后	2	54	71	74	72		
插入 93 后	2	54	71	74	72	93	
插入 52 后	2	54	52	74	72	93	71
插入 28 后	2	28	52	54	72	93	71	74

对表 5.2 建成的队列执行两次 Serve 运算 (即依次删除元素 2、28) 之后, 优先权队列中剩余元素排列如下:

$$52, 54, 71, 74, 72, 93$$

优先权队列逻辑上可以看作完全二叉树, 而一棵有 n 个结点的完全二叉树的高度为 $\lceil \log_2(n+1) \rceil$。在函数 AdjustDown 和 AdjustUp 的执行过程中, 比较和移动元素的次数均不会超过完全二叉树的高度, 且 Append 和 Serve 运算都只需调用 1 次这两个函数, 所以 Append 和 Serve 运算的时间复杂度均为 $O(\log_2 n)$。

5.6　哈夫曼树和哈夫曼编码

文本处理是现代信息技术的重要研究领域之一。文本一般由若干字符 (字母、数字、符号等) 构成, 并以某种编码形式存储在计算机中。每个字符的编码可以是等长的, 也可以是不等长的。

例如，我们常用的 GB2312 编码和 ASCII 码等都是等长编码。为了提高文本存储、处理和传输的效率，在一些应用场合，如数据通信等，常采用不等长编码，通过对常用字符采用较短编码表示，缩减整个文本的编码长度。本节将要介绍的哈夫曼编码，就是以此为目标的一种不等长编码。

实现哈夫曼编码需首先利用哈夫曼算法构造哈夫曼树。这里的哈夫曼树是一种加权路径长度最小的二叉树，而基于哈夫曼树的哈夫曼编码所形成的编码总长度是最短的。因此，在本节中，我们首先讨论树的路径长度，然后介绍哈夫曼树和哈夫曼算法，最后讨论哈夫曼编码。

5.6.1　树的路径长度

由树的相关定义可知，树中结点的路径长度是指从树根到该结点的路径所包含的边的数量。下面，我们给出树的内路径长度和外路径长度的定义。

定义 5.8　树的**内路径长度**：除叶结点外，从树根到树中其他所有结点的路径长度之和。

定义 5.9　树的**外路径长度**：从树根到树中所有叶结点的路径长度之和。

例如，对于图 5.29 所示的树而言，该树的内路径长度等于其所有非叶结点的路径长度之和，即结点 E、A、F、C、D、L 的路径长度之和，等于 9；该树的外路径长度为叶结点 G、M、N、J 和 B 的路径长度之和，等于 14。

由定义 5.6 可知，扩充二叉树即不存在度为 1 的结点的二叉树。对于一棵扩充二叉树有如下定理成立。

定理 5.1　设 I 和 E 分别是一棵**扩充二叉树**的内路径长度和外路径长度，n 是该扩充二叉树中非叶结点的数量，则有：

$$E = I + 2n \qquad (5\text{-}5)$$

证明：下面用数学归纳法证明该定理。为了描述方便，我们用符号 I_n 和 E_n 分别表示在包含 n 个非叶结点时二叉树的内路径长度和外路径长度。

（1）当 n=1 时，即扩充二叉树中只有一个非叶结点，此时该扩充二叉树的形状必然如图 5.30 所示。因此，$E_1=2$，$I_1=0$，由于 2=0+2×1，即有 $E_1=I_1+2n$ 成立。可见，在 n=1 时，定理 5.1 成立。

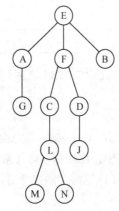

图 5.29　树的路径长度示例　　　　　　　图 5.30　n=1 时扩充二叉树的形状

（2）假设 n=k-1 时定理 5.1 成立，则有

$$E_{k-1} = I_{k-1} + 2(k-1) \qquad (5\text{-}6)$$

当 n=k 时，设包含 k 个非叶结点的扩充二叉树为 B，u 为其中的某个非叶结点，且其孩子是叶结点，u 的路径长度为 x。我们将删除 u 的两个孩子之后形成的新扩充二叉树记为 B'，如

图 5.31 所示。

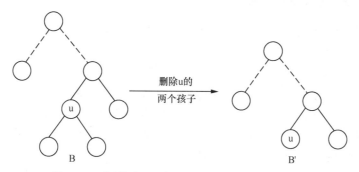

图 5.31　删除扩充二叉树中的非叶结点 u 的两个孩子

此时，对比包含 k 和 k–1 个非叶结点的扩充二叉树 B 和 B'，我们可以得到如下结论。

① B' 比 B 少一个非叶结点 u，而 u 的路径长度设为 x，因此 B'的内路径长度减少 x，则有：

$$I_{k-1} = I_k - x \tag{5-7}$$

② B'比 B 少了 u 的两个孩子结点，且这两个结点均为叶结点，因此 B'的外路径长度减少 2(x+1)；但 B'比 B 多了一个新的叶结点 u，因此 B'的外路径长度增加 x。综合上述减少的和增加的叶结点，可知

$$E_{k-1} = E_k - 2(x+1) + x \tag{5-8}$$

化简后可得

$$E_{k-1} = E_k - (x+2) \tag{5-9}$$

根据式（5-6）、式（5-7）和式（5-9）容易推导出公式（5-10）成立。

$$E_k = I_k + 2k \tag{5-10}$$

可见，在 n=k 时，定理 5.1 也成立。

综合证明过程（1）和（2）可知，定理 5.1 成立。证毕。

定义 5.10　叶结点的**加权路径长度**：若树中的叶结点带权，则叶结点的加权路径长度是从树根到该叶结点的路径长度与该叶结点的权值的乘积。

定义 5.11　树的**加权路径长度**：树中所有叶结点的加权路径长度之和，记为 WPL，则

$$WPL = \sum_{k=1}^{m} w_k l_k \tag{5-11}$$

其中，m 表示叶结点的数量，w_k 表示第 k 个叶结点的权值，l_k 表示从树根到该叶结点的路径长度。

例如：图 5.32 中有两棵叶结点权值集合相同（但所在位置不同）的扩充二叉树 A 和 B，它们的加权路径长度分别为　WPL_A=(6×1 + 2×2 + 1×3 + 2×3)=19　和 WPL_B=(1×1 + 2×2 + 6×3 + 2×3)=29。通过对比 A 和 B，不难发现，权值较大的叶结点（即权值为 6 的叶结点）在 A 中距离树根较近，而在 B 中距离树根较远，这使得 B 的加权路径长度大于 A。

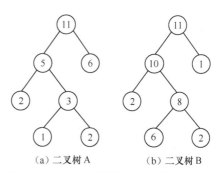

（a）二叉树 A　　　（b）二叉树 B

图 5.32　叶结点权值集合相同的扩充二叉树

5.6.2 哈夫曼树和哈夫曼算法

给定一组权值构成的集合，并以此作为叶结点的权值，我们可以构造多棵扩充二叉树，它们通常具有不同的加权路径长度。其中，具有最小加权路径长度的扩充二叉树，可用于构造压缩率更高的不等长编码。1952 年，哈夫曼（David A. Huffman）给出了构造具有最小加权路径长度的扩充二叉树的算法——**哈夫曼算法**，并在此基础上提出**哈夫曼编码**。

我们将哈夫曼算法构造的扩充二叉树称为**哈夫曼编码树**或**哈夫曼树**。一般而言，在使用一组权值作为叶结点权值构造扩充二叉树时，权值大的叶结点离根越近，所构造的扩充二叉树的加权路径长度越小。这就是哈夫曼算法的基本思想。

设有包含 n 个权值的集合 $\{w_1, w_2, ..., w_n\}$，我们以该权值集合为输入，来阐述哈夫曼算法的核心思想。

【算法步骤】

（1）用给定权值集合 $\{w_1, w_2, ..., w_n\}$ 生成一个包含 n 棵二叉树的森林 $F=\{T_1, T_2, ..., T_n\}$，其中每棵二叉树 T_i 只有一个结点，即权值为 w_i 的根结点。

（2）从 F 中选择根结点权值最小的两棵二叉树，不妨设为 T_i 和 T_j；然后对 T_i 和 T_j 进行合并处理，生成新的二叉树，新树根的左、右子树即为 T_i 和 T_j（一般约定根结点权值较小的作为左子树），新树根的权值为 T_i 和 T_j 的根结点的权值之和；然后将生成的新二叉树加入 F。

（3）若 F 中的二叉树数量超过 1 棵，则继续执行（2）；否则，算法结束，此时，F 中唯一的二叉树即为最终生成的哈夫曼树。

根据上述算法步骤可知，权值越小的叶结点距离树根越远，权值越大的叶结点距离树根越近。哈夫曼算法最终生成的二叉树一定是扩充二叉树。可以证明，利用上述算法所生成的扩充二叉树，是具有相同叶结点权值集合的所有扩充二叉树中加权路径长度最小的，该扩充二叉树也称为哈夫曼树。

例如，图 5.33 给出了由权值集合 $\{9, 11, 13, 3, 5, 12\}$ 构造哈夫曼树的过程。图 5.33（a）是由 6 棵树组成的初始森林；图 5.33（b）为合并当前根结点权值最小的两棵树（即根结点权值为 3 和 5 的两棵树）之后所形成的森林；图 5.33（c）～图 5.33（f）为继续合并当前根结点权值最小的两棵树之后所形成的森林。最终得到只包含一棵二叉树的森林，如图 5.33（f）所示，该唯一的二叉树即为哈夫曼树。图中叶结点用**方形**表示，非叶结点用**圆形**表示。

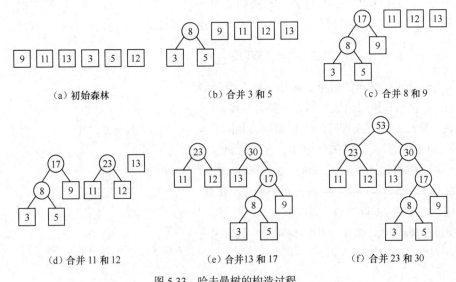

（a）初始森林　　　　　（b）合并 3 和 5　　　　　（c）合并 8 和 9

（d）合并 11 和 12　　　　　（e）合并 13 和 17　　　　　（f）合并 23 和 30

图 5.33　哈夫曼树的构造过程

5.6.3 构造哈夫曼树

下面，我们来讨论哈夫曼算法的具体实现。程序 5.15 给出了哈夫曼算法的伪代码实现，这里假设哈夫曼树采用 5.2 节中的二叉链表结构存储，权值存储于二叉树结点的数据域 element。哈夫曼算法的函数原型定义如下：

```
BinaryTree CreateHFMTree(int w[], int m);
```

其中，w[]为输入权值集合的数组，m 表示输入的权值的数量。函数返回的二叉树即为最终生成的哈夫曼树。CreateHFMTree 的实现需要使用程序 5.3 中的二叉树构建函数 MakeTree，将两棵二叉树合并成一棵二叉树；同时，还需要使用程序 5.14 中的优先权队列，以根结点存储的权值为优先级存储二叉树，当需要获取根结点权值最小的两棵二叉树时，只需要执行两次优先权队列的 Serve 运算即可。

函数 CreateHFMTree 的操作步骤如下。

（1）构造 m 棵二叉树，每棵二叉树只包含一个权值为 w[i]的根结点，并以 w[i]为优先级，将它们逐一加入优先权队列。

（2）从优先权队列中取出根结点权值最小的两棵二叉树 x 和 y。以 x 和 y 为左、右子树构造一棵新二叉树，该新二叉树的根结点权值等于 x 和 y 的根结点的权值之和，并将新二叉树插入优先权队列。重复执行 n−1 次步骤（2），此时，队列中只剩下唯一的二叉树。

（3）从队列中取出当前唯一的二叉树，该二叉树即为哈夫曼树；然后返回该哈夫曼树。

程序 5.15 构造哈夫曼树的伪代码

```
BinaryTree CreateHFMTree(int w[],int m)
{
  PriorityQueue  PQ;    //定义优先权队列 PQ，用于存放二叉树根结点指针
  BinaryTree  x,y,z;    //x,y,z 为二叉树变量
  CreatePQ(PQ, m);      //初始化优先权队列 PQ，设优先权值存在根结点数据域
  for(int i=0; i<m; i++)
  {
    MakeTree(x,w[i],NULL,NULL); //创建仅包含根结点的二叉树，w[i]为根的权值
    Append(PQ,x);     //将新创建的二叉树插入优先权队列
  }
  while(PQ.n>1)
  {
    Serve(PQ,x);    //从 PQ 中取出根结点权值最小的二叉树，存入 x
    Serve(PQ,y);    //从 PQ 中取出根结点权值次小的二叉树，存入 y
    //合并 x 和 y，作为新二叉树 z 的左右子树，z 的优先权值等于 x 和 y 的优先权值之和
    if(x.root.element < y.root.element) //设置左子树根结点权值小于右子树
      MakeTree(z,x.root.element+y.root.element,x,y);
    else
      MakeTree(z,x.root.element+y.root.element,y,x);
    Append(PQ,z);        //将合并生成的新二叉树 z 插入优先权队列
  }
  Serve(PQ,x);      //获取优先权队列中唯一的二叉树，存入 x，该二叉树即为哈夫曼树
  return x;
}
```

需要注意的是，这里的哈夫曼算法是以伪代码的形式给出的。该伪代码能够完整地体现哈夫

曼算法的设计思想，但并不能直接在编译环境中运行。根据上述伪代码算法可知，哈夫曼算法的实现依赖于优先权队列的相关操作，以及我们在前面课程中学习的二叉树创建的相关操作。读者可以根据当前伪代码的执行逻辑，整合前面课程中的有关二叉树创建及优先权队列的相关程序，尝试编写可运行程序，实现哈夫曼算法。

5.6.4　哈夫曼编码

在计算机中，字符以某种数字编码形式存储和传输。例如，ASCII 码（美国信息交换标准码）就是目前世界上广泛应用的一种计算机编码。当采用该编码方案时，每一个字符在计算机中均以固定长度（1 个字节，8 个二进制位）的比特串来存储。具体而言，标准 ASCII 码采用 7 位二进制码表示一个字符，多余的一个比特用作奇偶校验位，这种编码形式即为固定长度编码。在字符编码领域，如果字符集中每个字符的使用频率相等，则固定长度编码的空间效率最高。然而，事实上，不同应用中字符的使用频率差别往往较大。例如，在多数英文文献中，元音字母如 a、e、i、o 和 u 的使用频率，显著高于辅音字母，不同元音字母之间也存在着一定的使用频率差异。

在字符使用频率差异较大的应用中，为了提高存储和传输的效率，可采用不等长的编码方式。在设计不等长编码方案时，为了确保编解码过程的无二义性，要求字符集中任一字符的编码不能是另一字符编码的前缀，符合该特征要求的编码方案也称**前缀编码**。利用前缀编码就可以实现逐个字符的依次解码，无须在字符编码之间添加分隔符。利用哈夫曼树可以构造符合前缀编码特性的编码方案。哈夫曼编码也经常被用于数据通信的二进制编码领域。

设 $S=\{d_0,d_1,...,d_{n-1}\}$ 为待编码文本的字符集，$W=\{w_0,w_1,...,w_{n-1}\}$ 是 S 中各字符在文本中出现的频率。我们以 W 为输入权值集合，构造哈夫曼树。哈夫曼树的每个叶结点对应一个字符。在从哈夫曼树的每个结点到其左孩子的边上标记 0，到其右孩子的边上标记 1。根结点到各叶结点的路径中，经过的边上标记的二进制编码序列，即为该叶结点所代表的字符的编码。

例如，有字符集 $S=\{A,B,C,D\}$，权值 $W=\{6,4,2,3\}$，基于哈夫曼树的哈夫曼编码如图 5.34 所示。设有电文 ABACABDA 满足权值 W 假定的频率特性，则对其进行哈夫曼编码后得到的码文为 01001100101110，共包含 14 位二进制码。如果采用固定长度编码，如 A 编码 00，B 编码 01，C 编码 10，D 编码 11，则其编码后的码文长度为 16 位。哈夫曼编码之所以能产生较短的码文，是因为哈夫曼树是具有最小加权路径长度的二叉树。如果叶结点的权值是待编码的文本中各字符的频率，则编码后文本的长度即为该哈夫曼树的加权路径长度。

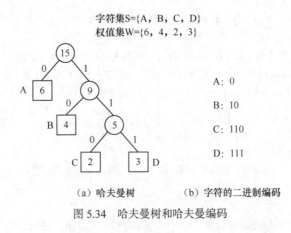

字符集S={A，B，C，D}
权值集W={6，4，2，3}

A: 0

B: 10

C: 110

D: 111

（a）哈夫曼树　　　（b）字符的二进制编码

图 5.34　哈夫曼树和哈夫曼编码

　　哈夫曼树也同样用于译码过程。译码过程为：自左向右逐一扫描码文，并从哈夫曼树的根开始，将码文中的编码与哈夫曼树的边上标记的编码进行匹配，以确定一条从根到叶结点的路径，一旦到达叶结点，则完成一个字符的译码；然后，再回到树根，继续对后续码文中的编码进行下一轮的译码。例如，根据图 5.34（a）的哈夫曼树，从左到右扫描码文 01001100101110，并从哈夫曼树的根开始匹配。第一个码位是 0，则向根结点的左子树前进，到达结点 A，此时，完成对编码 0 的译码，得到译码字符 A。继续扫描下一个码位 1，再从根开始重新匹配，因当前的码位是 1，则向右子树前进，由于未达叶结点，继续扫描下一位 0，则向左子树前进，此时到达叶结点 B，完成对编码 10 的译码，得到译码字符 B。以此类推，即可完成对全部码文的译码。

5.7　本章小结

　　树和森林是非常重要的非线性、层次型数据结构。本章中，我们首先介绍了树的基本概念，包括树的定义和基本术语；然后介绍了树形结构中最为常用的二叉树，重点讨论了二叉树的定义、性质、ADT、存储结构和基本运算；接着介绍了二叉树的遍历算法，包括先序遍历、中序遍历和后序遍历这三种深度优先的递归遍历算法，以及非递归的层次遍历算法，并以中序遍历为例，给出了非递归的中序遍历实现算法；此后介绍了线索二叉树的基本概念和构造方法、森林和树与二叉树的相互转换方法，以及森林和树的存储结构；最后讨论了树形结构的两种应用实例，分别为堆和哈夫曼树，其中堆可用于实现优先权队列，哈夫曼树则可用于实现哈夫曼编码。

习　　题

一、基础题

1. 设树 T 的度为 4，其中度为 1、2、3 和 4 的结点个数分别为 4、2、1、1，则 T 中的叶结点数为_____。

　　A. 5　　　　　　　B. 6　　　　　　　C. 7　　　　　　　D. 8

2. 若一棵二叉树具有 10 个度为 2 的结点，5 个度为 1 的结点，则度为 0 的结点个数是_____。

　　A. 9　　　　　　　B. 11　　　　　　　C. 15　　　　　　D. 不确定

3. 在下述结论中，正确的是_____。

① 只有一个结点的二叉树的度为 0。　②二叉树的度为 2。　③二叉树的左、右子树可任意交换。　④ 深度为 K 的完全二叉树的结点个数小于或等于与其深度相同的满二叉树。

　　A. ①②③　　　　　B. ②③④　　　　　C. ②④　　　　　D. ①④

4. 有 n 个叶结点的哈夫曼树的结点总数为_____。

　　A. 不确定　　　　　B. 2n　　　　　　　C. 2n+1　　　　　D. 2n−1

5. 一棵具有 1025 个结点的二叉树的高 h 为_____。

　　A. 11　　　　　　　B. 10　　　　　　　C. 11～1025　　　D. 10～1024

6. 将有关二叉树的概念推广到三叉树，则一棵有 244 个结点的完全三叉树的高度为_____。

　　A. 4　　　　　　　B. 5　　　　　　　C. 6　　　　　　　D. 7

7. 对二叉树的结点从 1 开始进行连续编号，要求每个结点的编号大于其左、右孩子的编号，其左孩子的编号小于其右孩子的编号，可采用_____遍历实现编号。

    A. 先序   B. 中序   C. 后序   D. 从根开始按层次

8. 二叉树的先序遍历序列为 E, F, H, I, G, J, K；中序遍历序列为 H, F, I, E, J, K, G。该二叉树根的右子树的根是_____。

    A. E   B. F   C. G   D. H

9. 在二叉树结点的先序序列、中序序列和后序序列中，所有叶结点的先后顺序_____。

    A. 都不相同   B. 完全相同

    C. 先序和中序相同，而与后序不同   D. 中序和后序相同，而与先序不同

10. 下述编码中_____不是前缀编码。

    A. (00, 01, 10, 11)   B. (0, 1, 00, 11)

    C. (0, 10, 110, 111)   D. (1, 01, 000, 001)

11. 引入线索二叉树的目的是_____。

    A. 加快查找结点的前驱或后继的速度

    B. 能在二叉树中方便地进行插入与删除

    C. 能方便地找到双亲

    D. 使二叉树的遍历结果唯一

12. n 个结点的线索二叉树含有的线索数为_____。

    A. 2n   B. n–l   C. n + l   D. n

二、扩展题

1. 三个结点 A、B 和 C，可分别组成多少不同的无序树、有序树和二叉树？

2. 试找出满足下列条件的二叉树。

    （1）先序遍历序列与后序遍历序列相同。（2）中序遍历序列与后序遍历序列相同。

    （3）先序遍历序列与中序遍历序列相同。（4）中序遍历序列与层次遍历序列相同。

3. 设一棵二叉树的先序遍历序列为 A, B, D, F, C, E, G, H，中序遍历序列为 B, F, D, A, G, E, H, C。

    （1）画出这棵二叉树。

    （2）画出这棵二叉树的后序线索二叉树。

    （3）将这棵二叉树转换成对应的树（或森林）。

4. 假设一棵二叉树的层次遍历序列为 A, B, C, D, E, F, G, H, I, J，中序遍历序列为 D, B, G, E, H, J, A, C, I, F。请画出这棵二叉树。

5. 将图 5.35 中的树转换成二叉树，并将图 5.36 中的二叉树转换成森林。

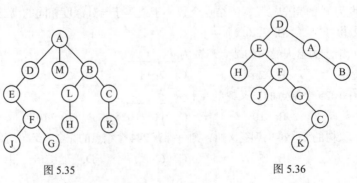

图 5.35   图 5.36

6. 如果一棵哈夫曼树 T 有 n_0 个叶结点，那么，树 T 有多少个结点？要求给出求解过程。

7. 设 T 是一棵二叉树，除叶结点外，其他结点的度皆为 2，若 T 有 6 个叶结点，试求：（1）树 T 的最大深度和最小可能深度；（2）树 T 的非叶结点个数。

8. 设 S={A,B,C,D,E,F}，W={2,3,5,7,9,12}，对字符集进行哈夫曼编码，W 为各字符的出现频率。

（1）画出哈夫曼树。（2）计算加权路径长度。（3）求各字符的编码。

9. 分别以下列数据为输入，构造最小堆。

（1）10，20，30，40，50，60，70，80

（2）80，70，60，50，40，30，20，10

（3）80，10，70，20，60，30，50，40

10. 分别以第 9 题中的数据作为输入，从空的优先权队列开始，依次插入这些元素，分别给出完成所有元素插入之后的优先权队列。

11. 已知二叉树以二叉链表存储，试编写算法输出二叉树中值为 x 的结点的所有祖先结点。假设值为 x 的结点不超过 1 个。

12. 设一棵二叉树 T 采用二叉链表表示，试设计相关算法，实现下列目标。

（1）求二叉树 T 的高度。

（2）判断二叉树 T 是否为完全二叉树。

（3）求二叉树 T 的内路径长度和外路径长度。

13. 对于线索二叉树，试设计相关算法完成下列要求。

（1）在中序线索二叉树 T 中查找给定结点*p 在中序遍历序列中的前驱和后继。

（2）在先序线索二叉树 T 中查找给定结点*p 在先序遍历序列中的后继。

（3）在后序线索二叉树 T 中查找给定结点*p 在后序遍历序列中的前驱。

14. 假设二叉树以二叉链表存储，设计一个算法，求其指定层 k（k>1）的叶结点个数。

第6章 集合和搜索

本章讨论集合结构。在逻辑上，集合中元素之间除"属于同一个集合"外没有其他关系，元素没有固定的次序，但为适应计算机存储和处理，集合数据需要以某种形式表示。从集合中搜索某个特定的数据元素是集合中最重要的运算之一。本章介绍集合的线性表表示，讨论各种搜索方法。

6.1 集合的表示

6.1.1 集合的基本概念

1. 集合

集合是数学中一个基本概念。在数学上，**集合**是互不相同的对象的无序**汇集**，集合中的对象称为**元素或成员**。通常用**大括号**表示无序集，如{0,1,2,3}。常用的集合运算主要有求集合的并、集合的交、判断一个元素是否在集合中以及判断一个集合是否为另一个集合的子集等。

多重集是元素的无序汇集，其中每个元素可出现一次或多次。例如，多重集{0,1,1,2,3}与{0,1,2,3,1}相同，但与{0,1,2,3}不同。

有序集是元素的汇集，其中每个元素可以出现一次或多次，并且元素的出现次序是至关重要的。通常用**圆括号**表示有序集，例如，(2,1,3)与(1,2,3)不同。

本章后续内容不考虑多重集和有序集。

2. 动态集

集合作为一种数据结构，被视为同种类型数据元素的汇集。集合的数据元素之间除了"同属于一个集合"的联系之外没有其他关系。在此约定本章所讨论的集合中数据元素各不相同。数据结构意义上的集合，可以插入和删除元素，因而被称为**动态集**。

3. 关键字

数据结构意义上的**关键字**（key）是数据元素中的某个数据项，可用以标识一个数据元素。若关键字可以唯一标识数据元素，则称此关键字为**主关键字**。反之，称可用以识别若干数据元素的关键字为**次关键字**。当数据元素只有一个数据项时，关键字值即为数据元素值。现约定本章讨论中，被搜索的关键字均为可比较大小的主关键字。

4. 搜索

搜索是根据给定的某个值,确定集合中是否存在一个关键字值等于给定值的数据元素的过程。若数据元素集合中存在关键字值等于给定值的元素，**称为搜索成功**。搜索结果可以返回整个数据元素，也可指示该元素在表中的地址。若数据元素集合中不存在关键字值等于给定值的元素，则称**搜索失败**。

5. 搜索的分类

根据搜索过程中是否修改数据元素，可将搜索分为静态搜索和动态搜索。静态搜索是指仅以搜索为目的，不改动数据元素。**动态搜索**是指在搜索的同时对数据元素做相应的修改（如插入不存在的元素或删除已存在的元素）。

根据集合中的元素是否全部在内存中，可将**搜索**分为**内搜索**和**外搜索**。整个搜索过程都在内存中进行的搜索称为内搜索。在搜索过程中需要访问外存的搜索称为外搜索。

6. 平均搜索长度

为了确定给定值在集合中的位置，搜索过程中，给定值与集合中元素的关键字值的平均比较次数称为平均搜索长度（Average Search Length，ASL）。平均搜索长度可用于衡量搜索算法的时间效率，其具体计算值需要分搜索成功和搜索失败两种情况来讨论。

6.1.2 动态集 ADT

数据结构意义上的动态集也可执行搜索、插入和删除元素等运算。本章采用第 1 章给出的抽象数据类型格式对动态集进行描述，包括动态集最常见的运算，如 ADT 6.1 所示。

```
ADT 6.1 动态集 ADT
ADT DynamicSet {
数据:
互不相同的同种类型数据元素的汇集，元素由关键字标识，其最大允许长度为 maxLength。
运算:
    Init(S): 初始化运算。构造一个空的集合 S，若初始化成功，则返回 OK；否则返回 ERROR。
    Destroy(S): 撤销运算。判断集合 S 是否存在，若已存在，则撤销线性表 S；否则返回 ERROR。
    IsEmpty(S): 判空运算。判断线性表 S 是否为空，若为空，则返回 TRUE；否则返回 FALSE。
    IsFull(S): 判满运算。若集合满，则返回 TRUE；否则返回 FALSE。
    Search(x): 搜索运算。在集合中搜索关键字值为 x 的元素，返回其位置。
    Insert(x): 插入运算。若表中已存在关键字值为 x 的元素，则返回 Duplicate；若当前表已满，则返回
Overflow；若表未满且该元素不存在，则在表中插入关键字值为 x 的元素，函数返回 Success。
    Remove(x): 删除运算。在表中搜索关键字值为 x 的元素。如果存在该元素，则从表中删除该元素，
返回 Success；否则返回 NotPresent。
}
```

6.1.3 集合的表示

本章讨论集合的线性表表示法，重点讨论顺序表表示方式下的搜索算法。动态集的顺序表表示定义如下。

```
typedef struct
{
    int n;
    int maxLength;
    ElemType *element;
}listSet;
```

以上定义中，n 是动态集中数据元素个数，maxLength 是动态集的最大允许长度，指针 element 指示动态集的存储空间的首地址，listSet 是类型名。

6.2　顺　序　搜　索

本章讨论的集合以线性表表示，线性表中元素即是集合的成员。如果线性表中元素已按关键字值从小到大（或从大到小）次序排列，则为**有序表**，否则是**无序表**。为了便于描述，约定本章讨论的有序表按关键字值从小到大次序排列。集合可以用有序表表示，即将**有序表**视为一个已按关键字值排序的**有序集**。集合也可以用无序表表示。

6.2.1　无序表的顺序搜索

顺序搜索是一种简单的搜索算法，基本算法思想是：从表的一端开始，按顺序扫描表，逐个检查每个数据元素的关键字，直至找到表中关键字值等于给定值的元素，则搜索成功，返回该元素的地址；若扫描完整个表，仍未找到关键字值等于给定值的元素，则搜索失败。**顺序搜索既适用于线性表的顺序存储结构，也适用于线性表的链式存储结构。**

程序 6.1 对采用顺序存储的无序表进行顺序搜索。

【算法步骤】

（1）程序从头开始扫描无序表，将 x 与表中元素的关键字值逐个比较，如果相等，则搜索成功，返回该元素下标。

（2）扫描完整个表，都未找到这样的元素，则搜索失败，返回-1。

程序 6.1　顺序搜索无序表

```
int Search(listSet L,ElemType x)
{
    int i;
    for(i=0;i<L.n;i++)
        if(L.element[i]==x)
            return i;          //搜索成功
    return -1;            //搜索失败
}
```

【算法分析】

顺序搜索无序表的时间效率可分搜索成功和搜索失败两种情况加以讨论。

（1）搜索成功的情况下平均搜索长度

假定无序表表长为 n，每个元素 $a_i(i=0,\cdots,n-1)$ 的搜索概率相同，即 $P_i=1/n$，则平均搜索长度为

$$\mathrm{ASL} = \frac{1}{n}\sum_{i=0}^{n-1}(i+1) = \frac{1}{n}\sum_{i=1}^{n}i = \frac{n+1}{2} \tag{6-1}$$

（2）搜索失败的情况下平均搜索长度

搜索失败要搜索完整个表才能确定，须进行 n 次关键字值的比较，平均搜索长度为 n。

6.2.2　有序表的顺序搜索

一个**有序表**是一个线性表 $(a_0,a_1,\cdots,a_{n-1})$，并且表中元素的关键字值有如下关系：

$$a_i.\mathrm{key} \leqslant a_{i+1}.\mathrm{key} \quad (0 \leqslant i < n-1)$$

其中，$a_i.\mathrm{key}$ 代表元素 a_i 的某个指定的关键字。

程序 6.2 对采用顺序存储的有序表进行顺序搜索。为了使搜索过程中不再需要通过下标比较来判定是否已经查完整个表，本程序须预先在表的最后增设一个哨兵元素。若表长为 n，即在 element [n]的位置存放**哨兵**元素，其关键字值为+∞。

【算法步骤】

（1）从头开始扫描有序表，将 x 与表中元素的关键字值逐个比较，当表中元素的关键字值大于或等于 x 时，结束 for 循环。

（2）for 循环结束后，如果 element [i]的关键字值等于 x，则搜索成功，返回该元素下标；否则搜索失败，返回−1。

程序 6.2　顺序搜索有序表

```
int Search (listSet L,ElemType x)
{
    int i;
    for(i=0;L.element[i]<x;i++);      //当element[i]的关键字值不小于x时,结束循环
        if(L.element[i]==x)
            return i;                 //搜索成功
    return -1;                        //搜索失败
}
```

【算法分析】

顺序搜索有序表的时间效率可分搜索成功和搜索失败两种情况加以讨论。

（1）搜索成功的情况下平均搜索长度

顺序搜索无序表，其成功搜索的平均搜索长度大致与搜索无序表相同。

（2）搜索失败的情况下平均搜索长度

假定有序表为$(a_0,a_1,\cdots,a_{n-1})$，待查元素搜索失败可发生于 a_0 之前，a_0 与 a_1 之间，a_1 与 a_2 之间，……，a_{n-2} 与 a_{n-1} 之间以及 a_{n-1} 之后共 n+1 个区间内，若概率是相等的，即 $P_i=1/(n+1)$，搜索失败的平均搜索长度为

$$ASL = 1+\frac{1}{n+1}\sum_{i=0}^{n}(i+1) = 1+\frac{1}{n+1}\sum_{i=1}^{n+1}i = \frac{n}{2}+2 \qquad (6-2)$$

顺序搜索的优点是算法简单，无论表是否有序，无论表是顺序存储还是链式存储，均可应用。顺序搜索的缺点是平均搜索长度较长，搜索时间效率不高。

6.3　对半搜索

6.3.1　对半搜索方法

1. 对半搜索算法

对半搜索是一种效率较高的搜索方法，要求线性表是有序表并采用顺序存储结构。

对半搜索的算法思想如下。

假定当前搜索的表为$(a_{low},a_{low+1},\cdots,a_{high})$，low 指示搜索区间的左端，high 指示搜索区间的右端，该区间的中点位置 $m=\lfloor (low+high)/2 \rfloor$。将待搜索的 x 与 $a_m.key$ 比较（为了方便讨论，在此约定 $a_m.key$ 直接简写成 a_m），比较结果存在以下三种情况。

（1）当 x < a_m 时，由表的有序性可知，若关键字值为 x 的元素在表中，则必定在 m 左侧的子表中，可以在子表(a_{low},a_{low+1},…,a_{m-1})中继续搜索。

（2）当 x=a_m 时，搜索成功。

（3）当 x > a_m 时，由表的有序性可知，若关键字值为 x 的元素在表中，则必定在 m 右侧的子表中，可以在子表(a_{m+1},a_{m+2},…,a_{high})中继续搜索。

对半搜索的初始搜索区间为整个表，即搜索(a_0,a_1,…,a_{n-1})。每次待搜索的 x 与当前搜索区间的中点位置元素的关键值比较，若相等，则搜索成功；若不相等，则在相应的左侧或右侧子表中继续搜索，直至搜索区间为空，则搜索失败。

图 6.1（a）给出了采用对半搜索算法在有序表中搜索 65 的执行过程。第一次搜索的区间是 element[0,…, 9]，取此区间中点，m=$\lfloor (0+9)/2 \rfloor$=4，将 65 与 element[4]比较，65>54，故第二次搜索的区间是 element[5,…, 9]，取此区间中点，m=$\lfloor (5+9)/2 \rfloor$=7，将 65 与 element[7]比较，65<72，故第三次搜索的区间是 element[5,…, 6]，取此区间中点，m=$\lfloor (5+6)/2 \rfloor$=5，将 65 与 element[5]比较，65>55，故第四次搜索的区间是 element[6, …, 6]，取此区间中点，m=$\lfloor (6+6)/2 \rfloor$=6，将 65 与 element[6]比较，65=65，搜索成功。

图 6.1（b）给出了采用对半搜索算法在有序表中搜索 34 的执行过程。第一次搜索的区间是 element[0,…, 9]，取此区间中点，m=$\lfloor (0+9)/2 \rfloor$=4，将 34 与 element[4]比较，34<54，故第二次搜索的区间是 element[0,…, 3]，取此区间中点，m=$\lfloor (0+3)/2 \rfloor$=1，将 34 与 element[1]比较，34>31，故第三次搜索的区间是 element[2,…, 3]，取此区间中点，m=$\lfloor (2+3)/2 \rfloor$=2，将 34 与 element[2]比较，34<36，故第四次搜索的区间是 low=2，high=1，此区间为空，搜索失败。

2. 对半搜索算法的实现

程序 6.3 是对半搜索的递归算法实现。

【算法步骤】

当 low 小于或等于 high 时，循环执行以下操作。

（1）令 m 为 low 与 high 的中点。

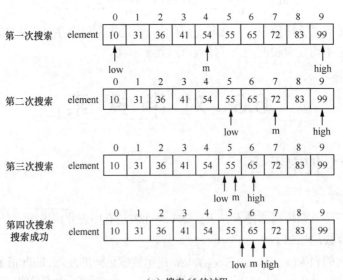

（a）搜索 65 的过程

图 6.1 对半搜索示例

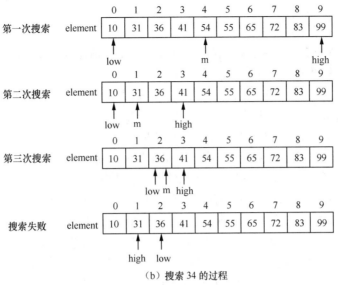

（b）搜索 34 的过程

图 6.1 对半搜索示例（续）

（2）若给定值 x 与 element[m]的关键字相等，则返回 m；若给定值 x 大于 element[m]的关键字，则在子表 element[m+1，…，high]中继续搜索；若给定值 x 小于 element[m]的关键字，则在子表 element[low,…,m-1]中继续搜索。

（3）若 low>high，搜索区间为空，搜索失败，返回-1。

程序 6.3 对半搜索的递归算法

```
int binSearch(listSet L, ElemType x,int low,int high)
{
    if(low<=high)
    {
        int m=(low+high)/2;
        if(x<L.element[m]) return binSearch(L,x,low,m-1);
        else if(x>L.element[m])  return binSearch(L,x,m+1,high);
        else  return m;                          //搜索成功
    }
    return -1;                                   //搜索失败
}
```

递归函数的执行效率相对较低，常需要转换为相应的迭代算法。程序 6.4 是对半搜索的迭代算法实现。

程序 6.4 对半搜索的迭代算法

```
int binSearch2(listSet L, ElemType x)
{
    int m,low=0,high=L.n-1;
    while (low<=high){
        m=(low+high)/2;
        if(x<L.element[m]) high=m-1;
        else if(x>L.element[m]) low=m+1;
        else return m;                    //搜索成功
    }
    return -1;                            //搜索失败
}
```

【算法分析】

下面不加证明地给出定理 6.1。

定理 6.1 对半搜索算法在搜索成功的情况下，关键字值比较次数不超过$\lfloor \log_2 n \rfloor +1$。对于不成功的搜索，算法需要做$\lfloor \log_2 n \rfloor$或$\lfloor \log_2 n \rfloor +1$次比较。

由定理 6.1 容易知道，对半搜索算法的搜索成功和搜索失败的最坏情况时间复杂度为$W_s(n)=W_f(n)=O(\log_2 n)$，搜索失败的平均情况时间复杂度为$A_f(n)=O(\log_2 n)$。

那么，对于成功搜索，它的平均搜索长度如何呢？

定理 6.2 对半搜索算法在搜索成功情况下的平均时间复杂度为$O(\log_2 n)$。

对于成功搜索，假定查找表中任何一个元素的概率是相等的，为 $1/n$。对于失败搜索，仅当待查元素 x 落在 n+1 个区间$(-\infty, 1[0])$、$(1[0], 1[1])$、$(1[1], 1[2])$、$\cdots$、$(1[n-2], 1[n-1])$和$(1[n-1], +\infty)$中的任意一个区间时，搜索失败。假定搜索失败落在上述 n+1 个区间中的概率是相等的，为 $1/(n+1)$。那么

$$A_s(n)=(I+n)/n=I/n+1, \quad A_f(n)=E/(n+1)=O(\log_2 n) \tag{6-3}$$

这里，I 是二叉判定树的内路径长度，E 是外路径长度。从定理 5.1 可知，$E=I+2n$，因此

$$A_s(n)=(1+1/n)A_f(n)-1=O(\log_2 n) \tag{6-4}$$

定理得证。

6.3.2　二叉判定树

描述对半搜索过程的二叉树称为对半搜索的二叉判定树。此二叉树中每个内部结点（用圆形表示）对应记录在表中的位置序号，把当前搜索区间的中间位置作为根，左侧子表和右侧子表分别作为根的左、右子树。为了方便描述搜索失败情况，增加外部结点（用方形表示）。若外部结点是左孩子，其序号是双亲结点序号−1；若外部结点是右孩子，其序号是双亲结点序号。从根结点到每个内部结点的路径代表成功搜索的若干条比较路径。如果搜索成功，则算法在内部结点处终止；否则算法在外部结点处终止。二叉判定树的形态只与表中元素个数 n 相关，而与表中元素的关键字无关。

图 6.2 是图 6.1 所示有序表对应的二叉判定树。它描述了对长度为 10 的有序表进行对半搜索的搜索路线：首先待搜索关键字 x 与 element[4]的关键字比较，若相等，则搜索成功；否则，若 x 小于 element[4]的关键字，则再与左边子树根位置上的 element[1]的关键字比较；若 x 大于 element[4]的关键字，则再与右边子树根位置上的 element[7]的关键字比较，以此类推。图 6.2 中箭头所示的从根结点④到结点⑥的路径即为搜索 65 的路径，需要比较 4 次，比较次数为结点⑥所在层次。

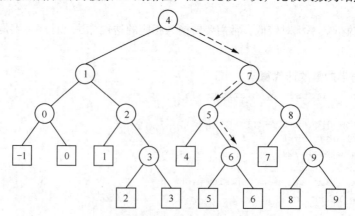

图 6.2　二叉判定树（n=10）及搜索 65 过程

借助二叉判定树便于求得对半搜索的平均搜索长度。图 6.2 中，比较 1 次的是处于第 1 层的

根结点④，比较 2 次的是处于第 2 层的结点①和⑦，比较 3 次的有 4 个结点，比较 4 次的有 3 个结点。假定每个元素的搜索概念相同，由二叉判定树可知，搜索成功情况下，长度为 10 的有序表进行对半搜索的平均搜索长度是

$$ASL_S=(1+2*2+3*4+4*3)/10=29/10$$

搜索失败的 ASL_F 计算过程与此类似，不再赘述。

6.4 本章小结

集合是一种表示数据元素汇集的逻辑结构，可以用线性表、树和散列表等多种数据结构表示。从本质上看，集合中的元素除了属于同一个数据结构外，没有其他关系，所以搜索、插入和删除是集合的基本运算。本章重点讨论使用线性表表示集合结构时的两种搜索算法，即顺序搜索和对半搜索。对半搜索算法的时间效率可以借助二叉判定树进行分析。对半搜索虽然有很好的搜索时间性能，但它只适用于有序顺序表，因而插入和删除元素的运算效率不高。

习 题

一、基础题

1. 与二叉判定树的形态有关的是_____。
   A. 表中元素的关键字
   B. 表中元素的个数
   C. 表中元素是否有序
   D. 表中元素的存储方式

2. 适用于对半搜索的表的存储方式及元素排序要求是_____。
   A. 顺序存储，元素无序
   B. 顺序存储，元素有序
   C. 链式存储，元素无序
   D. 链式存储，元素有序

3. 对有 11 个记录的有序表对半搜索，在等概率情况下，搜索成功的平均搜索长度是_____。
   A. 1   B. 2.5   C. 2.9   D. 3

4. 对半搜索有序表(10,14,20,32,45,50,68,90,100,120)，在表中搜索关键字 20，所需比较次数为_____。
   A. 1   B. 2   C. 3   D. 4

5. 对半搜索有序表(10,30,36,41,52,54,66,73,84,97)，在表中搜索关键字 35，则它将依次与表中_____比较大小，最终搜索失败。
   A. 54,36,30   B. 52,30,36   C. 54,83,66   D. 52,66,41

二、扩展题

1. 设计一算法，判断线性表是否为有序表。
2. 设计一算法，求线性表表示的两个集合的交集。
3. 设计一算法，实现对单链表表示的有序表的顺序搜索。
4. 设计一递归算法，实现对有序表的顺序搜索。
5. 假定对下标从 0 开始、长度为 11 的有序表(6,17,21,27,30,36,44,55,60,67,71)进行对半搜索，请画出描述对半搜索的二叉判定树。若每个元素的搜索概率相等，求搜索成功的平均搜索长度。

第7章 搜索树

前面讨论了动态集的线性表表示，本章讨论动态集的几种搜索树表示，包括二叉搜索树、二叉平衡树、m叉搜索树和B-树。对半搜索算法有很好的搜索性能，但它们一般在顺序表上进行，插入和删除元素比较费时。与对半搜索相比，搜索树既有较高的搜索效率，又支持有效的插入和删除运算，因而更适合于表示动态集。

7.1 二叉搜索树

二叉搜索树（binary search tree）也称二叉排序树（binary sort tree），是一种最容易实现的搜索树。下面讨论二叉搜索树的定义，搜索、插入和删除运算以及二叉搜索树的高度。

7.1.1 二叉搜索树的定义

定义7.1 二叉搜索树或者是一棵空二叉树，或者是具有下列性质的二叉树：

（1）二叉树中任意两个结点的关键字值不相同；

（2）若左子树不空，则左子树上所有结点的关键字值均小于根结点的关键字值；

（3）若右子树不空，则右子树上所有结点的关键字值均大于根结点的关键字值；

（4）左、右子树也分别是二叉搜索树。

二叉搜索树的定义是一个递归定义，由该定义容易得出二叉搜索树的一个重要性质。

性质7.1 若以中序遍历一棵二叉搜索树，将得到一个以关键字值递增排列的有序序列。

所以，二叉搜索树也称二叉排序树。

图7.1给出了3棵二叉树，结点处的数字表示所存储元素的关键字值。图7.1（a）中的二叉树不是二叉搜索树，因为它的右子树不满足条件(4)，该子树根结点的关键字值为35，而其右孩子的关键字值33比其双亲结点的关键字值35小。图7.1（b）和图7.1（c）中的二叉树都是二叉搜索树。

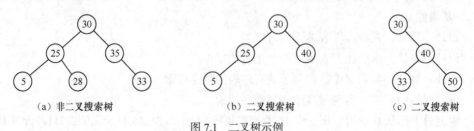

(a) 非二叉搜索树　　　　　　　　(b) 二叉搜索树　　　　　　　　(c) 二叉搜索树

图7.1 二叉树示例

由于二叉搜索树是一种特殊形式的二叉树，因此，二叉搜索树的存储结构与普通的二叉树完全相同。如果二叉搜索树中存储的动态集元素类型为 Entry，那么二叉搜索树的结点类型和二叉搜索树类型可定义为：

```
typedef int KeyType;
typedef struct entry    //动态集元素类型 Entry
{
    KeyType Key;
    ElemType Data;
}Entry;
typedef struct bstnode  //二叉搜索树的结点类型 BSTNode 及二叉搜索树类型 BSTree
{
    Entry Element;
    struct bstnode * LChild, *RChild;
}BSTNode, *BSTree;
```

7.1.2 二叉搜索树的搜索

由于二叉搜索树的定义是递归的，所以采用递归方式描述搜索算法也是很自然的。在一棵二叉搜索树上搜索关键字值为 k 的元素的搜索算法，其递归实现步骤可描述如下。

（1）若二叉搜索树为空，则搜索失败，返回空指针。

（2）若二叉搜索树不为空，则将指定关键字值 k 与根结点元素的关键字值比较：

① 若 k 等于该关键字值，则搜索成功，返回根结点地址；

② 若 k 小于该关键字值，则以同样的方法搜索左子树，而不必搜索右子树；

③ 若 k 大于该关键字值，则以同样的方法搜索右子树，而不必搜索左子树。

程序 7.1 给出了二叉搜索树递归搜索的 C 语言实现，该程序执行的是在根指针 T 所指向的二叉搜索树中递归地搜索指定关键字值为 k 的数据元素，若搜索成功，则返回指向该数据元素所在结点的指针，否则返回空指针。

程序 7.1 二叉搜索树的递归搜索

```
BSTree RecSearchBST(BSTree T, KeyType k)
{
    if(!T)
        return NULL;
    if(T->Element.Key == k)
        return T;
    else if(k < T->Element.Key)
        return RecSearchBST(T->LChild, k);
    else
        return RecSearchBST(T->RChild, k);
}
```

我们很容易设计一个等价的迭代搜索函数取代程序 7.1 中递归的搜索函数。为此，迭代搜索算法使用 while 循环，其算法步骤可描述如下。

（1）若二叉搜索树为空，则搜索失败，返回空指针。

（2）若二叉搜索树不为空，则从根结点开始搜索，将待查关键字值 k 与根结点关键字值比较：

① 若 k 小于该关键字值，则继续搜索左子树；

② 若 k 大于该关键字值，则继续搜索右子树；

③ 若 k 等于该关键字值，则搜索成功，返回根结点地址。

程序 7.2 给出了二叉搜索树迭代搜索的 C 语言实现。

程序 7.2　二叉搜索树的迭代搜索

```
BSTree IterSearchBST(BSTree T, KeyType k)
{
    while(T)
    {
        if(k < T->Element.Key)
            T = T->LChild;
        else if(k > T->Element.Key)
            T = T->RChild;
        else
            return T;
    }
    return NULL;
}
```

很明显，二叉搜索树搜索算法的执行时间与被搜索的二叉搜索树的高度直接相关。7.1.5 节讨论二叉搜索树的高度问题。

7.1.3　二叉搜索树的插入

要在二叉搜索树中插入一个元素 e，必须首先确认这个元素的关键字值与现有元素的关键字值都不同。为此，先对二叉搜索树进行搜索，如果搜索失败，则将元素插入到搜索结束处。例如，在图 7.2（a）中，要将关键字值为 50 的元素插入到二叉搜索树中，首先在该树中搜索关键字值为 50 的元素。搜索失败，且搜索过程中最后比较的结点的关键字值为 40。于是，插入新结点作为该结点的右孩子，结果如图 7.2（b）所示。继续在图 7.2（b）的二叉搜索树中插入关键字值为 33 的元素，结果如图 7.3（c）所示。

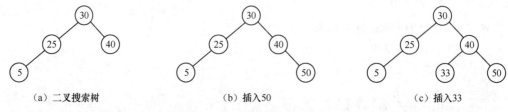

(a) 二叉搜索树　　　　　　　　　(b) 插入50　　　　　　　　　(c) 插入33

图 7.2　二叉搜索树的插入示例

这种插入操作的具体实现步骤可描述为：首先在二叉搜索树中搜索新元素 e 的插入位置。搜索插入位置的方法与程序 7.2 的 IterSearchBST 函数的做法类似，但要求在从根结点往下搜索的过程中，记录下当前结点的双亲结点并记为 q。如果在搜索过程中遇到相同关键字值的元素，则表明二叉搜索树中有重复元素，那么显示信息 "Duplicate"，插入操作以失败终止。如果搜索到达空子树时结束，则表明二叉搜索树不包含重复元素，此时，指针 q 指向新元素插入后的双亲结点。算法构造一个新结点 r 用以存放新元素 e。如果二叉搜索树是空树，则将新结点 r 作为根结点插入到空树中；否则新结点 r 将成为结点 q 的孩子。如果新元素 e 的关键字值小于结点 q 的关键字值，则 r 将成为 q 的左孩子，否则成为其右孩子。程序 7.3 给出了二叉搜索树插入的迭代算法的 C 语言实现。二叉搜索树插入的递归算法及其 C 语言实现留作练习。

程序 7.3　二叉搜索树的插入

```
BOOL InsertBST(BSTree &T, Entry e)
{
    BSTNode *p = T, *q, *r;
    KeyType k = e.Key;
    while(p)
    {
      q = p;
      if(k < p->Element.Key)  p = p->LChild;
      else if(k > p->Element.Key) p = p->RChild;
      else
      {
        printf("Duplicate\n");  return FALSE;
      }
    }
    r = (BSTNode *)malloc(sizeof(BSTNode));
    r->Element = e;   r->LChild = NULL;  r->RChild = NULL;
    if(!T)
       T = r;
    else if(k < q->Element.Key)
       q->LChild = r;
    else
       q->RChild = r;
    return TRUE;
}
```

图 7.3 所示为从空树开始通过依次插入元素，构造一棵二叉搜索树的过程。

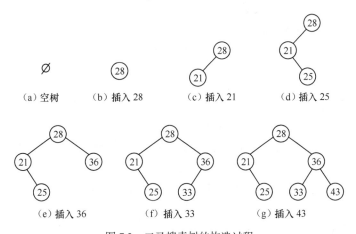

图 7.3　二叉搜索树的构造过程

7.1.4　二叉搜索树的删除

　　首先，叶结点的删除很简单。例如，从图 7.4（a）中删除关键字值为 45 的叶结点，只需将该结点的双亲结点的左孩子域置为 NULL，并释放该结点。结果如图 7.4（b）所示。

　　删除仅有一棵非空子树的非叶结点也很简单。在删除目标结点后，令其唯一的非空子树取代其原来的位置即可。例如，如果从图 7.4（b）所示的二叉搜索树中删除关键字值为 25 的结点，则所得到的二叉搜索树如图 7.4（c）所示。

　　而在删除有两棵非空子树的非叶结点时，可首先用其左子树中最大元素所在结点或其右子树中最小元素所在结点替代该结点。然后，将替代结点从其子树中删除。例如，假设从图 7.4（c）所示的树中删除关键字值为 30 的结点，可以用其左子树中最大元素 28 所在结点或者右子树中最小元素 35 所在结点替代该结点。容易证明：二叉搜索树任意一棵子树中的最大元素和最小元素所在结点的度一定是 0 或者 1。这样一来，"删除有两棵非空子树的非叶结点"问题便转化为"**删除叶结点或者删除仅有一棵非空子树的非叶结点**"情形。在这个实例中，我们选择右子树中最小元素 35 所在结点来替代拟删除的关键字值为 30 的结点，可将 35 移到 30 所在结点，然后，将原来关键字值为 35 的结点的右子树置为关键字值为 40 的结点的左子树，并将原来关键字值为 35 的结点释放。最终结果如图 7.4（d）所示。

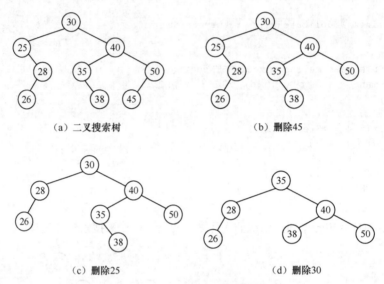

（a）二叉搜索树　　　　　　　　　　　（b）删除45

（c）删除25　　　　　　　　　　　（d）删除30

图 7.4　二叉搜索树的删除示例

这种删除操作的具体实现步骤可描述如下。

首先搜索待删除元素所在的结点，记为结点 p，并记录 p 的双亲结点 q。如果不存在待删除的元素，应返回 NotPresent。如果存在待删除的元素，则删除结点 p 的操作可分下面两种情况讨论。

（1）若结点 p 有两棵非空子树，这时需搜索 p 的中序遍历次序下的直接后继（或直接前驱）结点，设为结点 s。然后将 s 的值复制到待删除结点 p 中，称为替代。因为结点 s 最多只有一棵非空子树，这样一来，问题便转化为"**被删除的结点最多只有一棵非空子树**"的问题。

（2）当结点 p 只有一棵非空子树或 p 是叶结点时，若 p->LChild 非空，则由 p->LChild 取代 p，否则由 p->RChild 取代 p。事实上，若 p 是叶结点，将以 NULL 取代 p。

程序中用以取代 p 的结点由指针 c 指示，c 可以为空指针。若被删除的结点原来是根结点，则删除后，用来取代它的结点（可以是空树）成为新的根结点。一个被删除的结点，如果原来是其双亲的左孩子，则取代它的结点（子树）也应成为该双亲的左孩子（左子树），反之亦然。最后需要使用 free 语句释放结点 p 所占用的空间。

程序 7.4 给出了从二叉搜索树 T 中删除关键字值等于 k 的结点的删除算法的 C 语言实现。

程序 7.4　二叉搜索树的删除运算

```
BOOL DeleteBST(BSTree &T, KeyType k)
{
    BSTNode *c, *r, *s, *p = T,*q;
```

```
    while(p && p->Element.Key!=k)          //从根结点开始查找关键字值等于 k 的结点 p
    {
        q = p;                             //q 为 p 的双亲结点
        if(k < p->Element.Key)
            p = p->LChild;
        else
            p = p->RChild;
    }
    if(!p)                                 //如果找不到被删除结点则返回 FALSE
    {
        printf("NotPresent\n");
        return FALSE;
    }
    if(p->LChild && p->RChild)             //若 p 有两棵非空子树
    {
        s = p->RChild;
        r = p;
        while(s->LChild)                   //搜索 p 的中序直接后继结点 s
        {
            r = s;
            s = s->LChild;
        }
        p->Element = s->Element;           //令 p 指示被删除的结点，q 指示 p 的双亲
        p = s; q = r;
    }
    if(p->LChild)                          //令 c 指示取代 p 的那棵子树
        c = p->LChild;
    else
        c = p->RChild;
    if(p == T)                             //如果被删除的是根结点，则结点 c 成为新的根
        T = c;
    else if(p == q->LChild)                //否则，结点 c 取代结点 p
        q->LChild = c;
    else
        q->RChild = c;
    free(p);                               //释放 p 所占用的空间
    return TRUE;                           //删除成功，返回 TRUE
}
```

7.1.5　二叉搜索树的高度

一棵有 n 个元素的二叉搜索树的高度最大可以为 n。例如，从空树开始，依次将一组关键字 {20, 30, 40, 50, 60, 70} 插入二叉搜索树，得到的树的高度为 6，称为"退化"树形。可见，对这样的树进行搜索、插入和删除操作所需的时间复杂度为 O(n)。但是当进行随机插入和删除时，二叉搜索树的平均高度为 $O(\log_2 n)$。因此，对二叉搜索树的搜索、插入和删除操作的平均时间复杂度为 $O(\log_2 n)$。

最坏情况下的高度为 $O(\log_2 n)$ 的二叉搜索树称为二叉平衡搜索树，简称二叉平衡树。

7.2* 二叉平衡树

二叉平衡树是一种特殊的二叉搜索树，它能有效控制高度，避免产生"退化"树形。

7.2.1 二叉平衡树的定义

定义 7.2 二叉平衡树是带有平衡条件的二叉搜索树，由苏联数学家阿德尔森-维尔斯基（G.M.Adelson-Velskii）和兰迪斯（E.M.Landis）提出，因此又称 AVL 树，它或者是一棵空二叉搜索树，或者是具有下列性质的二叉搜索树：

（1）其根的左、右子树高度之差的绝对值不超过 1；

（2）其根的左、右子树都是二叉平衡树。

从上述二叉平衡树的定义可以看出，AVL 树实际上是一棵平衡的二叉搜索树，兼具排序性和平衡性，其中排序性体现在二叉平衡树中任意一个结点的关键字值大于其左子树（如其不空）上所有结点的关键字值，同时小于其右子树（如其不空）上所有结点的关键字值。平衡性则体现在二叉平衡树中任意一个结点的左、右子树高度之差的绝对值不超过 1。

若将二叉树上结点的**平衡因子**定义为该结点的左子树高度减去右子树高度，则二叉平衡树上所有结点的平衡因子只可能是-1、0 或 1。只要二叉搜索树上有一个结点的平衡因子的绝对值大于 1，该树就不是二叉平衡树。图 7.5 给出了两棵二叉搜索树，图中结点内是关键字值，结点旁边注明了该结点的平衡因子值。容易看出，图 7.5（a）中每个结点的平衡因子的绝对值都不超过 1，因此该树为二叉平衡树；图 7.5（b）中存在一个根结点的平衡因子为 2，因此其为非二叉平衡树。

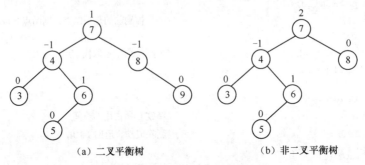

（a）二叉平衡树　　　　　　（b）非二叉平衡树

图 7.5　二叉平衡树和非二叉平衡树

由于二叉平衡树也是二叉搜索树（即带有平衡条件的二叉搜索树），因此，二叉平衡树的搜索可按普通二叉搜索树的搜索方式进行。

与之类似，二叉平衡树的插入也可先按普通二叉搜索树的插入方式进行，但插入新结点后的新树可能不再是二叉平衡树，这时需要重新平衡，使之仍具有平衡性和排序性。因此，接下来我们将讨论二叉平衡树的平衡调整方法。

7.2.2 二叉平衡树的平衡调整方法

二叉平衡树的平衡调整方法通常有两种：一种是单旋转（single rotation）方法，另一种是双旋转（double rotation）方法。这一节我们将通过一个实例来介绍二叉平衡树的这两种平衡调整方法。

　　图 7.6 给出了一棵二叉平衡树插入新元素 25 前后的状态，其中虚线圈表示新元素。如果按照普通二叉搜索树的插入方法，将 25 插入树中的预定插入位置，容易看到，新元素 25 插入前，从根到 28 的路径上，所有结点的平衡因子均为 0。新元素 25 插入后，虽然从根到 28 的路径上的结点平衡因子发生了变化，但这棵树仍然是二叉平衡树，也就是说该树的平衡性没有被破坏，插入操作完成。

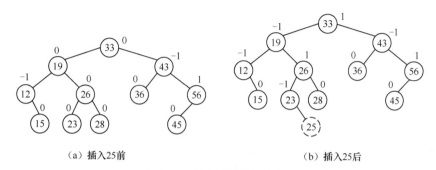

图 7.6　二叉平衡树插入元素 25

　　图 7.7 则给出了一棵二叉平衡树插入新元素 44 前后的状态，如果同样按照普通二叉搜索树的插入方法，将 44 插入树中的预定插入位置，容易看到，新元素 44 插入前，从根到 45 的路径上，43 和 56 的平衡因子都不为 0。新元素 44 插入后，从根到 45 的路径上的结点平衡因子发生了变化，且 43 和 56 的平衡因子的绝对值都大于 1，该树不再是二叉平衡树，也就是说该树的平衡性被破坏，因此需要采取平衡调整方法进行重新平衡。事实上，这总可以通过对树进行简单的"旋转"操作来做到。

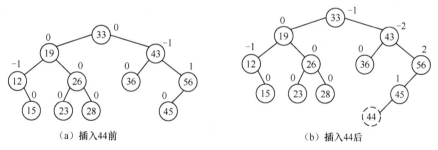

图 7.7　二叉平衡树插入元素 44

　　观察图 7.6 和图 7.7 可知，新元素 25 和 44 插入后，只有从新结点到根结点路径上的结点的平衡因子可能被改变，因为只有这些结点的子树可能发生变化。事实上，当新元素的插入破坏了二叉平衡树的平衡条件导致需要重新平衡时，我们只需找到新元素插入后由新结点回溯至根结点路径上第一个出现的非平衡结点（此处所说的非平衡结点即为平衡因子绝对值大于 1 的结点），也就是离新插入结点最近且平衡因子绝对值超过 1 的那个祖先结点，不妨将其标记为 s，我们将以结点 s 为根结点的子树称为需要重新平衡的**最小子树**。理由是，如果我们能把以 s 为根结点的子树高度调整到加入新元素之前的高度，那么新的二叉树一定能依然保持平衡。以图 7.7（b）为例，我们只需找到新结点到根结点路径上离新结点最近且平衡因子绝对值超过 1 的祖先结点 56，并将其标记为 s，如图 7.8（a）所示，然后将以结点 s 为根结点的最小子树高度调整到加入新元素 44 之前的高度，如图 7.8（b）所示，则新的二叉树依然保持平衡。图 7.8 展示了这一原理，需要说明的是，这里并没有给出最小子树进行平衡调整的具体策略，相关内容我们接下来将进行讨论。

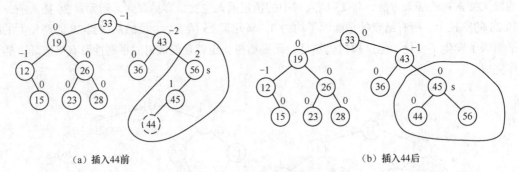

(a) 插入44前　　　　　　　　　　　　　　　　(b) 插入44后

图 7.8　最小子树平衡调整示例

下面我们分情况讨论当新元素插入二叉平衡树导致该树不平衡时，如何对最小子树 s 进行平衡调整。为此，我们首先将新元素在最小子树 s 上的插入类型分为以下四种情形。

（1）LL 情形：新元素插入在 s 的左孩子的左子树上。

（2）RR 情形：新元素插入在 s 的右孩子的右子树上。

（3）LR 情形：新元素插入在 s 的左孩子的右子树上。

（4）RL 情形：新元素插入在 s 的右孩子的左子树上。

其中，LL 情形和 RR 情形的平衡调整比较简单，只需对最小子树 s 进行一次单旋转即可完成；而 LR 情形和 RL 情形则需对最小子树 s 进行一次稍微复杂些的双旋转来处理。

1. 单旋转（适用于 LL 情形或 RR 情形）

图 7.9 所示为最小子树上新元素插入类型为 LL 情形的单旋转平衡调整。在图 7.9 中，左边为旋转前的最小子树，右边为旋转后的最小子树。在左边旋转前的最小子树 s 中，新结点用斜线框表示，从图中可以看出，该新结点插入在 s 的左孩子的左子树上，为 LL 插入类型。为此我们采用单旋转平衡调整方式进行平衡调整，旨在将该子树高度调整到加入新结点前的高度。

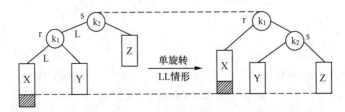

图 7.9　最小子树上新元素插入类型为 LL 情形的单旋转平衡调整

形式上，单旋转平衡调整方法的步骤为：

（1）首先沿 s 结点到新插入结点路径标记出 s 的下一个结点 r；

（2）然后以 r 结点为根结点调整 s 子树的平衡性，使得调整后的子树高度恢复到加入新结点前的高度。

如图 7.9 所示，在执行步骤（2）时，我们把 r 结点和 X 上移一层，并把 s 结点和 Z 下移一层，同时，为了满足二叉平衡树的排序性，我们需重新安排 Y 以形成一棵新的二叉搜索树，由于子树 Y 包含原树中介于 k_1 和 k_2 之间的那些结点，因此可以将它放在新树中 k_2 的左孩子的位置上，这样，新树的平衡性和排序性都可得到满足。图 7.9 右边子树即为左边子树经单旋转平衡调整后的新子树。

图 7.10 左边显示在将元素 7 插入原始的二叉平衡树后结点 s 不再平衡，该插入类型属于 LL 情形，我们在结点 r 和结点 s 之间做了一次单旋转（右旋）操作，得到右边重新平衡后的二叉平衡树。

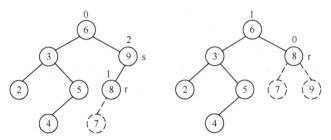

图 7.10　二叉平衡树插入元素 7 后采用单旋转方式调整平衡

同样，单旋转平衡调整方法也适用于 RR 情形。图 7.11 左边显示在将元素 3 插入原始的二叉平衡树后结点 s 不再平衡，该插入类型属于 RR 情形，我们同样在结点 r 和结点 s 之间做了一次单旋转（左旋）操作，得到右边重新平衡后的二叉平衡树。

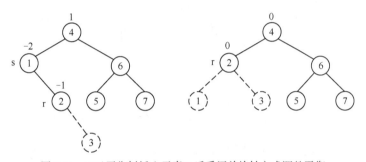

图 7.11　二叉平衡树插入元素 3 后采用单旋转方式调整平衡

2. 双旋转

图 7.12 所示为最小子树上新元素插入类型为 LR 情形的双旋转平衡调整。在图 7.12 中，左边为旋转前的最小子树，右边为旋转后的最小子树。在左边旋转前的最小子树 s 中，新结点用斜线框表示，从图中可以看出，该新结点插入在 s 的左孩子的右子树上，为 LR 插入类型。为此我们采用双旋转平衡调整方式进行平衡调整，旨在将该子树高度调整到加入新结点前的高度。

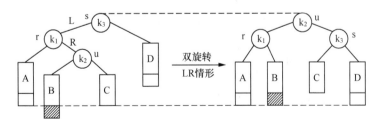

图 7.12　最小子树上新元素插入类型为 LR 情形的双旋转平衡调整

形式上，双旋转平衡调整方法的步骤为：

（1）首先沿 s 结点到新插入结点路径依序标记出 s 的下一个结点 r 和 r 的下一个结点 u；

（2）然后以 u 结点为根结点调整 s 子树的平衡性，使得调整后的子树高度恢复到加入新结点前的高度。

如图 7.12 所示，在执行步骤（2）时，我们把 u 结点上移两层，子树 B 和 C 上移一层，并把 s 结点和 D 下移一层，同时，为了满足二叉平衡树的排序性，我们需重新安排 B、C 以形成一棵新的二叉搜索树。由于子树 B 包含原树中介于 k_1 和 k_2 之间的那些结点，因此可以将它放在新树中 k_1 的右孩子的位置上；而子树 C 包含原树中介于 k_2 和 k_3 之间的那些结点，因此可以将它放在新树中 k_3 的左孩子的位置上。这样，新树的平衡性和排序性都可得到满足。图 7.12 右边子树即为左边子树经双旋转平衡调整后的新子树。

实际上，图 7.12 所示的双旋转可以看作由两步单旋转操作复合而成，即首先执行单旋转（左旋）操作，然后执行单旋转（右旋）操作，这也正是双旋转操作名称的由来。图 7.13 展示了这个分步操作过程。

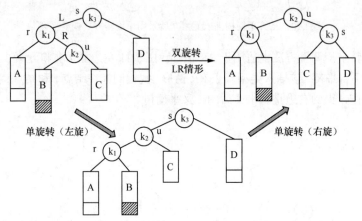

图 7.13　最小子树上新元素插入类型为 LR 情形的双旋转平衡调整分步操作过程

同样，双旋转平衡调整方法也适用于 RL 情形。图 7.14（a）显示在将元素 8 插入原始的二叉平衡树后结点 s 不再平衡，该插入类型属于 RL 情形，我们以结点 u 为根结点调整 s 子树的平衡性，执行双旋转操作后，得到右边的重新平衡后的二叉平衡树。

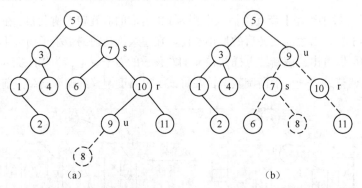

图 7.14　二叉平衡树插入元素 8 后采用双旋转方式调整平衡

7.2.3 二叉平衡树的插入

基于上述二叉平衡树的平衡调整方法，在二叉平衡树上插入新元素的操作步骤可总结如下。

（1）按照二叉搜索树的插入方式插入新元素。

（2）判断插入新元素后的二叉平衡树平衡性是否被破坏，如果平衡性没有破坏，则插入操作结束。

（3）如果平衡性被破坏，则标记插入后由新结点回溯至根结点路径上第一个出现的非平衡结点为 s 结点，然后判断新结点插入类型：

① 如果插入类型为 LL/RR，则采用单旋转方式调整最小子树的平衡性；

② 如果插入类型为 LR/RL，则采用双旋转方式调整最小子树的平衡性。

图 7.15 所示的例子显示了从空二叉平衡树开始，通过逐步插入元素 0,4,8,3,2,1,7,6 构造二叉平衡树的过程。

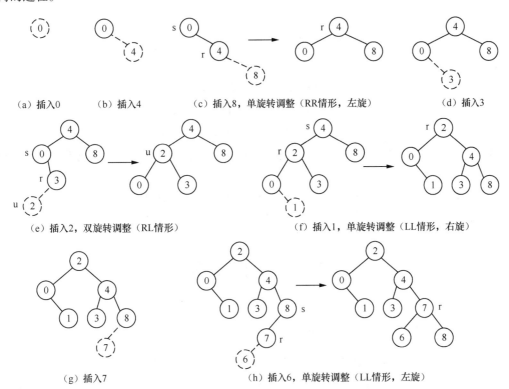

（a）插入0　　（b）插入4　　　　（c）插入8，单旋转调整（RR情形，左旋）　　　　（d）插入3

（e）插入2，双旋转调整（RL情形）　　　　　（f）插入1，单旋转调整（LL情形，右旋）

（g）插入7　　　　　　（h）插入6，单旋转调整（LL情形，左旋）

图 7.15　从空二叉平衡树开始逐步插入元素构造二叉平衡树的过程

7.2.4　二叉平衡树的高度

当用二叉搜索树表示集合时，对于给定的数据可以构造最佳树形，即它具有最小高度，但也可能得到"退化"树形。始终保持最佳树形是极其困难的，二叉平衡搜索树是最佳二叉搜索树和任意二叉搜索树的折中。因为对于二叉平衡树，我们有以下结论。

定理 7.1　具有 n 个结点的二叉平衡树的高度 h 满足

$$\log_2(n+1) \leq h \leq 1.4404 \log_2(n+2) - 0.328 \qquad (7\text{-}1)$$

证明：令 N_h 是一棵高度为 h 的具有最少结点的二叉平衡树的结点数目。在最坏情况下，对于这样一棵具有最少结点的高度 h≥2 的二叉平衡树，它的左、右子树的高度必然一棵为 h-1，另一棵为 h-2，且这两棵子树也都是高度平衡的。因此有

$$N_h = N_{h-1} + N_{h-2} + 1 \ (h \geq 2)，且 N_0 = 0，N_1 = 1 \qquad (7\text{-}2)$$

容易发现，N_h 的递归定义与斐波那契级数的定义相似：

$$F_n = F_{n-1} + F_{n-2}，且 F_0 = 0，F_1 = 1 \qquad (7\text{-}3)$$

事实上，利用数学归纳法容易推知

$$N_h=F_{h+2}-1 \ (h\geq 0) \tag{7-4}$$

进一步，根据斐波那契级数理论可知

$$F_n=\frac{1}{\sqrt{5}}(\phi^n-\hat{\phi}^n) \tag{7-5}$$

其中 $\phi=\frac{1}{2}(1+\sqrt{5})$，$\hat{\phi}=\frac{1}{2}(1-\sqrt{5})$，且 $\left|\dfrac{\hat{\phi}^n}{\sqrt{5}}\right|<1$。

因此有

$$N_h=F_{h+2}-1\geq\phi^{h+2}/\sqrt{5}-2$$
$$\Rightarrow\sqrt{5}\,(N_h+2)\geq\phi^{h+2}$$
$$\Rightarrow\log_\phi(\sqrt{5}\,(N_h+2))\geq h+2$$
$$\Rightarrow h\leq\log_\phi(N_h+2)+\log_\phi\sqrt{5}-2$$
$$\Rightarrow h\leq 1.4404\log_2(N_h+2)-0.328 \tag{7-6}$$

另一方面，根据二叉树性质 5.3，对于任意一棵有 n 个结点的二叉平衡树，其高度 $h\geq\log_2(n+1)$，因此公式（7-1）成立，命题得证。

二叉平衡树的搜索与二叉搜索树没有任何不同。搜索时间取决于树的高度。因此，在一棵含有 n 个结点的二叉平衡树上进行搜索的最坏情况时间复杂度是 $O(\log_2 n)$。

7.3 m 叉搜索树

7.3.1 m 叉搜索树的定义

当集合足够小可以驻留在内存中时，相应的搜索方法称为内搜索。内存中的集合用二叉平衡树表示能获得 $O(\log_2 n)$的搜索性能。但是，当集合中的元素个数超过内存容量，以至它们必须存放在外存（如磁盘、磁带等）中时，二叉平衡树的搜索效率就不是很高了。这是由于必须从磁盘等外存中读取这些搜索树的结点，而且每次只能根据需要读取一个结点。通常，在外存中搜索给定关键字值元素的方法称为外搜索。

存储在外存（如磁盘）上的集合元素也可以用树形结构表示，但此时的链接域（即指针域）的值已不是内存地址，而是磁盘存储器的地址。如果将一个由 $N=10^6$ 个元素组成的集合组织成一棵二叉搜索树（或二叉平衡树），其高度约为 $\log_2 N=\log_2 10^6\approx 20$。这也就是说，为了查找一个元素，可能需要存取磁盘 20 次，这是不能承受的。我们知道磁盘的读写时间远长于内存访问时间。典型的磁盘存取时间是 1～10ms，而典型的内存存取时间是 10～100ns。内存存取速度比磁盘快 1 万至 100 万倍。因此，设法减少磁盘存取操作的次数是外搜索算法设计应充分考虑的问题。

采用多叉树代替二叉树，在一个结点中存放多个元素而不是一个元素是明智的做法。例如，可将 7 个元素组织在一个结点中，如图 7.16 所示。从图中可以看到，二叉树被分成许多包含 7 个元素的结点。每次从磁盘存取一个结点（而不仅仅是一个元素），即 7 个元素，从而使读写磁盘的次数减少到原来的三分之一，大大提高了搜索速度。图 7.16 实际上是将一棵二叉树转化为一棵八叉树。

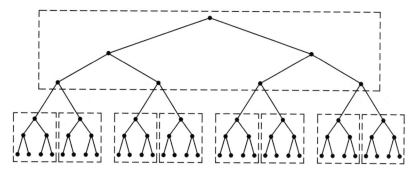

图 7.16 二叉树转化为 m 叉树（m=8）示例

下面给出 m 叉搜索树的定义。

定义 7.3 一棵 m 叉搜索树或者为空，或者满足如下性质。

（1）根结点最多有 m 棵子树，并具有如下结构：

$$n, P_0, (K_1, P_1), (K_2, P_2), \ldots, (K_n, P_n)$$

其中，P_i 是指向子树的指针，$0 \leq i \leq n < m$，K_i 是元素的关键字值，$1 \leq i \leq n < m$。

（2）$K_i < K_{i+1}$，$1 \leq i < n$。

（3）子树 P_i 上的所有关键字值都小于 K_{i+1}，大于 K_i，$0 < i < n$。

（4）子树 P_n 上的所有关键字值都大于 K_n，子树 P_0 上的所有关键字值都小于 K_1。

（5）子树 P_i 也是 m 叉搜索树，$0 \leq i \leq n$。

从上述定义可知，多叉搜索树的一个结点中，最多存放 m-1 个元素和 m 个指向子树的指针。每个结点中元素按关键字值递增排序，一个元素的关键字值大于它的左子树上所有结点中元素的关键字值，小于它的右子树上所有结点中元素的关键字值。每个结点包含的元素个数总是比它所包含的指针数少 1，空树除外。所以这是一种搜索树。

图 7.17 是多叉搜索树结点的结构，图 7.18 给出了一棵四叉搜索树，图中的小方块代表空树。空树也称为**失败结点**，因为这是当搜索的关键字值 k 不在树中时到达的子树。失败结点不包含元素。图 7.18 中，根结点有两个孩子，树的结点中的关键字值有序排列，孩子数最多为 4，所以称为四叉搜索树。

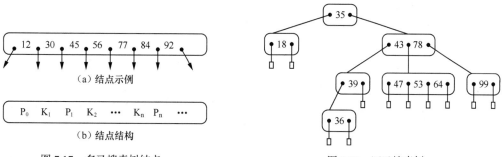

图 7.17 多叉搜索树结点

图 7.18 四叉搜索树

要从图 7.18 的四叉搜索树中搜索关键字值为 53 的元素，应从根结点开始，首先从磁盘读入根结点，并在该结点中进行搜索，53 比 35 大，则沿着 35 右边的子树向下搜索，最后从 43 和 78 中间的子树上找到 53。

7.3.2 m 叉搜索树的高度

性质 7.2 高度为 h 的 m 叉搜索树中最多有 m^h-1 个元素。

证明：显然，一棵高度为 h 的 m 叉搜索树上最多的结点数目（不包含失败结点）为

$$1+m+\cdots+m^{h-1}=\frac{m^h-1}{m-1} \qquad (7\text{-}7)$$

又因为 m 叉搜索树中每个结点最多有 m-1 个元素，因此 m 叉搜索树中最多有 m^h-1 个元素。

定理 7.2 含有 N 个元素的 m 叉搜索树的高度在 $\log_m(N+1)$ 到 N 之间。

证明：假设含有 N 个元素的 m 叉搜索树的高度为 h，根据性质 7.2 易知

$$N \leqslant m^h-1 \qquad (7\text{-}8)$$

从而推出

$$h \geqslant \log_m(N+1) \qquad (7\text{-}9)$$

又因为，当含有 N 个元素的 m 叉搜索树为单支树时，其高度为 N。

因此，一棵有 N 个元素的 m 叉搜索树的高度在 $\log_m(N+1)$ 到 N 之间。

例如，一棵高度为 5 的 200 叉搜索树最多能容纳 $32 \times 10^{10}-1$ 个元素，也可以只有 5 个元素。同样，一棵有 $32 \times 10^{10}-1$ 个元素的 200 叉搜索树的高度可以是 5，也可以是 $32 \times 10^{10}-1$。所以，这里定义的 m 叉搜索树也会像普通的二叉搜索树一样产生"退化"树形。由于对存储在磁盘上的搜索树进行搜索、插入和删除操作的时间主要取决于访问磁盘的次数，所以，应当避免产生"退化"树形。B-树就是一种特殊的多叉平衡树，不会产生"退化"树形。

7.4　B-树

7.4.1　B-树的定义

B-树是一种多叉平衡树，它在修改（插入或删除）过程中需执行简单的平衡算法。B-树的一些改进形式已成为索引文件的一种有效结构，得到了广泛的应用。

定义 7.4 一棵 m 阶 B-树是一棵 m 叉搜索树，它或者为空，或者满足如下性质：

（1）根结点至少有两个孩子；

（2）除根结点和失败结点外的每个结点至少有 $\lceil m/2 \rceil$ 个孩子；

（3）所有失败结点均在同一层上。

上述定义表明，B-树是一种 m 叉搜索树，它通过限制每个结点包含元素的最少个数，以及要求所有的失败结点（空子树）都在同一层上，来防止产生"退化"树形。

例如，图 7.19 是一棵 4 阶 B-树，结点中最少的元素个数为 $\lceil m/2 \rceil-1=1$ 个，最多的元素个数为 m-1=3 个。

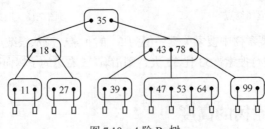

图 7.19　4 阶 B-树

7.4.2 B-树的高度

性质 7.3 设 B-树失败结点的总数是 s，那么，一棵 B-树的元素总数 N 是 B-树的失败结点的总数减 1，即 N=s-1。

证明：在 B-树中，每个非失败结点包含的元素数目比它所包含的指针数少 1。设非失败结点的个数为 n，则 B-树的元素总数 N 等于所有非失败结点包含的指针数 t 减去 n，即 N=t-n，而指针总数 t 等于除根结点以外，失败结点数和非失败结点数的总和，即 t=n+s-1，所以 n+s-1=N+n，因此，N=s-1，即一棵 B-树所包含的元素总数是该 B-树的失败结点的总数减 1。

定理 7.3 含有 N 个元素的 m 阶 B-树的高度 h 为

$$h \leqslant 1 + \log_{\lceil m/2 \rceil}(N+1)/2 \qquad (7\text{-}10)$$

证明：假设含有 N 个元素的 m 阶 B-树的高度为 h，则

该 m 阶 B-树第 1 层为根结点，根结点至少有 2 个孩子；

第 2 层至少有 2 个结点，每个结点至少有 $\lceil m/2 \rceil$ 个孩子；

第 3 层至少有 $2 \times \lceil m/2 \rceil$ 个结点，每个结点至少有 $\lceil m/2 \rceil$ 个孩子；

……；

以此类推，第 h+1 层至少有 $2 \times (\lceil m/2 \rceil)^{h-1}$ 个结点，该层全是失败结点。

另一方面，根据性质 7.3，易知该 m 阶 B-树的失败结点的个数为 N+1。

因此有

$$N+1 \geqslant 2 \times \left(\lceil m/2 \rceil\right)^{h-1} \qquad (7\text{-}11)$$

从而得到公式（7-10）：$h \leqslant 1 + \log_{\lceil m/2 \rceil}(N+1)/2$。

这就是说，在含有 N 个元素的 B-树上搜索一个关键字，从根结点到关键字所在结点的路径上，查找的结点数不超过 $1 + \log_{\lceil m/2 \rceil}((N+1)/2)$，这也是 B-树的最大高度（不计失败结点）。

7.4.3 B-树的搜索

B-树的搜索算法与 m 叉搜索树的搜索算法相同。例如，要从图 7.20 所示的四叉搜索树中搜索关键字值为 53 的元素，应从根结点开始，首先从磁盘读入根结点，并在该结点中进行搜索，发现 53 比 35 大，则沿着 35 右边的子树向下搜索，再从 43 和 78 中间的子树上找到 53，搜索成功。

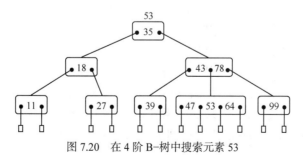

图 7.20 在 4 阶 B-树中搜索元素 53

由此可见，在 B-树上进行搜索的过程是一个顺指针查找结点和在结点的关键字中搜索交叉进

行的过程。首先，在 B-树中查找结点时，由于含有 N 个元素的 m 阶 B-树的最大高度为 $1+\log_{\lceil m/2\rceil}$ (N+1)/2，且执行外搜索时每次读入一个结点，因此，B-树搜索的磁盘访问次数最多是 $1+\log_{\lceil m/2\rceil}$ (N+1)/2；其次，在结点中查找关键字时，B-树的每个结点可以看成一个有序表，在一个 B-树结点中搜索是在内存中的搜索，因此可以采用顺序搜索和对半搜索等内搜索算法。

7.4.4　B-树的插入

将一个元素插入 B-树，首先要执行**搜索**操作，检查 B-树中是否存在相同关键字值的元素。如果存在，则插入运算失败，否则搜索必定终止在失败结点处，此时，执行**插入**操作，将新元素插入该失败结点的上一层的叶结点中。如果插入后该叶结点包含的元素个数不超过 m-1，则插入成功，否则需做结点**分裂**。

例如，为了在图 7.20 的 4 阶 B-树中插入 59，首先要搜索新元素的插入位置，搜索在叶结点的元素 53 和 64 之间的失败结点处失败终止。此时，可将新元素 59 和一个代表失败结点的空指针插入 53 和 64 之间。在本例中，插入 59 后，叶结点 q 包含 4 个元素，已超过了 4 阶 B-树的结点容量 3，从而产生了上溢出，见图 7.21（a），因此需执行下一步的调整操作。这里的调整操作实际上就是将上溢出的结点进行分裂，即创建一个新的 B-树结点 q'，将图 7.21（a）的结点中后一部分的元素和指针存放到新结点 q' 中，前一部分元素和指针仍然保存在 q 中，见图 7.21（b），但位于 $\lceil m/2\rceil$ 处的元素 53，连同指向新结点的指针 q' 一起，将存放到它的双亲结点中。也就是说，结点 q 被一分为三，拆分点在位置 $\lceil m/2\rceil$ 处，位于该拆分点处的元素和指向新结点的指针，将一起存放到其双亲结点 r 中，见图 7.21（c）。

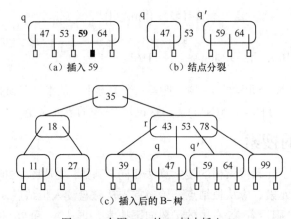

图 7.21　在图 7.20 的 B-树中插入 59

下面给出另一个 B-树插入的例子。在图 7.22（a）所示的 3 阶 B-树中插入 53，搜索在 q 结点中的 47 和 64 之间的失败结点处失败终止，因此应将 53 和一个空指针插在 q 结点的 47 和 64 之间，如图 7.22（b）和（c）所示。但结点 q 在插入新元素 53 后产生上溢出，需要分裂，分裂发生在结点 q 的第二个元素 53 处。分裂后，原结点 q 分成三部分，前一部分元素仍留在结点 q 中，后一部分元素建立一个新结点 q' 来存储，设 q' 是新结点的地址，那么元素 53 和指针 q' 将插入原 q 结点的双亲结点 r 中，见图 7.22（d）和（e）。结点 r 还要再分裂，产生新结点 r'，元素 53 和指针 r' 将插入原 r 结点的双亲结点 t，即根结点，见图 7.22（f）和（g），插入后的 B-树见图 7.22（h）。

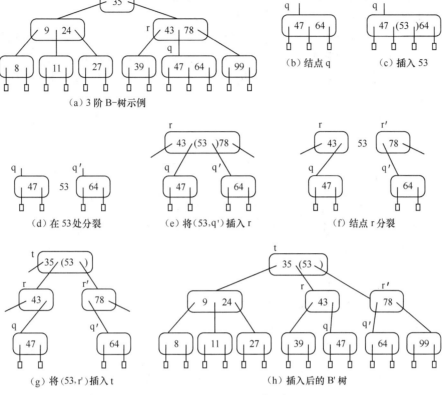

图 7.22　B-树的插入运算示例

从上面的例子可以得到在 m 阶 B-树中插入新元素的方法。

（1）搜索。在 B-树中搜索给定关键字值的元素。如果搜索成功，表示有重复元素，则插入运算失败终止；否则转步骤（2）将新元素插入搜索失败结点上一层处的叶结点（设地址为 q）。

（2）插入。将新元素和一个空指针插入结点 q。如果插入后，结点 q 未上溢出，即结点包含的元素个数未超过 m-1（指针数未超过 m），则插入运算成功终止。否则转步骤（3）进行结点的分裂操作。

（3）分裂。以 $\lceil m/2 \rceil$ 处的元素为分割点，将结点 q 一分为三：第 1 个位置至第 $\lceil m/2 \rceil -1$ 个位置的元素保留在原来的结点 q 中；第 $\lceil m/2 \rceil +1$ 个位置至第 m 个位置的元素存放在新创建的结点（设地址为 q'）中；而第 $\lceil m/2 \rceil$ 个位置的分割点元素和新结点地址 q'插入结点 q 的双亲结点。继续检查此双亲结点的上溢出问题。如果没有上溢出，则插入运算结束，否则重复执行步骤（3），继续该双亲结点的分裂操作，直至不再产生上溢出现象。

需要注意的是，如果按照（3）的原则，根结点产生分裂，由于根结点没有双亲，那么分裂产生的两个结点的指针以及分割点元素将组成一个新的根结点，从而导致 B-树长高一层。

7.4.5　B-树的删除

从 B-树上删除一个指定元素的操作同插入一样，首先要执行**搜索**操作，判断元素是否存在，如果被删除元素存在，则分情况执行删除操作。

（1）如果属于情形 1，即被删除的元素在叶结点上，则直接从该叶结点中删除该元素，并检查是否发生下溢出。如果没有下溢出，则删除运算结束，否则处理下溢出。

（2）如果属于情形 2，即被删除的元素不在叶结点上，则首先执行"**替代**"操作，用该元素右子树上的最小元素取代它，从而将问题转化为情形 1。

图 7.23 是从图 7.20 的 4 阶 B-树上删除一个关键字值为 35 的元素的过程。首先执行搜索操作，待删除元素 35 在该 B-树的根结点中，不在叶结点上，因此删除类型属于情形 2。对于情形 2，我们首先执行"替代"操作，用该元素的右子树上的最小元素 39 取代 35，从而将问题转化为删除 r 结点中的元素 39，即情形 1：被删除的元素在叶结点上，见图 7.23（a）。

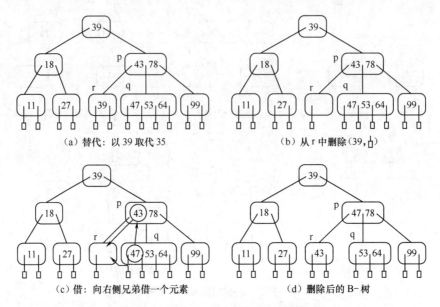

（a）替代：以 39 取代 35　　　　　（b）从 r 中删除（39, □）

（c）借：向右侧兄弟借一个元素　　　　　（d）删除后的 B-树

图 7.23　从图 7.20 的 4 阶 B-树上删除 35

对于情形 1，直接从叶结点中删除该元素，并检查该叶结点是否发生下溢出。如果没有下溢出，则删除运算结束，否则处理下溢出。在本例中，从 r 结点中删除 39 后，该叶结点中的元素个数不足 B-树规定的下限（即 $\lceil m/2 \rceil - 1$ 个元素），从而发生下溢出。解决这一问题的做法首先是检查其左、右两侧的兄弟结点中的元素个数，若左侧兄弟有多余的元素，则从左侧兄弟"**借**"一个元素，否则，若右侧兄弟有多余的元素，则向右侧兄弟"**借**"一个元素。这种借是采用图 7.23（c）的旋转方式实现的：将双亲结点 p 中的元素 43 移至结点 r，r 的右侧兄弟中的元素 47 移至双亲结点 p，元素 47 左侧的指针移到结点 r 中，成为元素 43 的右侧指针，显然也是结点 r 的最右边的指针。可以做这样约定：当一个结点在删除元素后发生下溢出，则采取先左后右的次序，先检查其左侧兄弟是否有多余元素（至少 $\lceil m/2 \rceil$ 个元素），若是，则采用上述旋转方式借元素，否则再检查右侧兄弟是否有多余元素，若是，则向其右侧兄弟借，如图 7.23 所示。

但如果一个 B-树结点发生下溢出时，其左、右两侧兄弟都恰好只有 $\lceil m/2 \rceil - 1$ 个元素，那么，只能采用"**并**"的方式解决此类下溢出问题。请注意："并"的方式解决 B-树结点下溢出是当左右两侧兄弟都没有多余元素可"借"时所采用的方法。

图 7.24 是从图 7.23（d）的 B-树上删除 27 的过程。从结点 s 中删除 27 和一个空指针后，结点 s 发生下溢出，其唯一的左侧兄弟 s' 没有多余元素可"借"，此时只能采用"**并**"的方式解决下溢出，即将结点 s 与 s'，以及其双亲结点中分割它们的元素 18，组成一个结点。不妨假定保留结点 s'，而将 18，以及结点 s 中全部元素和指针都移到结点 s' 中，然后撤销结点 s。

这也意味着从结点 u 中删除 18 和指向 s 的指针。由于 18 和一个指针被删除，结点 u 发生下溢出，此时需从其右侧兄弟 r 借元素。我们已经知道，借应该采用旋转方式，因此将结点 t 的 39 移到结点 u，结点 r 的 47 移到结点 t，再将 r 的最左边的子树移为 u 的最右边的子树，如图 7.24（c）所示。

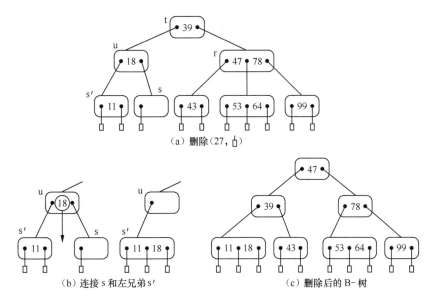

图 7.24　从图 7.23（d）的 B–树上删除 27

从上面的例子可以得到从 B–树删除元素的步骤。

（1）搜索。在 B–树中搜索给定关键字值的元素。如果搜索不成功，则删除运算失败终止；否则转（2）执行元素的删除操作。

（2）删除。首先判断删除类型，根据删除类型选用相应的删除方法。

如果属于情形 1，即被删除的元素在叶结点中，则转（3）执行从叶结点中删除该元素的操作。

如果属于情形 2，即被删除的元素不在叶结点中，则用该元素右子树上的最小元素（必定在叶结点中）取代它，从而将问题转化为情形 1，然后转（3）执行从叶结点中删除该替代元素的操作。

（3）从叶结点中删除元素。首先从叶结点中直接删除该元素，如果删除元素后没有下溢出（即当前结点包含⌈m/2⌉−1 个元素），则删除运算成功终止。否则首先考虑采用“借” 的方法处理下溢出（请注意：为避免删除结果不唯一，这里我们约定“借”操作遵循先左后右的顺序，即若左侧兄弟有富余，则从左侧兄弟“借”一个元素，否则，若右侧兄弟有富余，则向右侧兄弟“借”一个元素）。如果左右两侧兄弟结点都没有富余，则采用“并”的方法处理下溢出（同样，我们约定“并”操作遵循先左后右的顺序，即若当前结点有左侧兄弟，则将该结点与其左侧兄弟“并”成一个结点，否则与右侧兄弟“并”成一个结点），然后继续检查其双亲结点的下溢出问题。如果没有下溢出，则删除运算结束，否则继续该双亲结点的先“借”后“并”操作，直至不再有下溢出现象产生。

同样需要注意的是，如果“并”操作导致根结点中的一个元素被删除，并且该结点只包含一个元素，则根结点成为不包含任何元素的空结点，此时 B–树将变矮一层。

7.5 本 章 小 结

本章讨论采用搜索树（二叉搜索树、AVL 树和 B-树）表示和实现动态集的方法。当动态集采用搜索树表示时，可以方便地插入或删除元素。二叉搜索树（包括 AVL 树）的搜索算法是内搜索算法，B-树的搜索算法是适用于磁盘搜索的外搜索算法。本章讨论上述搜索树的表示方法和搜索、插入、删除运算的实现方法，以及算法的效率。

习 题

一、基础题

1. 二叉平衡树中任一结点的平衡因子（ ）。
   A. 一定等于零
   B. 其绝对值不超过 1
   C. 均大于 1
   D. 均小于 1

2. 下列关于 m 阶 B-树的说法正确的是（ ）。
   A. 每个结点至少有两棵非空子树
   B. 树中每个结点至多有 m-1 个元素
   C. 所有叶结点在同一层上
   D. 如果插入一个元素引起 B 树结点分裂，树长高一层

3. 对（ ）做中序遍历必将得到树中结点的一个非降有序序列。
   A. 完全二叉树
   B. 哈夫曼树
   C. AVL 树

4. 由同一元素集合（每个元素的关键字值各不相同）构造的各棵二叉搜索树（ ）。
   A. 其形态不一定相同，但平均查找长度相同
   B. 其形态不一定相同，平均查找长度也不一定相同
   C. 其形态均相同，但平均查找长度不一定相同
   D. 其形态均相同，平均查找长度也都相同

5. 假设有元素集合{53，30，37，12，45，24，96}，现从空二叉树开始依次插入元素形成二叉搜索树，若希望高度最小，则应该选择下列（ ）的序列输入。
   A. 37,24,12,30,53,45,96
   B. 45,24,53,12,37,96,30
   C. 12,24,30,37,45,53,96
   D. 30,24,12,37,45,96,53

6. 若在 7 阶 B-树中插入元素引起结点分裂，则该结点在插入前含有的元素个数为（ ）。
   A. 3
   B. 4
   C. 6
   D. 7

7. 任何一棵二叉搜索树的平均搜索长度都小于顺序搜索同样结点的线性表的平均查找时间。该叙述（ ）。
   A. 正确
   B. 错误

8. 完全二叉树必定是二叉平衡树。该叙述（ ）。
   A. 正确
   B. 错误

9. 在二叉平衡树中，向某个平衡因子不为零的结点的树中插入一新结点，必引起平衡旋转。该叙述（　　　）。

    A. 正确　　　　　　　　　　　　　　B. 错误

10. 已知高度为 3 的二叉平衡树至少有 4 个结点，高度为 4 的二叉平衡树至少有 7 个结点，则高度为 5 的二叉平衡树至少有＿＿＿＿＿个结点。

二、扩展题

1. 建立 37、45、91、25、14、76、56、65 为输入时的二叉搜索树，再从该树上依次删除 76、45，则树形分别如何？

2. 试写一个判定任意给定的二叉树是否是二叉搜索树的算法。

3. 已知一棵二叉搜索树的先序遍历序列是 28,25,36,33,35,34,43，请画出此二叉搜索树。

4. 编写一个从二叉搜索树中删除最大元素的算法，分析算法的时间复杂度。

5. 编写一个递归算法，实现在一棵二叉搜索树上插入一个元素。

6. 编写一个输出 AVL 搜索树中所有结点平衡因子的算法。

7. 向空的 AVL 树中依次插入关键字 5、2、4、8、6 和 7，画出最终生成的 AVL 树。

8. 图 7.25 是一棵 4 阶 B-树，请画出向该树中依次插入关键字 35、45 后最终所得的 B-树。

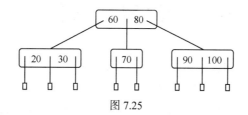

图 7.25

9. 从空树开始，使用关键字序列 a,g,f,b,k,d,h,m,j,e,s,i,r,x,建立 4 阶 B-树。

10. 从上题的 4 阶 B-树上依次删除 a、e、f、h。

11. 设计一个算法，判定任意给定的一棵二叉树是否是 AVL 搜索树。

12. 说明 B-树适用于外搜索的理由。

13. 5 阶 B-树的高度为 2 时，树中元素个数最少为多少?

第8章 散列表

散列表，也称为哈希表（hash table），是一种根据关键字值实现直接数据元素访问的高效数据结构。散列表一般采用随机存储方式，其平均查找效率一般与元素的数量无关，这是因为其查找运算并不是通过与元素关键字的逐一比较来实现，而是通过一个映射函数直接定位到所需查找元素的位置，该结构广泛应用于有快速数据检索需求的应用领域。

8.1 散列技术简介

在前面章节所介绍的线性表、二叉搜索树、二叉平衡树和 B-树中，元素在给定存储结构中的存储位置与元素的关键字值之间不存在直接的映射关系。因此，在上述的这些数据结构中，实现数据元素的搜索需要进行一系列关键字值之间的比较，搜索效率取决于搜索过程中执行比较的次数。散列表是存储集合元素的一种有效实现方法，它提供了一种完全不同的存储结构和搜索方法。散列表在存储元素时，通过建立元素关键字值与散列表中存储位置的映射关系将元素存储至相应的存储位置；在访问元素时，也依据这种映射关系，利用元素关键字来确定需要查找的存储位置。理想状态下，实现具有上述特性的散列表结构能够提高元素的查找效率，但在实际应用中，散列表还存在许多需要解决的问题。

假设存在映射关系 h，可以将任一关键字值 key 映射到特定存储位置上，即 Loc(key)=h(key)，其中，Loc(key)表示关键字值为 key 的元素的存储位置。那么，如果集合中存在关键字值为 key 的元素，则该元素应该存储在 h(key)的位置上。基于这样的假设，在理想情况下，不必进行任何关键字值之间的比较，便可直接访问该元素。这里，我们把将关键字值映射到存储位置的函数 h 称为**散列函数**，关键字值通过散列函数映射得到的散列值，称为**散列地址**，通过散列函数建立的存储结构称为**散列表**。散列表是又一种表示集合的数据结构。

下面，我们通过一个简单的示例来认识散列表。设有全国各省、市、自治区的人口统计简表，该简表使用一个数组来存储，数组中每个元素表示一个区域的人口情况。如果取区域名称的汉语拼音为关键字值，散列函数 h 为关键字值的第一个字母的编码（设 A～Z 的编码分别为 1～26）。此时，一个元素（即一个地区的人口数据）的关键字的散列函数值，即为该元素在人口统计简表中的位置。但是，在实际建表过程中，我们将发现河北、河南、湖北和湖南这四个省的散列地址相同，即 h(Hebei)=h(Henan)=h(Hubei)=h(Hunan)=8，而山东、山西、上海和四川这四个省的散列地址也相同，即 h(Shandong)=h(Shanxi)=h(Shanghai)=h(Sichuan)。在散列表中，需要将元素存储于对应的散列地址，显然，上述具有相同散列地址的元素在存储时将产生冲突。

在散列技术中，所谓**冲突**，是指关键字集合中两个不同的关键字值 K_i 和 K_j（$K_i \neq K_j$）对给定散列函数具有相同散列地址的现象，即 $h(K_i)=h(K_j)$。具有相同散列地址的关键字，对该散列函数 h 而言互称为**同义词**。

冲突的发生与散列函数的选择有关。上述示例中以关键字值的首字母的编码作为散列函数值，可能会引起较多的冲突。那么，能否寻找一个散列函数，使得对某个集合而言不发生冲突呢？这是很难做到的。假定关键字值集合有 31 个元素，我们建立一个长度为 40 的散列表，也就是说散列地址的范围从 0 到 39，那么，从一个包含 31 个关键字值的集合映射到另一个具有 40 个存储地址的集合，存在 40^{31} 种可能的函数映射关系，而其中仅有 $C_{40}^{31} \times 31! = 40!/9!$ 个函数映射能对每个元素给出不同的散列地址。由于 $40^{31} \approx 4 \times 10^{49}$，而 $40!/9! \approx 10^{42}$，即几千万个函数映射中只有一个函数映射是适用的。这样的函数是很难发现的。

著名的"生日悖论"断言，如果有 23 个以上的人在同一个房间里，则他们当中两个人有相同的出生年月日的可能性很大。事实上，与"生日悖论"相对应，如果随机选择一个函数作为散列函数，将一个有 23 个关键字的集合映射到大小为 365 的地址集合中，则任意两个关键字都不是同义词的概率仅为 0.4927，换句话说，存在地址冲突的概率超过二分之一。

此外，即使费尽心机找到了一个合适的散列函数，能够在不发生任何冲突的情况下实现从关键字集合到地址集合的映射，此时依然存在如下两方面的问题：一是散列地址计算的代价可能较高；二是与该散列函数相对应的关键字集合将变得不可修改，关键字集合即使产生微小变化，都有可能带来冲突问题。

更遗憾的是，在一般情况下，关键字值集合往往比地址空间要大得多。例如，在高级语言编译程序中，需要为用户编写的源程序中的标识符（如用户自定义变量名、函数名等）建立一张标识符表。假设按照高级语言的语法规定，标识符可定义为以字母开头的最多由 8 个字符构成的字符串，此时，可能的标识符集合的状态空间规模为 $26 \cdot \Sigma_{0 \leq i \leq 7} 36^i$，而在一个源程序中实际出现的标识符的数目往往是很有限的，假设标识符表长为 1000，即地址集合的大小为 1000。显然在这种情况下，无论多好的散列函数，都无法避免冲突。因此，要设计一种实用的散列表，就必须先解决散列冲突问题。

8.2 散列函数

构造一个散列函数的方法很多，但究竟什么样的函数才是"好"的散列函数呢？一个"好"的散列函数 h 应当至少满足下面两个条件：（1）支持快速计算；（2）散列地址均匀。此外，好的散列函数的散列值还应该尽可能覆盖整个散列表的存储地址。

假定散列表长度为 M，存储地址范围为 0~M-1，那么散列函数 h 将关键字值转换成 0~M-1 的一个整数，即 $0 \leq h(key) < M$。一个均匀的散列函数应当满足：对于关键字值集合中任意一个关键字 key，散列地址 h(key) 以相等的概率取 0~M-1 中的每一个值，即每一个关键字的同义词数量相同。

下面，我们介绍 4 种散列函数示例。

1. 除留余数法

除留余数法是利用模计算（$mod^{①}$）的一种散列函数，可定义为如下形式：

---

① 特别需要注意负数。运算符 mod 在这里是对模数求剩余。设 M > 0，x mod M 的值在[0,M-1]中。请注意与 C/C++语言的%运算的区别，使用%实现 mod 运算的方法为：int pos=x % M;if (pos < 0) pos=M+pos;。

$$h(key)=key \bmod M$$

其中，key 是关键字，M 是散列表的长度。M 的选择十分重要，如果 M 选择不当，在应用某些散列函数时，可能会造成严重冲突。如果 key 是十进制数，则 M 应避免取 10 的幂。一般而言，选择一个不超过 M 的最大的素数 P，令散列函数为 h(key)=key mod P，效果相对较好。

2. 平方取中法

平方取中法首先计算关键字 key 的平方，然后取(key)^2 的中间部分作为散列地址 h(key)，所选择的中间部分的长度（或称位数）一般取决于散列表的长度 M。

平方取中法尽量避免使用除法运算。一般定义为如下形式：

$$h(key) = \left\lfloor \frac{M}{W}(key^2 \bmod W) \right\rfloor$$

其中，W=2^w 和 M=2^k 都是 2 的幂，W 是计算机位长（如 32 位、64 位等），M 是散列表长，关键字 key 是无符号整数。平方取中法散列函数的地址计算过程如下：首先，计算关键字 key 的平方 key^2，并取平方计算结果的后 w 位；然后右移 w–k 位，最终的地址计算结果总是落在 0～M–1。

例如，设 w=16，k=8，基于平方取中法，关键字值及其对应的散列地址如表 8.1 所示。

表 8.1　　　　　　　　　　　　　　　　　平方取中法

关键字值	内码的平方	散列地址
110 0100	10 0111 0001 0000	0010 0111
100 0100 1100	1 0010 0111 0110 1001 0000	0111 0110
100 1011 0000	1 0101 1111 1001 0000 0000	1111 1001

3. 折叠法

折叠法是将关键字值从左到右划分成位数相等的若干个部分值，每一部分的位数应与散列地址的位数相同，只有最后一部分的位数可以相对较少；然后，将划分得到的这些部分值叠加，从而获得该关键字值对应的散列地址。

例如，设关键字 key=12320324111220，若散列地址取 3 位，则 key 被划分为 5 段，即

$$123 \quad 203 \quad 241 \quad 112 \quad 20$$

折叠法的计算结果如图 8.1 所示。如果计算结果超出地址位数，则将最高位去掉，仅保留低的 3 位，作为散列函数值。

4. 数字分析法

数字分析法一般用于事先已知关键字值分布的静态应用场景。设关键字值是 n 位数字，每位的基数是 r（进制数，例如，十进制情况下 r=10）。该方法针对集合中所有关键字值，分析其中每一位上数字的分布情况。一般而言，r 个数字在各位上出现的频率不一定相同，可能在某些位上分布均匀些，而在另一些位上分布不均匀。例如，有一组基数 r=10 的关键字值，如图 8.2 所示，通过分析这些关键字值各个位上的数字分布情况，容易发现，第 4、5、6 位（从左向右数）上的各个数字的分布相对均匀些，而第 1、2、3 位上的数字变化不大。此时，我们就可以取第 4～6 位上的数字为散列函数值。当然，选取的位数需根据实际应用中散列表的长度来确定。

$$
\begin{array}{r}
1\ 2\ 3 \\
2\ 0\ 3 \\
2\ 4\ 1 \\
1\ 1\ 2 \\
+\ \ \ \ 2\ 0 \\
\hline
6\ 9\ 9
\end{array}
$$

图 8.1　折叠法

$$
\begin{array}{r}
9\ 4\ 2\ 1\ 4\ 8 \\
9\ 4\ 2\ 3\ 5\ 6 \\
9\ 4\ 2\ 5\ 7\ 2 \\
9\ 4\ 2\ 6\ 6\ 4 \\
9\ 4\ 3\ 3\ 9\ 5 \\
9\ 4\ 2\ 4\ 7\ 2 \\
9\ 4\ 2\ 7\ 3\ 1 \\
9\ 4\ 1\ 2\ 8\ 7 \\
9\ 4\ 2\ 3\ 4\ 5
\end{array}
$$

图 8.2　数字分析法

8.3　散列冲突处理

根据 8.1 节中的讨论，在散列表中冲突是无法避免的。因此，如何解决冲突是一个非常重要的问题，它直接决定了散列表是否具备可用性和实用性。解决冲突技术也称为散列表的"溢出"处理技术。有两类常用的解决冲突的方法：一是拉链法（separate chaining），又称为开散列法（open hashing）；二是开地址法（open addressing），又称为闭散列法（closed hashing）。请注意，开地址法恰好又称闭散列法，而开散列法与开地址法又是两类不同的方法，极容易引起混淆。这里我们简单解释一下：开散列法将集合元素存储在散列表主表之外，而闭散列法将集合元素存储在散列表主表之内，这是"开"和"闭"的内涵，而开地址法中的"开"，是"开放"的意思，指元素存储位置不仅仅取决于散列值，还会受散列表中已经存在的元素的影响，因此"开放"地址表示的是地址可变的意思。

8.3.1　拉链法

拉链法是解决冲突的一种行之有效的方法。在前面的示例中，我们已经看到某些散列地址可以是多个关键字值为同义词的集合元素的存储地址，而单一存储空间是不可能同时存储多个集合元素的，当多个关键字值为同义词的集合元素都需要存储到散列表中时，就会产生冲突。解决冲突最直接、直观的方法，就是为每个散列地址建立一个单链表，将具有相同散列地址的同义词元素全部存储于单链表中，单链表可以是无序的，也可按升序（或降序）排列。例如，图 8.3 给出了基于拉链法的散列表，该示例采用除留余数法散列函数 h(key)=key mod 11，同义词按关键字值升序排列。可以看出，在基于拉链法的散列表中，散列表主表不直接存储集合元素，而是存储各个单链表头结点的地址，这也是拉链法又称为"开"散列法的原因。

在基于拉链法的散列表中，搜索关键字值为 key 的元素是不难实现的。首先根据散列函数计算关键字值 key 对应的散列地址，到该散列地址下取读单链表头结点地址；然后在该单链表中搜索目标关键字值对应的元素。如果单链表是无序排列的，在单链表上的搜索过程类似于第 6 章在无序表上进行顺序搜索的过程；如果单链表是有序排列的，则搜索过程类似于第 6 章在有序表上进行顺序搜索的过程。

同样，在插入关键字值为 key 的新元素时，先计算 key 对应的散列地址，然后在该散列地址对应的单链表中实施插入操作（一般"头插法"效率更高，即新元素直接插入在头结点之前，成为单链表新的头结点）。注意：如果集合元素不允许重复，还需要先"查重"，再插入。在删除关键字值为 key 的元素时，应先计算 key 对应的散列地址，然后在该散列地址对应的单链表中找到关键字值为 key 的元素，并删除之。

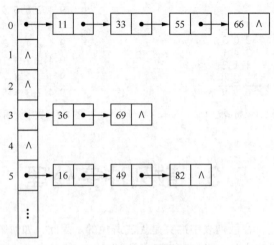

图 8.3 拉链法散列表

采用拉链法建立的散列表，在极端情况下，所有元素可能都聚集于某一个散列地址对应的单链表中（即恰好当前所有集合元素对应的关键字均为同义词），所以最坏情况下完成一个关键字值的搜索，需检查全部的 n 个元素。在拉链法的实际实现中，是不允许出现这样的情况的，为了避免出现这样的极端情况，需要引入装填因子进行控制。散列表中已存储集合元素个数 n 与散列表长 M 的比例 n/M，也称为散列表的**装填因子**。装填因子可用于表示散列表装满的程度，也可用于估计执行查找等操作所需比较次数。在散列函数选取合适且关键字值取值均匀的情况下，包含 n 个元素的散列表中各单链表的平均长度为 n/M。可通过设置装填因子的上限（拉链法中该上限值大于 1），来保证散列表的快速搜索，若 n/M 超过上限，则散列表需要进行扩充。

8.3.2 开地址法

解决散列冲突问题的另一种方法为开地址法，该方法无须建立链表，集合元素直接存储在散列表主表之内。散列表长度为 M，地址范围为 0～M−1。从空表开始，通过逐个向表中插入新元素来建立散列表。元素插入的基本过程如下：设待插入新元素的关键字值为 key，计算 key 对应的散列地址 h(key)，然后从该地址开始，按照某种规定的次序探查可以插入新元素的**空位置**，**若能找到空位置，则将 key 对应的元素存入探查过程首次发现的空位置**。这里的地址 h(key) 是探查过程中首次探查的地址，也称为关键字值 key 对应的**基地址**。

在探查可供新元素存储的空位置的过程中，被探查位置有可能已被占用，此时，就需要有一种解决冲突的策略来确定如何探查下一个空位置。不同的解决冲突的策略，可产生不同的探查位置序列，又称为**探查序列**。关键字值 key 的探查序列如下：

$$h(key), (h(key)+p(1)) \bmod M, \ldots, (h(key)+p(i)) \bmod M, \cdots$$

其中，h(key) 为 key 对应的**基地址**，p(i) 表示第 i 个候选探查地址生成函数。在具体应用时，首先考查 key 对应的基地址（即 h(key)）是否被占用，若被占用，则考查第 1 候选地址 (h(key)+p(1)) mod M，若仍然被占用，则继续考查第 2、第 3、……候选地址 (h(key)+p(2)) mod M、(h(key)+p(3)) mod M……直至找到一个空位置，然后将新元素存储到探查序列中探查到的第一个空位置处。当然，如果探查序列出现循环或表满，则插入失败。

在实际应用中，基于开地址法的散列表几乎不会有表满的情况产生。表满意味着如果查找元素不在散列表中，必须探查完整张表才能判定搜索失败，这是搜索代价极其高昂的情况，也与我们构造散列表实现快速搜索的初衷相违背。为了避免这样的极端情况，在基于开地址法的散列表实现中，也会设置装填因子上限，如果散列表中存储元素个数与散列表表长的比例 n/M 超过上限（通常设置成小于 1 的值，如 0.3），则需要对散列表进行扩充。因此，在实际应用中基于开地址法的散列表往往存在大量空位置，这是为了加快搜索而采取的一种"以空间换时间"的策略。根据生成探查序列的规则不同，我们介绍三种开地址冲突解决方法，分别是线性探查法、二次探查法和双散列法。

1. 线性探查法

在开地址法的探查序列 h(key)，(h(key)+p(1))mod M，…，(h(key)+p(i))mod M，…中，如果设置候选探查地址生成函数 p(i)=i，此时形成的开地址法即为线性探查法。

线性探查法是一种最简单的开地址法。它使用下列循环探查序列，即

$$h(key), h(key)+1, …, M-1, 0, …, h(key)-1$$

从基地址 h(key)开始，探查该位置是否被占用，如果被占用，则继续检查第 1 候选位置 h(key)+1，若该位置也已占用，再检查由探查序列规定的第 2、第 3……候选位置。

我们将线性探查法的探查序列统一描述为如下形式：

$$h_i = (h(key)+i) \bmod M \quad i=0,1,2,…,M-1$$

其中 h_0 即为基地址，h_1、h_2……为第 1、第 2……候选地址。基于线性探查法解决冲突并构建生成的散列表又称为线性探查散列表。

接下来，我们讨论线性探查散列表的元素插入方法。在图 8.4 所示的例子中，散列函数 h(key)=key mod 11，需要在图 8.4（a）中插入关键字值为 58 和 24 的元素。我们首先计算 58 对应的基地址 h(58)=58 mod 11=3。在图 8.4（a）所示的当前散列表中，位置 3 显然已占用，发生冲突。此时，基于线性探查法，考查第 1 候选地址(h(58)+1) mod 11=4，由于位置 4 未被占用，因此将 58 插入散列表的 4 号位。继续插入关键字值为 24 的元素，此时，先计算 24 的基地址 h(24)=24 mod 11=2，由于当前 2 号位空闲，只需将关键字值为 24 的元素直接存储至 2 号位。完成 58 和 24 对应元素插入后的散列表如图 8.4（b）所示。接下来，在图 8.4（b）所示的散列表上继续插入关键字值为 35 的元素，由于其基地址 h(35)=2 已被占用，同时其第 1、第 2 候选地址（即图 8.4（b）所示散列表的 3 号位和 4 号位）也被占用，此时将 35 对应元素存入目前空闲的其第 3 候选地址（即 5 号位），从而得到图 8.4（c）所示的散列表。

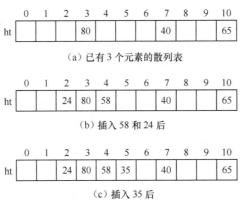

（a）已有 3 个元素的散列表

（b）插入 58 和 24 后

（c）插入 35 后

图 8.4 线性探查法

　　对线性探查散列表的搜索同样从被搜索关键字值 key 对应的基地址 h(key) 开始，按照上述探查序列依次查找该元素的位置。设 key 是待查找关键字值，在探查序列匹配比较的过程中，若存在关键字值为 key 的元素，则搜索成功；否则，或者探查到一个空位置，或者回到 h(key)（表明当前散列表已满），则搜索失败。例如，若要在图 8.4（c）所示的散列表中搜索关键字值为 47 的元素，则首先计算 47 对应的基地址 h(47)= 47 mod 11=3。接下来，将 47 与 3 号位中的 80 进行比较，由于不相等，此时，继续按线性探查法考查第 1 候选地址中的关键字值（即 4 号位的 58），并进行比较，由于仍然不相等，则继续与第 2 候选地址（即 5 号位）中的关键字值 35 进行比较，依然不相等，当探查到第 3 候选地址（即 6 号位）时，发现该位置为空，表明关键字值为 47 的元素不在散列表中，搜索失败。

　　从散列表中删除一个元素有两点需要考虑：一是删除过程不能简单地将一个元素清除，这将隔离探查序列后面的元素，从而影响以后的元素搜索过程和结果；二是一个元素被删除后，该元素的位置应当能够被重新使用。例如，从图 8.4（c）中删除 58，不能简单地将 4 号位置设为空，否则利用前述搜索方法将无法再搜索到关键字值为 35 的元素，因为在探查到 35 之前会在 4 号位置探查到空位置，达到停止条件。

　　我们通过对散列表中每个元素增设一个对应的 empty 标记，来解决元素删除过程中的上述两个问题。空散列表所有位置的 empty 标记均被初始化为 TRUE。当向表中插入一个新元素时，插入位置的 empty 标记置为 FALSE。删除元素时并不改变被删除元素原先所在位置的 empty 标记，只是将该元素的关键字值设置成一个未被使用的特殊标记值，不妨称为**空值**（记为 NeverUsed）。在散列表初始化时，散列表中所有关键字值均设置为 NeverUsed。

　　采用上述 empty 标记方法，实现元素搜索需按照如下方案执行：在进行散列表的线性探查过程中，当探查到一个 empty 标记为 TRUE 的空位置，或者探查完散列表中全部元素，重新回到基地址位置时，搜索失败；仅当探查到与目标元素关键字值相等的元素时，搜索成功。这种方案的一个显著缺点在于，在散列表使用一段时间后，多数的 empty 标记可能都被置为 FALSE，这将导致整体搜索效率的下降。为了提高性能，散列表经过一段时间的使用后需要重新组织，如重新设置 empty 值。

　　下面，我们首先给出线性探查散列表的抽象数据类型定义，然后再讨论线性探查散列表的具体实现。

```
ADT 8.1 线性探查散列表 ADT
ADT HashTable {
数据：
    线性探查散列表是利用线性探查序列存储散列数据元素的有限集合，散列表长度为 M。
运算：
    CreateHT(ht, M)：创建一个能够存储 M 个元素的散列表 ht。
    DestroyHT(ht)：释放散列表 ht 所占的存储空间。
    IsEmpty(ht)：判断散列表 ht 是否为空，若为空，则返回 TRUE，否则返回 FALSE。
    IsFull(ht)：判断散列表 ht 是否已满，若已满，则返回 TRUE，否则返回 FALSE。
    Hash(key)：计算关键字值 key 对应的散列地址。
    Search(ht,key)：在散列表 ht 中查找关键字值为 key 的元素，若存在，返回该元素的位置，否则返回
                    FALSE。
    Insert(ht,key,element)：按照线性探查法，在散列表 ht 中插入关键字值为 key 的元素 element，
                            若成功，则返回 TRUE，否则返回 FALSE。
```

Delete(ht,key)：从散列表 ht 中删除关键字值为 key 的元素，若成功，则返回 TRUE，否则返回 FALSE。
...
}

　　基于上述线性探查散列表的抽象数据类型定义和散列表搜索、插入、删除操作的基本思想，我们给出线性探查散列表 HashTable 的具体实现，如程序 8.1 所示。为了简化程序，我们假设集合元素仅包含一个整型数据项，该数据项即为关键字。如果集合元素有多个数据项，就需要另外定义包含关键字和其他数据项的结构体类型。

程序 8.1　线性探查散列表的实现

```
#define  TRUE  1
#define  FALSE  0
#define  NotPresent  -1
#define  NeverUsed  -99    //元素为空的标记
typedef  int BOOL;

typedef struct hashTable{ //散列表数据结构定义
    int  M;                   //散列表的长度
    int  num;                 //当前散列表中存储的元素数量
    BOOL *empty;              //empty 标记数组
    int *elements;           //元素数组，为了简化程序，假设每一个元素只存储关键字
}HashTable;

//初始化散列表
void CreateHT(HashTable *ht, int size)
{
    int i;
    ht->M=size;
    ht->num=0;
    ht->empty=(BOOL*)malloc(sizeof(BOOL)*size);
    ht->elements=(int*)malloc(sizeof(int)*size);
    for(i=0;i<size;i++){
        ht->empty[i]=TRUE;
        ht->elements[i]=NeverUsed
    }
}

//销毁散列表
void DestroyHT(HashTable *ht)
{
    free(ht->empty);
    free(ht->elements);
}

//清空散列表
void ClearHT(HashTable *ht)
{
    int i;
    ht->num=0;
    for(i=0;i<ht->M;i++){
        ht->empty[i]=TRUE;
```

```
            ht->elements[i]=NeverUsed;
        }
    }
```

```
//判断散列表是否为空，若为空返回 TRUE，否则返回 FALSE
BOOL IsEmpty(HashTable *ht)
{
    if(ht->num==0)
        return TRUE;
    else
        return FALSE;
}
```

```
//判断散列表是否已满，若已满返回 TRUE，否则返回 FALSE
BOOL IsFull(HashTable *ht)
{
    if(ht->num==ht->M)
        return TRUE;
    else
        return FALSE;
}
```

```
//基于除留余数法的散列函数
int Hash(int M, int key)
{
    return key%M;
}
```

```
//在散列表 ht 中查找关键字值为 key 的元素，若存在，返回该元素的位置；否则返回 NotPresent
int Search(HashTable *ht, int key)
{
    int anchor, pos;
    anchor=pos=Hash(ht->M, key);        //计算 key 的基地址
    do{
        if(ht->empty[pos])              //判断探查过程是否到达空位置，若是，则返回 NotPresent
            return NotPresent;
        if(ht->elements[pos]==key)      //若存在与 key 相等的关键字值，则搜索成功，返回所在位置
            return pos;
        pos=(pos+1)%ht->M;              //设置 pos 的下一个探查位置
    }while(pos!=anchor);                //当 pos==anchor 时，表明已搜索完整个散列表
    return NotPresent;                  //已探查完散列表中的所有单元，但未找到 key，返回 NotPresent
}
```

```
//在散列表中插入关键字值为 key 的元素
BOOL Insert(HashTable *ht, int key)
{
    int anchor,i;
    if(IsFull(ht))                      //若散列表已满，则插入失败，返回 FALSE
        return FALSE;
    if(Search(ht, key)!=NotPresent)     //若待插入元素已存在，则插入失败，返回 FALSE
        return FALSE;
    i=anchor=Hash(ht->M, key);          //计算 key 的基地址
    do{
```

```
        if(ht->elements[i]==NeverUsed){   //若当前位置未被占用，则将新元素存入当前位置
            ht->elements[i]=key;
            ht->empty[i]=FALSE;
            ht->num++;                     //散列表中的元素数量增加 1 个
            return TRUE;
        }
        i=(i+1)%ht->M;                     //按照线性探查法考查下一个位置
    }while(i!=anchor);
    return FALSE;
}

//在散列表中删除关键字值为 key 的元素
BOOL Delete(HashTable *ht, int key)
{
    if(IsEmpty(ht))            //若散列表为空，则删除失败，返回 FALSE
        return FALSE;
    int pos=Search(ht,key);           //查找关键字值为 key 的元素位置
    if(pos==NotPresent)        //若被查找元素不存在，则直接返回 NotPresent
        return FALSE;
    else {                     //若存在，若删除该元素，并返回 TRUE
        ht->elements[pos]=NeverUsed;
        ht->num--;             //散列表中的元素数量减少 1 个
        return TRUE;
    }
}

//打印散列表对应的关键字值数组和 empty 数组
void Output(HashTable *ht)
{
    int i;
    for(i=0; i<ht->M;i++)
        printf("%5d", ht->elements[i]);
    printf("\n");
    for(i=0; i<ht->M;i++)
        printf("%5d", ht->empty[i]);
    printf("\n");
}
```

线性探查法的一个显著缺点在于，容易使得散列表中的元素产生聚集效应（表现为同义词元素在散列表中密集连续存储），这将导致散列表在进行元素查找时探查次数的增加，从而影响搜索效率，这种现象又称为**线性聚集**。理想的探查序列应当是针对散列表位置的一个随机排列，但在实际应用中，我们往往并不能从探查序列中随机选择一个位置，因为在以后搜索关键字时可能无法再产生同样的探查序列。一种可行的解决线性聚集问题的方法是使用二次探查法。

2. 二次探查法

二次探查法使用如下探查序列：

$$h(key), h_1(key), h_2(key), \cdots, h_{2i-1}(key), h_{2i}(key), \cdots$$

其中，$h_{2i-1}(key)$ 和 $h_{2i}(key)$ 的计算公式如下：

$$h_{2i-1}(key) = (h(key) + i^2) \bmod M, \ i=1, 2, 3, \cdots, (M-1)/2$$

$$h_{2i}(key) = (h(key) - i^2) \bmod M, \quad i=1, 2, 3, \cdots, (M-1)/2$$

这里，M 表示散列表长度，一般情况下，M 设置为素数时，散列效果相对较好。

设有关键字值集合

{Burke, Ekers, Broad, Blum, Attlee, Alton, Hecht, Ederly}

假设散列表长度 M=23，散列函数 h(key)为关键字值的首字母的编码（设字母 A～Z 的编码为 0～25）对 M 取余。由该散列函数计算上述关键字值的基地址结果如图 8.5（a）所示，利用二次探查法得到的散列表如图 8.5（b）所示。

key	Burke	Ekers	Broad	Blum	Attlee	Hecht	Alton	Ederly
h(key)	1	4	1	1	0	7	0	4

（a）关键字值序列及其散列函数值

0	1	2	3	4	5	6	7	8	9
Blum	Burke	Broad		Ekers	Ederly		Hecht		

13	14	15	16	17	18	19	20	21	22
						Alton			Attlee

（b）由（a）建立的二次探查散列表

图 8.5 二次探查散列表

二次探查法能够解决线性聚集问题。但如果两个关键字值有相同的基地址，那么它们就会有相同的探查序列，这是因为二次探查产生的探查序列是基于基地址的函数，导致二次探查法同样会造成数据元素的聚集，我们称之为**二次聚集**。

3. 双散列法

使用双散列法可以避免二次聚集问题。双散列法使用两个散列函数，第一个散列函数用于计算探查序列的起始值（即基地址），第二个散列函数用于辅助计算候选地址。

设散列表长为 M，双散列法使用的两个散列函数分别为 h_1 和 h_2，双散列法的探查序列如下：

$$H_0(key), H_1(key), H_2(key), \cdots, H_i(key), \cdots$$

其中，$H_0(key)= h_1(key)$，表示 key 的基地址；$H_1(key)= (h_1(key)+1*h_2(key))\bmod M$，表示 key 的第 1 候选地址；同理，$H_i(key)= (h_1(key)+i*h_2(key))\bmod M$，表示 key 的第 i 候选地址。

双散列法的探查序列也可以表示为如下统一形式：

$$H_i=(h_1(key)+i \cdot h_2(key)) \bmod M, \quad i=0,1,\cdots,M-1$$

第 2 个散列函数 h_2 应满足如下条件：对任意关键字值 key，$h_2(key)$应是小于 M，且最好与 M 互质的整数。这样形成的探查序列就能够保证最多经过 M 次探查就可以遍历散列表中的所有地址。例如，若 M 为素数，可取 $h_2(key)=key \bmod (M-2)+1$。

图 8.6（a）给出了已包含 3 个元素的、表长为 11 的散列表，两个散列函数分别为 $h_1(key)=key \bmod 11$ 和 $h_2(key)= key \bmod 9+1$；图 8.6（b）给出了在图 8.6（a）的散列表中，利用双散列法插入两个关键字值为 58 和 24 的元素之后的散列表状态；继续在图 8.6（b）所示的散列表中插入关键字值为 35 的元素，最终形成的散列表如图 8.6（c）所示。

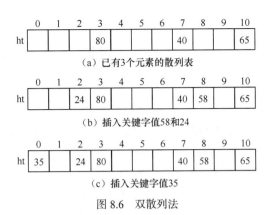

图 8.6　双散列法

8.3.3　性能分析

在包含 n 个存储单元的散列表中搜索、插入和删除一个元素，其最坏情况下的时间复杂度均为 O(n)，散列表的平均性能还是相对较好的。

设 M 是散列表的长度，n 是表中已有的元素个数，我们称 $\alpha=n/M$ 为散列表的**装填因子**。假设使用均匀的散列函数计算地址，并设 $A_s(n)$ 是成功搜索一个随机选择的关键字值的平均比较次数，$A_u(n)$ 是在散列表中搜索一个关键字值，且该关键字值不在散列表中时的平均比较次数，那么采用上述不同的方法调节冲突时，散列表的平均搜索长度（即平均比较次数）如表 8.2 所示。详细证明可参考克努特的《计算机程序设计艺术》第三卷《排序与查找》。

表 8.2　　　　　　　　　　各种解决冲突方法的平均搜索长度

冲突处理方法		平均搜索长度	
		成功搜索	不成功搜索
开地址法（闭散列法）	线性探查法	$\frac{1}{2}\left(1+\frac{1}{1-\alpha}\right)$	$\frac{1}{2}\left(1+\frac{1}{(1-\alpha)^2}\right)$
	二次探查和双散列法	$-\frac{1}{\alpha}\log_e(1-\alpha)$	$-\frac{1}{1-\alpha}$
拉链法（开散列法）		$1+\frac{\alpha}{2}$	$\alpha+e^{-\alpha}$

8.4　本　章　小　结

散列表是一种高效的根据关键字直接定位数据元素的数据结构，在数据检索领域应用广泛。本章首先介绍了散列表、散列函数、散列地址、散列冲突等基本概念；然后给出几种散列函数的实例，包括除留余数法、平方去中法、折叠法和数字分析法；接下来讨论了两类常见的冲突解决方法，一是开散列法，二是开地址法，在开散列法中着重介绍了基于拉链法的冲突解决方案，在开地址法中重点介绍了线性探查法、二次探查法和双散列法这三种冲突解决方案，并给出了利用线性探查法实现散列表的 ADT 定义和具体算法实现；最后比较了这三种冲突解决方案的平均搜索长度。

习　　题

一、基础题

1. 对线性表(18,25,63,50,42,32,90)进行散列存储时，若选用 H(K)=K % 9 作为哈希函数，则散列地址为 0 的元素有＿＿＿＿＿个，散列地址为 5 的元素有＿＿＿＿＿个。

2. 散列表采用线性探查法会出现＿＿＿＿＿现象。

  A. 二次聚集　　　　　　　　　　B. 探测失败

  C. 假溢出　　　　　　　　　　　D. 线性聚集

3. 在散列表中，处理冲突的两类主要方法是开地址法和＿＿＿＿＿。

二、扩展题

1. 设散列表 ht[11]，散列函数 h(key)=key mod 11。采用线性探查法、二次探查法解决冲突，试用关键字值序列 70, 25, 80, 35, 60, 45, 50, 55 分别建立散列表。

2. 对题 1 中的关键字值序列，若采用双散列法，试以散列函数 $h_1(key)$=key mod 11，$h_2(key)$= key mod 9+1 建立散列表。

3. 给出双散列法的散列表搜索和插入运算的 C 语言程序实现。

4. 给出用拉链法解决冲突的散列表搜索和插入运算的 C 语言程序实现。

第 **9** 章 图

图是一种复杂的非线性结构，广泛应用于信息存储与管理、互联网、通信、工程设计等诸多领域。在图结构中，数据元素之间的关系是任意的，每个数据元素都可以和其他数据元素相关，即数据元素之间存在多对多的关系。本章将给出图的定义和抽象数据类型描述，讨论图的存储结构及相关运算，并介绍相关应用。

9.1　图的基本概念

9.1.1　图的定义

图 G 是由顶点集合 V 和边集合 E 组成的，记为 G=(V, E)或 G=(V(G), E(G))。V(G)表示图 G 中顶点的有穷非空集合。顶点偶对称为边，图中数据元素之间的关系通过边来表示。E(G)表示图 G 中边的有穷集合，此集合可以为空。若 E(G)为空，则图 G 只有顶点，没有边。

若图 G 中代表边的偶对是无序的，则图 G 称为无向图。用(u,v)表示无向图中顶点 u 和顶点 v 之间的一条边。表示无向图的边时，顶点的偶对使用圆括号括起来。无向图中边没有特定的方向，(u, v)和(v, u)表示的是同一条边。

图 9.1（a）中，G1 是无向图。G1 的顶点集和边集分别为

$$V(G1)= \{0,1,2,3\}$$
$$E(G1)=\{(0,1), (1,3), (2,3), (2,0), (1,2)\}$$

其中，(0, 1)是一条无向边，此边也可用(1, 0)表示。

若图 G 中代表边的偶对是有序的，则图 G 称为有向图。用<u,v>表示有向图中从顶点 u 到顶点 v 的一条有向边，u 为有向边的始点，v 为有向边的终点。有向边有时也称为弧，u 称为弧尾，v 称为弧头。表示有向边时，顶点的偶对使用 "<>" 括起来。有向边是有序的，所以<u,v>和<v,u>表示的是两条不同的边。

图 9.1（b）中，G2 是有向图。G2 的顶点集和边集分别为

$$V(G2)=\{0,1,2,3\}$$
$$E(G2)=\{<0,1>, <1,3>, <3,2>, <0,2>, <2,1>\}$$

其中，<0,1>是 G2 中的一条有向边，0 为该边的始点（弧尾），1 为该边的终点（弧头）。

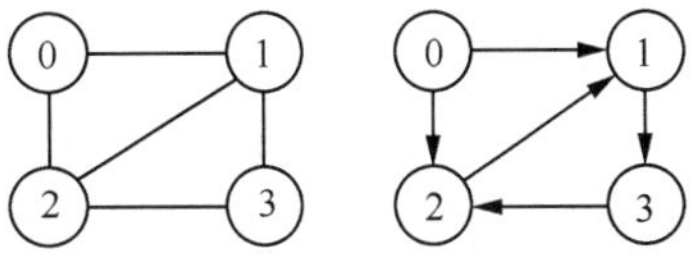

（a）无向图G1　　（b）有向图G2

图 9.1　图的示例

9.1.2　图的基本术语

下面介绍图的基本术语。

1. 邻接

在无向图 G 中，若边(u, v)∈E(G)，则称顶点 u 和 v 相邻接，或者称(u, v)与顶点 u 和 v 相关联。例如，图 9.1（a）中存在边(0, 1)，顶点 0 和顶点 1 相邻接。在有向图 G 中，若边<u,v>∈E(G)，则称顶点 u 邻接到顶点 v，顶点 v 邻接自顶点 u，或者称<u,v>与顶点 u、v 相关联。例如，图 9.1（b）中存在边<0,1>，则称顶点 0 邻接到顶点 1，顶点 1 邻接自顶点 0。

2. 顶点的度、入度和出度

顶点 u 的度是图中与 u 相关联的边的数目。例如，图 9.1（a）中，顶点 0 的度为 2。对于有向图，顶点 u 的度可分为入度和出度。有向图中，顶点 u 的入度是以 u 为终点的边的数目。顶点 u 的出度是以 u 为始点的边的数目。顶点 u 的入度与出度之和为顶点 u 的度。例如，图 9.1（b）中，顶点 0 的入度为 0，出度为 2，度为 2。

3. 路径和路径长度

无向图 G 中，一条从顶点 x 到顶点 y 的路径是一个顶点的序列$(x, v_1, v_2, \cdots, v_i, y)$，使得$(x, v_1), (v_1, v_2), \cdots, (v_i, y)$均为图 G 的边。有向图 G 中，一条从顶点 x 到顶点 y 的路径是一个顶点的序列$(x, v_1, v_2, \cdots, v_i, y)$，使得$<x, v_1>, <v_1, v_2>, \cdots, <v_i, y>$均为图 G 的边。路径长度是指一条路径上边的数目。若一条路径上除了起点和终点可相同外，其余顶点均不重复，则此路径为简单路径。起点和终点相同的简单路径称为回路。例如，图 9.1（a）中，(0,1,2)是一条简单路径，长度为 2；(0,1,2,0)是一条回路。

4. 自回路和多重图

若图中允许有边(u,u)或<u,u>，则此边称为自回路，如图 9.2（a）所示。两顶点间允许多条相同的边存在的图，称为多重图，如图 9.2（b）所示。本章不考虑图中有自回路和多重图的情况。

5. 完全图

若有 n 个顶点的无向图有最多的边数，即具有 n(n-1)/2 条边，则该图称为无向完全图，图 9.3（a）是一个无向完全图。若有 n 个顶点的有向图有最多的边数，即具有 n(n-1)条边，则该图称为有向完全图，图 9.3（b）是一个有向完全图。

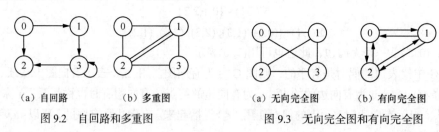

（a）自回路　　　（b）多重图　　　　　（a）无向完全图　　（b）有向完全图

图 9.2　自回路和多重图　　　　　图 9.3　无向完全图和有向完全图

6. 子图

若有图 G=(V,E)和 G'=(V',E')，其中 V'⊆V 且 E'⊆E，则称 G' 是 G 的子图。例如，图 9.4（a）是图 9.1（a）中图 G1 的子图，图 9.4（b）是图 9.1（b）中图 G2 的子图。

7. 连通图和连通分量

无向图中，若存在从顶点 u 到顶点 v 的路径，则称 u 和 v 是连通的。若图中任意两个顶点都是连通的，则称此图为连通图。无向图 G 中极大的连通子图称为无向图 G 的连通分量。例如，图

9.5（a）中的 G3 不是一个连通图，它有 2 个连通分量，如图 9.5（b）所示。若无向图 G 是连通图，它的连通分量就是其自身；若无向图 G 是非连通图，则其存在多个连通分量。

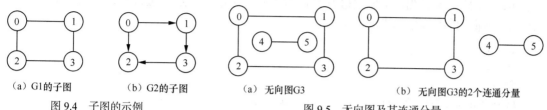

（a）G1的子图　　　（b）G2的子图

图 9.4　子图的示例

（a）无向图G3　　　　（b）无向图G3的2个连通分量

图 9.5　无向图及其连通分量

8. 强连通图和强连通分量

有向图中，若任意一对顶点 u 和顶点 v 之间，从 u 到 v 和从 v 到 u 都存在路径，则称此图为强连通图。有向图 G 中极大的强连通子图称为有向图 G 的强连通分量。例如，图 9.6（a）中，图 G4 不是一个强连通图，它有 3 个强连通分量，如图 9.6（b）所示。

9. 生成树

无向连通图 G 的生成树是一个极小的连通子图，它包括图中所有顶点，含有足以构成一棵树的 n−1 条边。例如，图 9.7（b）是图 9.7（a）的一棵生成树。

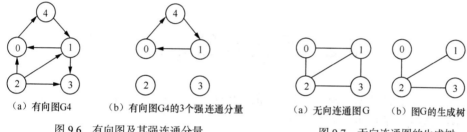

（a）有向图G4　　　（b）有向图G4的3个强连通分量

图 9.6　有向图及其强连通分量

（a）无向连通图G　　（b）图G的生成树

图 9.7　无向连通图的生成树

10. 有向树和生成森林

仅有一个顶点的入度为 0，其余顶点的入度均为 1 的有向图称为有向树。一个有向图 G 的生成森林是图 G 的一个子图，它由若干棵不相交的有向树组成，这些有向树包含图 G 中所有顶点。例如，图 9.8（b）是图 9.8（a）的生成森林。

11. 权和网

在实际应用中，图的每条边可标上代表某种含义的数值，该数值称为边的权。权可以表示两个顶点之间的距离、费用等具有某种意义的数值。若图 G 的每条边都被赋予权，则称图 G 为网。例如，图 9.9 是一个网。

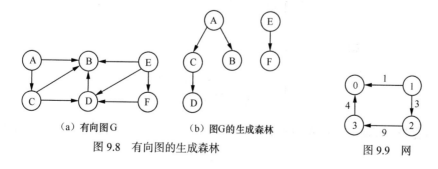

（a）有向图G　　　（b）图G的生成森林

图 9.8　有向图的生成森林

图 9.9　网

9.1.3 图的类型定义

本章采用第 1 章给出的抽象数据类型格式对图进行描述，包括图最常见的运算。ADT 9.1 所示为带权有向图的抽象数据类型定义。

ADT 9.1 图 ADT
ADT Graph{
数据：
顶点的有限非空顶点集合 V 和边集合 E，每条边由顶点的偶对<u,v>表示，w 表示权值。数据元素之间的关系是多对多的关系。

运算：

　　Init(G,n)：初始化运算。构造一个包含 n 个顶点没有边的图 G，若构造成功，返回 OK；否则，返回 ERROR。

　　Destroy(G)：撤销运算。撤销一个图 G。

　　Exist(G,u,v)：边的搜索运算。若图 G 中存在边<u,v>，则函数返回 OK；否则返回 ERROR。

　　Insert(G,u,v,w)：边的插入运算。向图 G 中添加权为 w 的边<u,v>，若插入成功，返回 OK；若插入不成功，返回 ERROR；若图中已存在边<u,v>，则返回 Duplicate。

　　Remove(G,u,v)：边的删除运算。从图 G 中删除边<u,v>，若图中不存在边<u,v>，则返回 NotPresent；若图中存在边<u,v>，则从图中删除此边，返回 OK；若删除不成功，返回 ERROR。

　　}

9.2 图的存储结构

图是一种比较复杂的数据结构，对于不同的应用问题可以有不同的表示方法。下面介绍两种常用的图的存储结构：邻接矩阵和邻接表。

9.2.1 邻接矩阵表示法

图的存储结构除了要存储图中顶点信息外，还需要存储各顶点之间的关系。由于任意两个顶点之间都可能存在关系，因此，数据元素之间的多对多的关系无法简单地以存储空间的物理位置来表示，但可以借助矩阵来表示，即邻接矩阵表示法。

邻接矩阵是用于表示图中顶点之间邻接关系的矩阵。设图 G 具有 n 个顶点，则图 G 的邻接矩阵 A 是一个 n×n 的矩阵，可采用二维数组来实现。

如果 G 是无向图，则 A 中元素定义为

$$A[u][v] = \begin{cases} 1 & 若(u,v)或(v,u) \in E 成立 \\ 0 & 其他情况 \end{cases} \tag{9-1}$$

如果 G 是有向图，则 A 中元素定义为

$$A[u][v] = \begin{cases} 1 & 若 <u,v> \in E 成立 \\ 0 & 其他情况 \end{cases} \tag{9-2}$$

如果 G 是带权无向图，则 A 中元素定义为

$$A[u][v] = \begin{cases} w(u,v) & \text{若}(u,v)\text{或}(v,u) \in E\text{成立} \\ 0 & \text{若}u=v\text{成立} \\ \infty & \text{其他情况} \end{cases} \qquad (9\text{-}3)$$

如果 G 是带权有向图，则 A 中元素定义为

$$A[u][v] = \begin{cases} w(u,v) & \text{若}<u,v> \in E\text{成立} \\ 0 & \text{若}u=v\text{成立} \\ \infty & \text{其他情况} \end{cases} \qquad (9\text{-}4)$$

在带权无向图中，w(u,v)表示边(u,v)或边(v,u)的权值；在带权有向图中，w(u,v)表示边<u,v>的权值。∞表示一个计算机允许的、大于所有边上权值的数。

图 9.10（d）、（e）、（f）分别是（a）、（b）、（c）对应的邻接矩阵。无向图的邻接矩阵是对称矩阵，因为若(v,u)∈E，必有(u,v)∈E。有向图的邻接矩阵不一定是对称矩阵，因为若<v,u>∈E，不一定有<u,v>∈E。

对于无向图，其邻接矩阵 u 行的非零元素（或非 ∞ 元素）的个数正好是顶点 u 的度。对于有向图，其邻接矩阵的 u 行（或 u 列）的非零元素（或非 ∞ 元素）的个数正好是顶点 u 的出度（或入度）。例如，图 9.10（e）G5 的邻接矩阵中，1 行非零元素的个数为 2，是顶点 1 的出度。

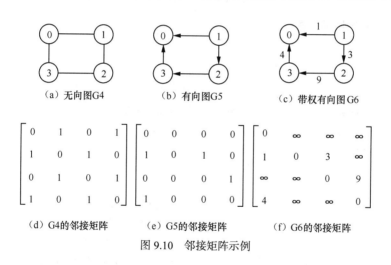

（a）无向图G4　　　　（b）有向图G5　　　　（c）带权有向图G6

（d）G4的邻接矩阵　　（e）G5的邻接矩阵　　（f）G6的邻接矩阵

图 9.10　邻接矩阵示例

9.2.2　邻接矩阵的实现

邻接矩阵有两种：不带权图和带权图的邻接矩阵。不带权图的邻接矩阵元素取值为 0 或 1，而网的邻接矩阵元素取值为 0、∞ 或边上的权值。为了将两种邻接矩阵统一表示，现设定如下。

（1）使用一个三元组(u,v,w)代表一条边，u 和 v 是边的两个顶点，w 表示边的权。对于不带权图，若边<u,v>∈E，则 w=1；若边<u,v>∉E，则 w=noEdge(noEdge=0)。对于带权图，若边<u,v>∈E，则 w=w(u,v)；若边<u,v>∉E，则 w=noEdge（noEdge=∞）。

（2）对于两种邻接矩阵的主对角线元素的三元组(u,u,w)，都有 w=0。

（3）对于无向图的每条无向边（u,v），需存储两条边：（u,v）和（v,u）。

经上述设定，以下定义的邻接矩阵表示对不带权图和网都是适用的。

图的邻接矩阵表示定义如下。

```
typedef int ElemType;
typedef struct mGraph{
    ElemType  **a;                      //邻接矩阵
    int n;                              //图的当前顶点数
    int e;                              //图的当前边数
    ElemType noEdge;                    //两顶点间无边时的值
}MGraph;
```

以上定义中，指针 a 指向动态生成的二维数组，noEdge 表示没有边的取值。如上所述，对于网或不带权图，noEdge 的取值有所不同。mGraph 为邻接矩阵的类型名。

以下讨论图的邻接矩阵表示中主要运算的具体实现。

1. 初始化

邻接矩阵的初始化运算是使用动态分配二维数组空间方式构造一个 n×n 的邻接矩阵，不包含边，noEdge 表示图中不存在边时的取值。动态分配数组空间可以达到有效利用存储空间的目的。

【算法步骤】

（1）初始化 n、e、noEdge。

（2）为邻接矩阵 a 动态分配二维数组的存储空间。

（3）若动态分配二维数组失败，则返回出错信息，否则返回 OK。

程序 9.1　邻接矩阵的初始化

```
#define ERROR 0
#define OK 1
#define Overflow 2          // Overflow 表示上溢
#define Underflow 3         // Underflow 表示下溢
#define NotPresent 4        // NotPresent 表示元素不存在
#define Duplicate 5         // Duplicate 表示有重复元素
typedef int Status;
Status Init(mGraph  *mg,int nSize,ElemType noEdgeValue)
{
    int i,j;
    mg->n= nSize;                          //初始化顶点数
    mg->e=0;                               //初始时没有边
    mg->noEdge=noEdgeValue;                //初始化没有边时的取值
    mg->a=(ElemType**)malloc(nSize*sizeof(ElemType*)); //生成长度为 n 的一维指针数组
    if (!mg->a)
    return ERROR;
    for(i=0;i<mg->n;i++)                    //动态生成二维数组
    {
        mg->a[i]= (ElemType*)malloc(nSize*sizeof(ElemType));
        for (j=0;j<mg->n;j++) mg->a[i][j]=mg->noEdge;
        mg->a[i][i]=0;
    }
    return OK;
}
```

2. 撤销

撤销运算的主要功能是释放初始化运算中动态分配的二维数组空间，以防止内存泄漏。

程序 9.2　邻接矩阵的撤销
```
void Destroy (mGraph *mg)
{
    int i;
    for(i=0;i<mg->n;i++)
    free(mg->a[i]);                  //释放 n 个一维数组的存储空间
    free(mg->a);                     //释放一维指针数组的存储空间
}
```

3. 边的搜索

若参数 u、v 无效或是边不存在，则返回 ERROR；否则返回 OK。

程序 9.3　边的搜索
```
Status Exist(mGraph *mg,int u,int v)
{
    if(u<0||v<0||u>mg->n-1||v>mg->n-1||u==v||mg->a[u][v]==mg->noEdge)
        return ERROR;
    return OK;
}
```

4. 边的插入

若参数 u、v 无效，则返回 ERROR。待输入边已存在，返回 Duplicate。若以上情况均不存在，则在图中插入边，a[u][v]的值为 w。对于不带权图，w 的取值为 1。

【算法步骤】

（1）若参数 u、v 无效或是待输入边已存在，返回出错信息。

（2）插入边。

（3）图中边数加 1，返回 OK。

程序 9.4　边的插入
```
Status Insert (mGraph *mg,int u,int v, ElemType  w)
{
    if(u<0||v<0||u>mg->n-1||v>mg->n-1||u==v)
    return ERROR;
    if(mg->a[u][v]!=mg->noEdge)
    return Duplicate;               //若待插入边已存在，则返回出错信息
    mg->a[u][v]=w;                  //插入新边
    mg->e++;
    return OK;
}
```

5. 边的删除

若参数 u、v 无效，则返回 ERROR。待输入边不存在，返回 NotPresent。若以上情况均不存在，则从图中删除边，令 a[u][v]的取值为 noEdge。

【算法步骤】

（1）若参数 u、v 无效或是待输入边不存在，返回出错信息。

（2）删除边。

（3）图中边数减 1，返回 OK。

程序 9.5　边的删除
```
Status Remove (mGraph *mg, int u, int v)
{
```

```
if(u<0||v<0||u>mg->n-1||v>mg->n-1||u==v)
    return ERROR;
if(mg->a[u][v]==mg->noEdge)                    //若待删除边不存在，则返回出错信息
    return NotPresent;
mg->a[u][v]=mg->noEdge;                         //删除边
mg->e--;
return OK;
}
```

使用邻接矩阵表示法存储图，很容易判断图中任意两顶点间是否存在边。但是，使用邻接矩阵存储图也有一定的局限性，例如，如果存储的是有向图，n 个顶点需要 n×n 个存储单元，空间复杂度高。

9.2.3 邻接表表示法

邻接表表示法是图的另一种常用的存储表示法。邻接表为图的每个顶点建立一个单链表。单链表中的每个结点代表一条边，称为边结点。使用一维指针数组存储每条单链表中第一个边结点的地址。对于不带权的图，边结点的结构如图 9.11（a）所示。在顶点 u 对应的单链表上的一个边结点中，adjVex 域指示与顶点 u 相邻接的顶点。nextArc 域是指针域，指示下一个边结点。对于带权的图，边结点需再增加一个 w 域，用于存储边上的权值，如图 9.11（b）所示。

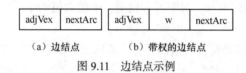

（a）边结点　　　（b）带权的边结点
图 9.11　边结点示例

图 9.10（a）中的无向图 G4、图 9.10（b）中的有向图 G5 和图 9.10（c）中的带权有向图 G6 对应的邻接表分别如图 9.12（a）、（b）、（c）所示。无向图的邻接表中，一条边对应两个边结点。有向图的邻接表中，任意顶点 u 的单链表存储了邻接自 u 的所有顶点，顶点 u 的单链表中结点个数即为顶点 u 的出度。例如，图 9.12（b）中顶点 1 的单链表中有两个边结点，分别表示边<1,0>、<1,2>，顶点 1 的出度为 2。

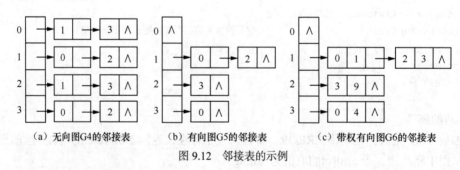

（a）无向图G4的邻接表　　（b）有向图G5的邻接表　　（c）带权有向图G6的邻接表
图 9.12　邻接表的示例

9.2.4 邻接表的实现

图的邻接表表示定义如下。

```
typedef struct eNode {
    int adjVex;                                //与任意顶点 u 相邻接的顶点
    ElemType w;                                //边的权值
    struct eNode* nextArc;                     //指向下一个边结点
```

```
}ENode;
typedef struct lGraph{
    int n;                                 //图的当前顶点数
    int e;                                 //图的当前边数
    ENode **a;                             //指向一维指针数组
}LGraph;
```

在类型 ENode 的定义中,ENode 表示边结点类型,每个边结点包含三个域:adjVex、w、nextArc。adjVex 表示与一个顶点相邻接的顶点;w 表示边的权值;nextArc 为指针域,存储下一个边结点的地址。在类型 LGraph 的定义中, n 表示图中当前顶点数; e 表示图中当前边数;指针 a 指向动态生成的一维指针数组;LGraph 表示邻接表类型。

以下讨论图的邻接表表示中主要运算的具体实现。

1. 初始化

邻接表的初始化运算是构造一个有 n 个顶点,但不包含边的邻接表。使用动态分配数组空间方式构造一个长度为 n 的一维指针数组 a。

【算法步骤】

(1)对 n、e 的值进行初始化。

(2)动态分配一维指针数组 a,若失败,则返回出错信息;否则,对数组 a 中每个元素赋初值 NULL,并返回 OK。

程序 9.6 邻接表的初始化

```
Status Init(LGraph *lg,int nSize)
{
    int i;
    lg->n= nSize;
    lg->e=0;
    lg->a=(ENode**)malloc(nSize*sizeof(ENode*));  //动态生成长度为 n 的一维指针数组
    if(!lg->a)
       return ERROR;
    else
    {
       for(i=0;i<lg->n;i++)   lg->a[i]=NULL;       //将指针数组 a 置空
       return OK;
    }
}
```

2. 撤销

撤销运算的主要功能是首先释放邻接表中每条单链表的所有边结点,然后释放一维指针数组 a 的存储空间,以防止内存泄漏。

【算法步骤】

(1)释放邻接表中每条单链表的所有边结点。

(2)释放一维指针数组 a 的存储空间。

程序 9.7 邻接表的撤销

```
void Destroy (LGraph *lg)
{
    int i;
    ENode * p,*q;
    for( i=0;i<lg->n;i++)
```

```
    {
        p=lg->a[i];                      //指针p指向顶点i的单链表的第一个边结点
        q=p;
        while (p)                        //释放顶点i的单链表中所有边结点
        {
            p=p->nextArc;
            free(q);
            q=p;
        }
    }
    free(lg->a);                         //释放一维指针数组a的存储空间
}
```

3. 边的搜索

若参数u、v无效，则返回ERROR；否则，从a[u]指示的顶点u的单链表的第一个边结点开始，搜索adjVex值为v的边结点，若找到此边，返回OK，否则返回ERROR。

【算法步骤】

（1）若参数u、v无效，则返回ERROR。

（2）指针p指向顶点u的单链表的第一个边结点。

（3）搜索u的单链表中是否存在adjVex值为v的边结点，若找到此边，返回OK，否则返回ERROR。

程序 9.8　边的搜索

```
Status Exist(LGraph *lg,int u,int v)
{
    ENode* p;
    if(u<0||v<0||u>lg->n-1||v>lg->n-1||u==v)
        return ERROR;
    p=lg->a[u];                          //指针p指向顶点u的单链表的第一个边结点
    while(p&& p->adjVex!=v)  p=p->nextArc;
    if (!p)  return ERROR;               //若未找到此边，则返回ERROR
    else return OK;                      //若找到此边，则返回OK
}
```

4. 边的插入

若参数u、v无效，则返回ERROR；否则，从a[u]指示边结点开始搜索adjVex值为v的边结点，若找到，说明边<u,v>已存在，返回Duplicate，否则，创建边结点并在u的单链表的最前面插入此边结点。

【算法步骤】

（1）若参数u、v无效，则返回ERROR。

（2）搜索u的单链表中是否存在adjVex值为v的边结点，若找到边<u,v>，则返回Duplicate。

（3）为新的边结点分配存储空间，将此结点插入u的单链表的最前面。

（4）图中边数加1，返回OK。

程序 9.9　边的插入

```
Status Insert (LGraph *lg,int u,int v, ElemType  w)
{
    ENode* p ;
    if(u<0||v<0||u>lg->n-1||v>lg->n-1||u==v) return ERROR;
```

```
    if(Exist(lg,u,v)) return Duplicate;
    p=(ENode *)malloc(sizeof(ENode));        //为新的边结点分配存储空间
    p->adjVex=v;
    p->w=w;
    p->nextArc=lg->a[u];                     //将新的边结点插入单链表的最前面
    lg->a[u]=p;
    lg->e++;
    return OK;
}
```

5. 边的删除

若参数 u、v 无效，则返回 ERROR；否则，从 a[u]指示边结点开始搜索 adjVex 值为 v 的边结点，若找到边<u,v>对应的边结点，删除之。

【算法步骤】

（1）若参数 u、v 无效，则返回 ERROR。

（2）指针 p 指向顶点 u 的单链表的第一个边结点。

（3）搜索 u 的单链表中是否存在 adjVex 值为 v 的边结点，若没有找到边<u,v>，则返回 NotPresent，否则删除之。

（4）图中边数减 1，返回 OK。

程序 9.10　边的删除

```
Status Remove (LGraph *lg, int u, int v)
{
    ENode *p,*q;
    if(u<0||v<0||u>lg->n-1||v>lg->n-1||u==v)
    return ERROR;
    p=lg->a[u],q=NULL;
    while (p&& p->adjVex!=v)                  //查找待删除边是否存在
    {
        q=p;
        p=p->nextArc;
    }
    if (!p) return NotPresent;                // p 为空，待删除边不存在
    if (q) q->nextArc=p->nextArc;             //从单链表中删除此边
    else lg->a[u]=p->nextArc;
    free(p);
    lg->e--;
    return OK;
}
```

9.3　图 的 遍 历

从图中任意顶点 v 出发，按照某种次序访问图的所有顶点，且每个顶点仅访问一次的过程称为图的遍历。图的遍历算法是图的连通性等问题求解的基础。根据遍历路径方向的不同，图主要有两种遍历方法：深度优先遍历和宽度优先遍历。

9.3.1 深度优先遍历

图的遍历与树的遍历有类似之处，但也有明显的不同，其难点如下。

（1）从任意顶点 v 出发进行一次图的遍历可能到达不了图的所有顶点。例如，从顶点 0 开始遍历图 G3（见图 9.5（a）），无法到达顶点 4，因为无向图 G3 不是连通图。

（2）图中若存在回路，将导致同一顶点被访问多次。

为了解决以上问题，在图的遍历过程中，须为每个已访问的顶点设立标记，为此增设一个标记数组 visited。visited[v]标记顶点 v 的访问状态，初始值置为 0，一旦访问过顶点 v，则 visited[v]的值置为 1。

从图 G 的顶点 v 出发，深度优先遍历（Depth First Search，DFS）的递归过程如下。

（1）访问顶点 v，并为顶点 v 打上访问标记。

（2）选择顶点 v 未访问过的一个邻接顶点出发，深度优先遍历图 G。

从顶点 0 出发，对图 9.13（a）中有向图 G 进行深度优先遍历的过程是：对顶点 0 访问并打上访问标记，选择 0 的未访问过的邻接点 1 作为出发点进行深度优先遍历；对顶点 1 访问并打上访问标记，此时顶点 1 未访问过的邻接点有 2 和 3，设定先访问 3，则将 3 作为出发点进行深度优先遍历；对顶点 3 访问并打上访问标记，3 邻接到的顶点有 0 和 2，顶点 0 已访问过，顶点 2 未访问，选择 2 作为出发点进行深度优先遍历；对顶点 2 访问并打上访问标记，顶点 2 邻接到的顶点 0 已访问过，已无未访问的邻接点，所以返回到 3，此时顶点 3 邻接到的顶点 0 和 2 都已访问过，所以返回到 1，顶点 1 所有的邻接点都已访问过，故返回到 0，此时顶点 0 所有的邻接点也都已访问过，至此一次深度优先遍历结束。顶点被访问的次序是 0、1、3、2。由于一次深度优先遍历并未访问到所有结点，需另选未访问过的顶点作为出发点，再次深度优先遍历。假定从顶点 5 出发深度优先遍历，对顶点 5 访问并打上访问标记，顶点 5 所有的邻接点也都已访问过，此次深度优先遍历结束。由于还有顶点未访问，故再从顶点 4 出发深度优先遍历，对顶点 4 访问并打上访问标记，顶点 4 所有的邻接点也都已访问过，此次深度优先遍历结束。至此，图的所有顶点都已访问过，图 G 的深度优先遍历结束，最终得到的图 G 的深度优先遍历顶点访问序列是 0,1,3,2,5,4。

图 G 中所有点以及遍历时经过的边所构成的子图称为图 G 的深度优先遍历的生成树（或生成森林）。图 9.13（b）是从顶点 0 出发深度优先遍历图 G 所得的生成森林。

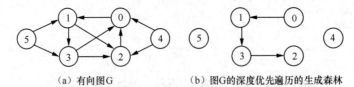

（a）有向图 G   （b）图 G 的深度优先遍历的生成森林

图 9.13　图的深度优先遍历

对于非连通图，一次深度优先遍历之后，图中必定还有顶点未被访问，需从图中另一个未访问顶点出发再次深度优先遍历，直到图中所有顶点均被访问为止。

在此采用邻接表作为图的存储结构。程序 9.11 给出了深度优先遍历的递归函数 DFS 和深度优先遍历整个图的 DFSGraph 函数。后者调用前者完成对整个图的深度优先遍历。若是非连通图，执行一次 DFS 之后，图中还有顶点未被访问，需再次从未被访问的顶点出发，重复执行深度优先遍历，直至图中所有顶点均被访问过。

【算法步骤】

（1）从顶点 v 出发，访问顶点 v，并令 visited[v]=1。

（2）依次查找 v 的所有邻接点 w，若 visited[w]的值为 0，则从 w 出发，深度优先遍历图 G。

程序 9.11　图的深度优先遍历

```
void DFS(int v,int visited[],LGraph g)
{
    ENode *w;
    printf("%d ",v);                        //访问顶点 v
    visited[v]=1;                           //为顶点 v 打上访问标记
    for(w=g.a[v]; w; w=w->nextArc)          //遍历 v 的邻接点
        if(!visited[w->adjVex])             //若 w 未被访问，则递归调用 DFS
            DFS(w->adjVex,visited,g);
}
void DFSGraph(LGraph g)
{
    int i;
    int *visited=(int*)malloc(g.n*sizeof(int));   //动态生成标记数组 visited
    for(i=0;i<g.n;i++)
        visited[i]=0;                       //初始化 visited 数组
    for(i=0;i<g.n;i++)                      //逐一检查每个顶点，若未被访问，则调用 DFS
        if(!visited[i]) DFS(i,visited,g);
            free(visited);
}
```

深度优先遍历图的过程本质上是对每个顶点搜索其邻接点的过程。此过程中，每个顶点仅被访问一次，其所耗费的时间取决于图所采用的存储结构。设图的顶点数为 n，边数为 e，当采用邻接表表示图时，DFS 算法的时间复杂度为 O(n+e)，而采用邻接矩阵表示图时，DFS 算法的时间复杂度为 $O(n^2)$。

9.3.2　宽度优先遍历

宽度优先遍历（Breadth First Search，BFS）类似于树的层次遍历过程。

从图 G 的顶点 v 出发，宽度优先遍历的基本思想是访问顶点 v 并为顶点 v 打上访问标记。依次访问顶点 v 的所有未访问过的邻接点 $w_1,w_2,\cdots,w_k$。依次从 $w_1,w_2,\cdots,w_k$ 出发，依次访问它们的所有未访问过的邻接点。以此类推，直至图中所有与 v 有路径相通的顶点都被访问为止。若 G 是连通图，则整个遍历结束；否则，需要另选一个未访问的顶点出发继续以上遍历过程。

对图 9.14（a）的无向图 G，从顶点 0 出发的宽度优先遍历过程是：首先访问顶点 0，接下来访问 0 的所有未访问的邻接点 1、2、4，然后依次访问 1、2、4 的所有未访问的邻接点 3、5、6、7。至此，图中所有的顶点已被访问，算法结束，得到的宽度优先遍历的生成树如图 9.14（b）所示。

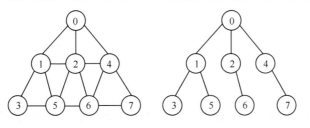

（a）无向图 G　　　（b）无向图 G 的宽度优先遍历的生成树

图 9.14　宽度优先遍历示例

在此采用邻接表作为图的存储结构。程序 9.12 给出了实现宽度优先遍历的 BFS 函数和宽度优先遍历整个图的 BFSGraph 函数。后者调用前者完成对整个图的宽度优先遍历。BFS 函数中需创建一个队列来保存已被访问但其邻接点未被检查是否已被访问的顶点。以图 9.14（a）为例，访问顶点 0 之后，顶点 0 放入队列，此后，当 0 出队时，依次访问 0 的所有未访问的邻接顶点 1、2、4，并将其依次放入队中。为了使用队列数据结构，需使用#include 语句将包含 seqQueue 类型定义的头文件包含在内。

【算法步骤】

（1）从顶点 v 出发，访问 v 并置 visited[v]=1，将 v 放入队列。

（2）只要队列不空，则重复下列操作。

① 队首顶点 v 出队。

② 依次查找 v 所有邻接点 w，如果 visited[w]的值为 0，则访问 w 并置 visited[w]=1，将 w 放入队列。

程序 9.12　图的宽度优先遍历

```
void BFS(int v,int visited[],LGraph g)
{
    ENode *w;
    Queue q;
    create(&q,g.n);                   //初始化队列
    visited[v]=1;                     //为顶点 v 打上访问标记
    printf("%d ",v);                  //访问顶点 v
    EnQueue(&q,v);                    //将顶点 v 放入队列
    while (!IsEmpty(&q))
    {
        Front(&q,&v);
        DeQueue(&q);                  //队首顶点出队列
        for(w=g.a[v];w;w=w->nextArc)  //遍历 v 的所有邻接点
            if(!visited[w->adjVex])   //若 w 未被访问，则访问 w 并将其放入队列
            {
                visited[w->adjVex]=1;
                printf("%d ",w->adjVex);
                EnQueue(&q,w->adjVex);
            }
    }
}
void BFSGraph(LGraph g)
{
    int i;
    int *visited=(int*)malloc(g.n*sizeof(int));  //动态生成 visited 数组
    for(i=0;i<g.n;i++)                            //初始化 visited 数组
        visited[i]=0;
    for(i=0;i<g.n;i++)                            //逐一检查每个顶点，若未被访问，则调用 BFS
        if(!visited[i]) BFS(i,visited,g);
    free(visited);
}
```

分析上述算法可知，宽度优先遍历图的过程本质上是对每个顶点搜索其邻接点的过程。此过程中，每个顶点都进队列一次，其所耗费的时间取决于图所采用的存储结构。若 n 个顶点、e 条

边的图采用邻接表存储，则 BFS 算法的时间复杂度为 O(n+e)；而采用邻接矩阵表示时，BFS 算法的时间复杂度为 O(n²)。图的 DFS 和 BFS 算法是最重要、最基本的算法，许多有关图的算法都可以对它们稍加修改得到。例如，求无向图的连通分量、有向图的强连通分量、生成树（森林）等。

9.4 拓 扑 排 序

9.4.1 AOV 网

通常软件开发、商品生产、施工过程等可作为一个工程。一个工程往往被划分成若干个子工程，这些子工程称作活动。在整个工程中，有些活动开始是以它的所有前序子工程的结束为先决条件的，即活动必须在其他有关子工程完成之后才能开始。为了反映出整个工程中活动之间的这种领先关系，可用一个有向图表示工程，图中的顶点代表活动，图中的有向边代表活动间的领先关系，则该有向图称作顶点活动网（Activity On Vertex network，AOV 网）。

生活中有许多 AOV 网的应用实例。例如，一个计算机专业的学生必须学习一系列的课程，有些课程必须在学完规定的先修课程之后才能开始，如学习数据结构课程就必须安排在学完先修课程 C 语言和信息技术基础之后。假定某计算机专业的课程及先修关系如表 9.1 所示。

表 9.1　　　　　　　　　　　某计算机专业课程及先修关系

课程代号	课程名称	先修课程
C_0	高等数学	无
C_1	C 语言	无
C_2	离散数学	C_0，C_1
C_3	数据结构	C_1，C_2
C_4	高级程序设计语言	C_1
C_5	编译原理	C_3，C_4
C_6	操作系统	C_3，C_8
C_7	模拟电路	C_0
C_8	计算机组成原理	C_7

利用 AOV 网可以把这种领先关系清楚地表示出来。如图 9.15 所示，顶点表示课程，有向边代表各课程之间的先修和后续的领先关系。

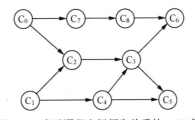

图 9.15　表示课程之间领先关系的 AOV 网

9.4.2 AOV 网的拓扑排序

一个 AOV 网应该是一个有向无环图，即不存在有向回路。因为若存在有向回路，则意味着某项活动应以自己为先决条件，自己领先自己，将导致工程无法进行。因此，对于给定的 AOV 网，应先检测此网中是否存在有向回路。检测的方法是对 AOV 网进行拓扑排序。所谓拓扑排序，是指求 AOV 网中各顶点的拓扑序列的运算。一个拓扑序列是 AOV 网中各顶点的线性序列，该序列满足：若 AOV 网中有从顶点 i 到 j 的一条路径，则在该线性序列中，顶点 i 必定在顶点 j 之前。对 AOV 网进行拓扑排序的实际意义是，若 AOV 网中所有顶点都在它的拓扑序列中，则该网必定不存在有向回路，整个工程可以顺序进行。

拓扑排序步骤如下。

（1）在图中选择一个入度为 0 的顶点并输出它。

（2）从图中删除此顶点及其所有出边。

（3）重复步骤（1）和（2），直至不存在入度为 0 的顶点。若此时输出的顶点数小于图中的顶点数，说明图中存在有向回路，否则，输出的包含所有顶点的序列即为拓扑序列。

一个 AOV 网的拓扑序列不是唯一的。图 9.15 中的 AOV 网至少可以得到以下两个可能的拓扑序列。

$$C_1, C_0, C_7, C_8, C_2, C_4, C_3, C_5, C_6$$
$$C_0, C_7, C_8, C_1, C_4, C_2, C_3, C_6, C_5$$

在此以邻接表作为图的存储结构。拓扑排序算法的实现还要引入以下辅助的数据结构。

（1）一维数组 inDegree 用于存放所有顶点的入度。

（2）一维数组 topo 用于存放拓扑序列的顶点序号。

（3）堆栈 s 用于存放所有入度为 0 的顶点。

【算法步骤】

（1）利用函数 Degree 求出所有顶点的入度，并存入一维数组 inDegree。

（2）将入度为 0 的顶点存入堆栈 s。

（3）只要堆栈 s 不空，则重复以下操作。

① 将栈顶的顶点 j 出栈并保存在 topo 数组中。

② 将顶点 j 邻接到的每个顶点的入度减 1，若发生顶点入度变为 0 的情况，则将该顶点入栈。

（4）当堆栈为空，而输出的顶点数小于图中的顶点数，说明图中存在有向回路，返回 ERROR；否则，拓扑排序成功，返回 OK，此时 topo 数组中包含所有顶点的序列即为拓扑序列。

程序 9.13 拓扑排序

```
void Degree (int* inDegree,LGraph *g)
{
    int i;
    ENode *p;
    for(i=0;i<g->n;i++)
    inDegree[i]=0;                      //初始化 inDegree 数组
    for(i=0;i<g->n;i++)
        for(p=g->a[i];p;p=p->nextArc)   //检查以顶点 i 为尾的所有邻接点
            inDegree[p->adjVex]++;      //将顶点 i 的邻接点 p->adjVex 的入度加 1
}
Status TopoSort(int* topo,LGraph *g)
```

```
{
    int i,j,k;
    ENode *p;
    Stack s ;
    int* inDegree=(int*)malloc(sizeof(int)*g->n);
    Create(&s,g->n);
    Degree(inDegree,g);                    //计算顶点的入度
    for(i=0;i<g->n;i++)
        if(!inDegree[i])  Push(&s,i);      //入度为 0 的顶点进栈
    for(i=0;i<g->n;i++)                     //生成拓扑序列
    {
        if(IsEmpty(&s))                    //若堆栈为空，表示图中存在有向回路
            return ERROR;
        else
        {
            Top(&s,&j);                    //顶点出栈
            Pop(&s);
            topo[i]=j;                     //将顶点 j 输出到拓扑序列中
            printf("%d ",j);
            for( p=g->a[j];p;p=p->nextArc) //检查以顶点 j 为尾的所有邻接点
            {
                k=p->adjVex;
                inDegree[k]--;
                if(!inDegree[k])           //若顶点 k 的入度为 0，则进栈
                    Push(&s,k);
            }
        }
    }
    return OK;
}
```

对于有 n 个顶点和 e 条边的有向图而言，搜索入度为 0 的顶点的时间复杂度为 O(n)。在拓扑排序过程中，若有向图不存在回路，则每个顶点进一次栈、出一次栈、入度减 1 的操作在循环中总共执行 e 次，所以总的时间复杂度是 O(n+e)。

9.5 关 键 路 径

9.5.1 AOE 网

与 AOV 网关系紧密的另一种活动网络是边活动网（Activity On Edge network，AOE 网）。AOE 网是一个带权有向图，以顶点表示事件，有向边表示活动，边上权表示活动持续的时间。AOE 网可以用来估算工程的完成时间。AOE 网中只有一个入度为 0 的顶点，用来表示工程的开始，称为源点；AOE 网中只有一个出度为 0 的顶点，用来表示工程的结束，称为汇点。AOE 网不可以存在回路。

图 9.16 为一个 AOE 网，它包括 12 项活动（$a_0, a_1, \cdots, a_{11}$）和 9 个事件（$v_0, v_1, \cdots, v_8$），事件 v_0 为源点，表示整个工程的开始，事件 v_8 为汇点，表示整个工程结束。每个事件 $v_i(i=1, \cdots, 7)$ 表示在它的所有入边上的活动都已经完成，它的所有出边上的活动可以开始。例如，v_4 表示活动 a_3 和 a_4

已经完成，a_6 和 a_7 可以开始。每个活动 a_i 的权表示完成该活动所需要的时间。例如，$a_0=6$ 表示活动 a_0 需要的时间是 6 个单位时间（天/时/分）。

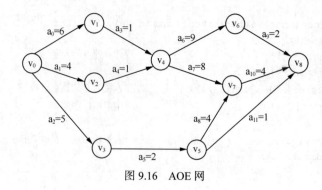

图 9.16　AOE 网

9.5.2　AOE 网的关键路径

与 AOV 网不同，AOE 网常用于工程时间的估算，主要研究以下两方面问题。

（1）整个工程至少需要多少时间？

（2）哪些活动是影响工程进度的关键？

关键路径算法是解决这些问题的一种方法。所谓关键路径，是指 AOE 网络中，从源点到汇点的最长路径。完成工程所需的最短时间是关键路径的长度，也就是关键路径上各边的权之和。关键路径上的活动称为关键活动。如果关键活动不能按期完成，整个工程的进度将受到影响。

图 9.16 中，关键路径是 (v_0,v_1,v_4,v_7,v_8)，此路径上的关键活动为 a_0,a_3,a_7,a_{10}，关键路径长度为 19。这就是说，整个工程至少需要 19 个单位时间才能完成。

为确定关键路径，先假定有一个包含 n 个事件和 e 个活动的 AOE 网，源点是事件 v_0，汇点是事件 v_{n-1}，且定义以下 4 个相关的变量。

（1）事件 v_i 的可能的最早发生时间 $E_{early}(v_i)$：从源点 v_0 到顶点 v_i 的最长路径的长度。例如，图 9.16 中，事件 v_4 的可能的最早发生时间是 v_0 到顶点 v_4 的最长路径（v_0,v_1,v_4），其长度为 7，所以 $E_{early}(v_4)=7$。同理可求得，$E_{early}(v_5)=7$，$E_{early}(v_8)=19$。

（2）事件 v_i 的允许的最迟发生时间 $E_{late}(v_i)$：在不影响工期的条件下，事件 v_i 允许的最晚发生时间，等于 $E_{early}(v_{n-1})$ 减去从 v_i 到 v_{n-1} 的最长路径的长度。例如，$E_{late}(v_4)=E_{early}(v_8)-(8+4)=19-(8+4)=7$。同理可求得，$E_{late}(v_5)=E_{early}(v_8)-(4+4)=11$，$E_{late}(v_7)=E_{early}(v_8)-4=19-4=15$。

（3）活动 a_k 可能的最早开始时间 $A_{early}(a_k)$：设活动 a_k 关联的边为 $<v_i,v_j>$，则 $A_{early}(a_k)=E_{early}(v_i)$。例如，图 9.16 中，活动 a_7 关联的边是 $<4,7>$，故 $A_{early}(a_7)=E_{early}(v_4)=7$。同理可求得，$A_{early}(a_8)=7$。

（4）活动 a_k 允许的最迟开始时间 $A_{late}(a_k)$：设活动 a_k 关联的边为 $<v_i,v_j>$，$w(v_i,v_j)$ 是 a_k 的权，则 $A_{late}(a_k)=E_{late}(v_j)-w(v_i,v_j)$。例如，图 9.16 中，活动 a_7 关联的边是 $<4,7>$，先前已求出 $E_{late}(v_7)$ 为 15，a_7 的权为 8，故 $A_{late}(a_7)=15-8=7$。同理可求得 $A_{late}(a_8)=11$。

若 $A_{early}(a_k)=A_{late}(a_k)$，则活动 a_k 是关键活动。例如，图 9.16 中，$A_{early}(a_7)$ 等于 $A_{late}(a_7)$，故活动 a_7 为关键活动。$A_{early}(a_8)$ 不等于 $A_{late}(a_8)$，则活动 a_8 不是关键活动。

表 9.2 所示为图 9.16 的 AOE 网中各事件的 $E_{early}(v_i)$ 和 $E_{late}(v_i)$ 值。表 9.3 所示为图 9.16 的 AOE 网中各活动的 $A_{early}(a_k)$ 和 $A_{late}(a_k)$ 值。求得关键活动为 a_0,a_3,a_7,a_{10}，由此确定关键路径为 (v_0,v_1,v_4,v_7,v_8)。

表 9.2 各事件的 $E_{early}(v_i)$ 和 $E_{late}(v_i)$ 值

	v_0	v_1	v_2	v_3	v_4	v_5	v_6	v_7	v_8
$E_{early}(v_i)$	0	6	4	5	7	7	16	15	19
$E_{late}(v_i)$	0	6	6	9	7	11	17	15	19

表 9.3 各活动的 $A_{early}(a_k)$ 和 $A_{late}(a_k)$ 值

	A_0	a_1	a_2	a_3	a_4	a_5	a_6	a_7	a_8	a_9	a_{10}	a_{11}
$A_{early}(a_k)$	0	0	0	6	4	5	7	7	7	16	15	7
$A_{late}(a_k)$	0	2	4	6	6	9	8	7	11	17	15	18
关键活动	√			√				√			√	

关键路径算法的求解过程如下所示，其中计算各事件的 $E_{early}(v_i)$ 和 $E_{late}(v_i)$ 是求解的核心。

（1）求事件 v_i 可能的最早发生时间 $E_{early}(v_i)$。

$E_{early}(v_i)$ 是从源点到事件 v_i 的最长路径长度。$E_{early}(v_i)$ 的值可按拓扑顺序从源点向汇点递推求得。通常将工程的源点 v_0 的最早发生时间定义为 0，即 $E_{early}(v_0)=0$。对于图中任意一个顶点 v_j，设 P(j) 是所有以 v_j 为头的边 $<v_i,v_j>$ 的尾结点 v_i 的集合。如果从源点到所有顶点 $v_i \in P(j)$ 的最长路径 $E_{early}(v_i)$ 已经求得，就可使用递推公式（9-5）求得从源点 v_0 到顶点 v_j 的最长路径 $E_{early}(v_j)$。

$$\begin{cases} E_{early}(v_0)=0 \\ E_{early}(v_j)=\max_{v_i \in P(v_j)}\{E_{early}(v_i)+w(v_i,v_j)\} \quad 0<j<n \end{cases} \quad （9-5）$$

以下为图 9.16 中各事件可能的最早发生时间的计算过程。

$E_{early}(v_0)=0$

$E_{early}(v_1)=\max\{E_{early}(v_0)+w(v_0, v_1)\}=6$

$E_{early}(v_2)=\max\{E_{early}(v_0)+w(v_0, v_2)\}=4$

$E_{early}(v_3)=\max\{E_{early}(v_0)+w(v_0, v_3)\}=5$

$E_{early}(v_4)=\max\{E_{early}(v_1)+w(v_1, v_4), E_{early}(v_2)+w(v_2, v_4)\}=7$

$E_{early}(v_5)=\max\{E_{early}(v_3)+w(v_3, v_5)\}=7$

$E_{early}(v_6)=\max\{E_{early}(v_4)+w(v_4,v_6)\}=16$

$E_{early}(v_7)=\max\{E_{early}(v_4)+w(v_4,v_7), E_{early}(v_5)+w(v_5,v_7)\}=15$

$E_{early}(v_8)=\max\{E_{early}(v_6)+w(v_6,v_8), E_{early}(v_7)+w(v_7,v_8), E_{early}(v_5)+w(v_5,v_8)\}=19$

由以上示例可知，计算从源点 $E_{early}(v_0)=0$ 开始，按照一定次序递推计算其他顶点 v_i 的 $E_{early}(v_i)$ 的值。按照拓扑排序的次序依次计算每个顶点的 $E_{early}(v_i)$ 值时，可以保证其所有直接前驱事件可能的最早发生时间的值已经求得。

（2）求事件 v_i 允许的最迟发生时间 $E_{late}(v_i)$。

某个事件允许的最迟发生时间是在保证最短工期的前提下计算的，计算从汇点开始，$E_{late}(v_{n-1})=E_{early}(v_{n-1})$。对于图中任意一个顶点 v_i，S(i) 是所有以 v_i 为尾的边 $<v_i,v_j>$ 的头结点 j 的集合，可使用递推公式（9-6）计算各事件允许的最迟发生时间 $E_{late}(v_i)$。

$$\begin{cases} E_{late}(v_{n-1})=E_{early}(v_{n-1}) \\ E_{late}(v_i)=\min_{v_j \in S(v_i)}\{E_{late}(v_j)-w(v_i,v_j)\} \quad 0 \leqslant j<n-1 \end{cases} \quad （9-6）$$

以下为图 9.16 中各事件允许的最迟发生时间的计算过程。

$E_{late}(v_8) = E_{early}(v_8) = 19$

$E_{late}(v_7) = \min(E_{late}(v_8) - w(v_7, v_8)) = 15$

$E_{late}(v_6) = \min(E_{late}(v_8) - w(v_6, v_8)) = 17$

$E_{late}(v_5) = \min(E_{late}(v_7) - w(v_5, v_7), E_{late}(v_8) - w(v_5, v_8)) = 11$

$E_{late}(v_4) = \min(E_{late}(v_6) - w(v_4, v_6), E_{late}(v_7) - w(v_4, v_7)) = 7$

$E_{late}(v_3) = \min(E_{late}(v_5) - w(v_3, v_5)) = 9$

$E_{late}(v_2) = \min(E_{late}(v_4) - w(v_2, v_4)) = 6$

$E_{late}(v_1) = \min(E_{late}(v_4) - w(v_1, v_4)) = 6$

$E_{late}(v_0) = \min(E_{late}(v_1) - w(v_0, v_1), E_{late}(v_2) - w(v_0, v_2), E_{late}(v_3) - w(v_0, v_3)) = 0$

由以上示例可知，计算从 $E_{late}(v_{n-1})$ 开始，从后向前按照一定次序递推计算其他顶点的 $E_{late}(v_i)$ 的值。为了保证在计算每个顶点的 $E_{late}(v_i)$ 的值时，其所有直接后继事件允许的最迟发生时间已经求得，需按图的逆拓扑次序进行计算。

（3）求活动 a_k 可能的最早开始时间 $A_{early}(a_k)$。

设有活动 $a_k = <v_i, v_j>$，其最早开始时间就是事件 v_i 的最早发生时间，则 $A_{early}(a_k) = E_{early}(v_i)$。

（4）求活动 a_k 允许的最迟开始时间 $A_{late}(a_k)$。

设有活动 $a_k = <v_i, v_j>$，且 $w(v_i, v_j)$ 是活动 a_k 所需的时间，则活动 a_k 的最迟开始时间 $A_{late}(a_k) = E_{late}(v_j) - w(v_i, v_j)$。

（5）确定关键活动。

所有 $A_{early}(a_k) = A_{late}(a_k)$ 的活动 a_k，即为关键活动，由关键活动形成的从源点到汇点的路径为关键路径。关键路径有可能不止一条。

程序 9.14 和程序 9.15 分别给出计算 $E_{early}(v_i)$ 和 $E_{late}(v_i)$ 的 C 程序，程序中以邻接表作为图的存储结构。

假设拓扑排序的结果已被记录在 topo 数组中，算法首先将 eearly 数组的所有元素初始化为 0，然后按拓扑次序更新 Eearly 值。

程序 9.14 Eearly 函数

```
void Eearly(int* eearly,int* topo,LGraph g)
{
    int i,k;
    ENode *p;
    for( i=0;i<g.n;i++) eearly[i]=0;              //初始化数组 eearly
    for(i=0;i<g.n;i++)
    {
        k=topo[i];                                //取得拓扑序列中的顶点序号 k
        for(p=g.a[k];p;p=p->nextArc)
            if(eearly[p->adjVex]<eearly[k]+p->w)  //更新 eearly[k]
                eearly[p->adjVex]=eearly[k]+p->w;
    }
}
```

假设拓扑排序的结果已被记录在 topo 数组中，首先将 elate 数组的所有元素初始化为 eearly[n-1]，然后按逆拓扑次序计算 Elate 值。

程序 9.15 Elate 函数

```
void Elate(int *elate,int* topo,int longest,LGraph g)
{
    int i,j;
    ENode* p;
    for(i=0;i<g.n;i++) elate[i]=longest;        //初始化数组 elate
    for(i=g.n-2;i>-1;i--)                        //按逆拓扑次序计算 elate 值
    {
        j=topo[i];
        for(p=g.a[j];p;p=p->nextArc)
        if(elate[j]>elate[p->adjVex]-p->w)       //更新 elate[k]
            elate[j]=elate[p->adjVex]-p->w;
    }
}
```

根据事件 v_i 的 $E_{early}(v_i)$ 和 $E_{late}(v_i)$ 的值，便可计算每个活动 a_k 的 $A_{early}(a_k)$ 和 $A_{late}(a_k)$ 的值。请读者自行设计计算求 $A_{early}(a_k)$ 和 $A_{late}(a_k)$ 的算法。

计算每个事件 v_i 的 $E_{early}(v_i)$ 和 $E_{late}(v_i)$ 以及每个活动 a_k 的 $A_{early}(a_k)$ 和 $A_{late}(a_k)$ 时，需要对所有顶点及所有边结点进行检查，关键路径算法的时间复杂度为 O(n+e)。

9.6 最小代价生成树

9.6.1 最小代价生成树的基本概念

一个具有 n 个顶点的连通图的生成树是一个极小连通子图，它包括图中全部顶点，以及足以构成一棵树的 n-1 条边。对于一个连通图，从不同的顶点出发进行遍历或采用不同的遍历方法，可以得到不同的生成树。如何在连通图众多的生成树中寻找一棵各条边上的权值之和最小的生成树，是一个具有实际意义的问题。一个典型的应用就是通信网络设计问题。假设要在 n 个城镇间建立通信网络，至少要架设 n-1 条通信线路，每两个城市之间架设通信线路的成本并不一样，那么如何选择线路以使总造价最低呢？

可以用一个带权连通图表示 n 个城市以及城市之间可能架设的通信线路，其中顶点表示城市，边表示城市之间的通信线路，边的权值表示通信线路的代价。对一个有 n 个顶点的带权连通图构造不同的生成树，每棵生成树都可以是一个通信网络，这样，设计总代价最小的通信网络问题就是构造带权连通图的最小代价生成树问题。一个带权连通图 G 的最小代价生成树是图 G 的所有生成树中，各边代价之和最小的生成树。

下面介绍两种构造最小代价生成树的算法：普里姆（Prim）算法和克鲁斯卡尔（Kruskal）算法。

9.6.2 普里姆算法

设 G=(V,E) 是带权连通图，T=(V',E') 是正在构造中的生成树，选定从顶点 v_0 开始构造（也可以选择任意其他顶点），最小代价生成树的构造过程如下。

（1）初始状态下，V'={v_0}，E'={}，即生成树 T 中只有一个顶点 v_0，没有边。

（2）在所有 u∈V'，v∈V–V'的边(u,v)∈E 中找一条权值最小的边，将此边并入集合 T。

（3）重复步骤（2），直至 V = V'。

此时 T 即为 G 的最小代价生成树，其中包含 n-1 条边。

图 9.17 所示为带权连通图 G 用普里姆算法构造最小代价生成树的例子。

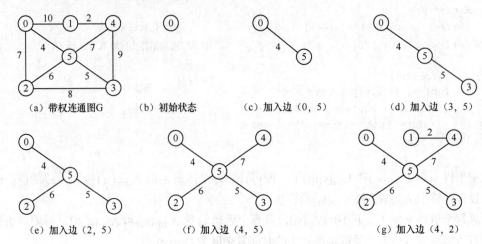

（a）带权连通图G　　（b）初始状态　　　（c）加入边（0，5）　　　（d）加入边（3，5）

（e）加入边（2，5）　　　　（f）加入边（4，5）　　　　　（g）加入边（4，2）

图 9.17　普里姆算法构造最小代价生成树的过程

本算法的实现中，图采用邻接表存储结构。为了实现普里姆算法，需引入以下辅助的数据结构。

（1）一维数组 closeVex

closeVex[v]存放与 v 距离最近的顶点编号 u，距离最近是指边(u,v)是所有与顶点 v 关联的边中权值最小的边。初始时，closeVex [v]= −1。

（2）一维数组 lowWeight

lowWeight[v]用于存放边(closeVex[v],v)的权值。初始时，lowWeight[v]=INFTY。INFTY 表示权值的极大值 ∞，具体实现不妨用 32 767（32 位整型所能表达的最大整数）表示。

（3）一维数组 isMark

数组 isMark[v]用于标记顶点 v 是否在生成树中，若 isMark[v]=0，表示顶点 v 未加入生成树；否则，表示 v 已加入生成树。初始时，isMark[v]=0。

在一个顶点 k 加入构造中的生成树后，检查顶点 k 的尚未加入生成树的所有邻接点 j。对于边(k,j)，若 w(k,j) < lowWeight[j]，则令 lowWeight[j]=w(k,j)，closeVex[j]=k。这样可以保证，lowWeight[j]中始终保存的是未加入生成树的顶点 j 到生成树中顶点的边中权值最小者，而closeVex[j]是此边的另一顶点。继续在尚未加入生成树的顶点中，查找具有最小 lowWeight 的顶点 k，并将顶点 k 入选生成树，直至所有顶点加入生成树，算法结束。

【算法步骤】

（1）分别将数组 closeVex、lowWeight、isMark 初始化并将源点加入生成树。

（2）循环 n-1 次，重复以下操作。

① 查找顶点 k 的未加入生成树的所有邻接点 j，若边(k,j)的权值比 lowWeight[j]小，则将lowWeight[j]更新为此权值，并令 closeVex[j]=k。

② 在未加入生成树的顶点中，查找具有最小 lowWeight 的顶点 k。

③ 将 k 加入生成树。

程序 9.16　普里姆算法

```
Status Prim(int k,int* closeVex, ElemType *lowWeight, LGraph g)
{
    ENode *p;
    int i,j;
    ElemType min;
    int* isMark=(int*)malloc(sizeof(int)*g.n);    //动态生成数组 isMark
    if(k<0||k>g.n-1) return ERROR;
    for(i=0;i<g.n;i++)                            //初始化
    {
        closeVex[i]=-1;
        lowWeight[i]=INFTY;
        isMark[i]=0;
    }
    lowWeight[k]=0; closeVex[k]=k; isMark[k]=1;   // 源点加入生成树
    for(i=1;i<g.n;i++)                            //选择其余 n-1 条边加入生成树
    {
        for(p=g.a[k];p;p=p->nextArc)
        {
            j=p->adjVex;
            if((!isMark[j])&&(lowWeight[j]>p->w))  //更新生成树外顶点的 lowWeight 值
            {
                lowWeight[j]=p->w;
                closeVex[j]=k;
            }
        }
        min=INFTY;
        for(j=0;j<g.n;j++)                        //找生成树外顶点中, 具有最小 lowWeight 值的顶点 k
            if((!isMark[j])&&(lowWeight[j]<min))
            {
                min=lowWeight[j];
                k=j;
            }
        isMark[k]=1;                              //将顶点 k 加到生成树上
    }
    for(i=0;i<g.n;i++)
    {
        printf("%d ",closeVex[i]);
        printf("%d ",i);
        printf("%d ",lowWeight[i]);
        printf("\n");
    }
    return OK;
}
```

对于有 n 个顶点的图, 程序 9.16 中普里姆算法的时间复杂度是 $O(n^2)$。

9.6.3　克鲁斯卡尔算法

设 G=(V,E)是带权连通图, T=(V',E')是正在构造中的生成树, 最小代价生成树的构造过程如下。

（1）初始状态下, T=(V,{}), 即生成树 T 包含图 G 中的所有顶点, 没有边。

（2）从 E 中选择代价最小的边(u,v), 若在 T 中加入边(u,v)后不会形成回路, 则将其加入 T 中并从 E 中删除此边；否则，选择下一条代价最小的边。

（3）重复步骤（2），直至 E'中包含 n-1 条边。

图 9.18 所示为带权连通图用克鲁斯卡尔算法构造最小代价生成树的例子。

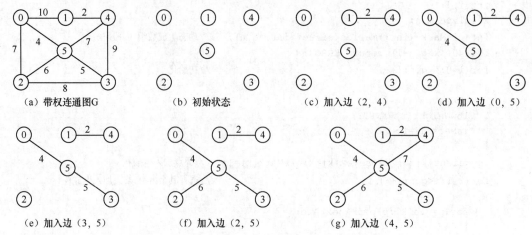

图 9.18　克鲁斯卡尔算法构造最小代价生成树的过程

采用邻接矩阵表示图，算法的实现还需要引入以下辅助的数据结构。

（1）一维数组 edgeSet

从邻接矩阵中获取所有边保存在数组 edgeSet 中，并且需采用排序算法对边按照权值递增排序。边的结构定义如下。

```
typedef struct edge
{
    int u;
    int v;
    ElemType w;
}Edge;
```

（2）一维数组 vexSet

实现克鲁斯卡尔算法的关键是如何判断所选取的边是否使生成树形成回路，这个问题可通过判断边的两个顶点是否在同一连通分量来解决。为此，定义数组 vexSet 用于标识各顶点所属的连通分量，若两个顶点属于不同的连通分量，则将这两个顶点关联的边加到生成树中时不会形成回路。vexSet[i]表示顶点 i 所属连通分量，初始时 vexSet[i]=i，表示各顶点自成一个连通分量。

程序 9.17 中，函数 SelectSort 采用简单选择排序算法对数组 edgeSet 中的边按权值递增排序。函数 Kruskal 实现克鲁斯卡尔算法。

【算法步骤】

（1）从邻接矩阵中获取所有边存储于 edgeSet。

（2）调用函数 SelectSort 对数组 edgeSet 边按权值从小到大排序。

（3）变量 k 表示当前所构造的最小代价生成树中的边数，其初值为 0，若 k<n-1，则循环执行以下操作。

① 依次从 edgeSet 中取出边(u,v)。

② 对 u 和 v 所在连通分量 vexSet[u]和 vexSet[v]进行判断，若 vexSet[u]和 vexSet[v]不相等，

表示两顶点属于不同连通分量,输出此边,合并 vexSet[u] 和 vexSet[v] 两个连通分量;若 vexSet[u] 和 vexSet[v] 相等,表示两顶点属于同一连通分量,舍去此边而选择下一条权值最小的边。

程序 9.17 克鲁斯卡尔算法

```
void SelectSort(Edge *eg,int n)    //对图中的边按权值递增排序
{
    int small,i,j;
    Edge t;
    for(i=0; i<n-1; i++)              //执行 n-1 趟
    {
        small=i;                     //先假定待排序序列中第一个元素为最小
        for(j=i+1;j<n;j++)
        if(eg[j].w<eg[small].w)
            small=j;                 //如果扫描到一个比最小值元素还小的元素,则记下其下标
        t=eg[i];                     //最小元素与待排序序列中第一个元素交换
        eg[i]=eg[small];
        eg[small]=t;
    }
}
void Kruskal(mGraph g)
{
    int i,j,k,u1,v1,vs1,vs2;
    int *vexSet=(int*)malloc(sizeof(int)*g.n);
    Edge *edgeSet=(Edge*)malloc(sizeof(Edge)*g.e);
    k=0;
    for(i=0;i<g.n;i++)               //由邻接矩阵产生边集数组
        for(j=0;j<i;j++)
            if(g.a[i][j]!=0&&g.a[i][j]!=g.noEdge)
            {
                edgeSet[k].u=i;
                edgeSet[k].v=j;
                edgeSet[k].w=g.a[i][j];
                k++;
            }
    SelectSort(edgeSet,g.e/2);       //对边集数组排序
    for(i=0;i<g.n;i++)
        vexSet[i]=i;
    k=0;
    j=0;
    while(k<g.n-1)                   //加入 n-1 条边
    {
        u1=edgeSet[j].u;
        v1=edgeSet[j].v;
        vs1=vexSet[u1];
        vs2=vexSet[v1];
        if(vs1!=vs2)    //若 vs1 和 vs2 不相等,表示 u 和 v 属于不同连通分量
        {
            printf("%d ,%d ,%d\n",edgeSet[j].u,edgeSet[j].v,edgeSet[j].w);   //输出边
            k++;                                    //边数加 1
            for(i=0;i<g.n;i++)                      //合并 u 和 v 所属的不同连通分量
                if(vexSet[i]==vs2)
                    vexSet[i]=vs1;
```

```
        }
        j++;
    }
}
```

对于有 n 个顶点 e 条边的图，只需采用合适的数据结构，克鲁斯卡尔算法的时间复杂度为 $O(elog_2e)$。

9.7 单源最短路径

9.7.1 最短路径问题

最短路径问题是图的经典问题，具有很强的实践指导意义。例如，旅行者准备从南京出发去别的一些城市旅游，为了节省费用，该旅行者希望知道如何找出两个城市之间的最短路线。求最短路径的算法有多种，在此讨论最常见的两种算法：求单源最短路径的迪杰斯特拉（Dijkstra）算法和求所有顶点之间最短路径的弗洛伊德（Floyd）算法。

9.7.2 单源最短路径问题

所谓单源最短路径问题，是指给定带权的有向图 G=(V,E)，源点 $v_0 \in V$，求从顶点 v_0 到顶点集 V 中其余各顶点的最短路径。对于图 9.19（a）中的带权有向图 G，从源点 0 到其他顶点的最短路径如图 9.19（b）所示。

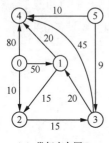

源点	顶点	最短路径	路径长度
0	1	(0,2,3,1)	45
	2	(0,2)	10
	3	(0,2,3)	25
	4	(0,2,3,1,4)	65
	5	无	∞

（a）带权有向图G   （b）源点0到其他顶点的最短路径

图 9.19　单源最短路径

迪杰斯特拉提出了一个按最短路径长度非递减的次序产生单源最短路径的算法，称为迪杰斯特拉算法。迪杰斯特拉算法的基本思想是：对于带权的有向图 G=(V,E)，将 V 中顶点分成两个集合，集合 S 存放已求出最短路径的顶点，集合 V-S 存放尚未确定最短路径的顶点。初始状态时，集合 S 中只有源点 v_0，集合 V-S 包含了图 G 中除源点外的所有顶点。按各顶点到源点最短路径长度非递减的顺序逐个将 V-S 中的顶点加到 S 中，直到源点到其他所有顶点的最短路径均求得为止。

对于图 9.19（a）中的有向图 G，执行迪杰斯特拉算法的过程是：初始状态时，S={0}，V-S={1,2,3,4,5}，先求出顶点 0 到其他顶点的最短路径中最短的一条，即顶点 0 到顶点 2 的最短路径(0,2)，且将顶点 2 加入集合 S，再按路径长度非递减的次序，求得顶点 0 到顶点 3 的最短路径(0,2,3)，将顶点 3 加入集合 S，求得顶点 0 到顶点 1 的最短路径(0,2,3,1)，将顶点 1 加入集合 S，求得顶点 0 到顶点 4 的最短路径(0,2,3,1,4)，将顶点 4 加入集合 S，顶点 0 到顶点 5 没有路径，算法结束。

为了便于描述，在此定义术语"当前最短路径"，即在算法的迭代过程中最近一次求得的最短路径。在算法执行过程中，若有从源点 v_0 到顶点 t 的路径$(v_0,\cdots,u,t)$，在该路径上，除顶点 t 外，路径$(v_0,\cdots,u)$上所有顶点都属于 S，即其余顶点均已求得最短路径，则从源点 v_0 到顶点 t 的当前最短路径是所有这些路径中的最短者。

此节采用邻接矩阵表示有向图，迪杰斯特拉算法所涉及的其他辅助数据结构如下。

（1）一维数组 s

s[i]记录从源点 v_0 到顶点 i 的最短路径是否已确定。s[i]的值为 1 表示源点到顶点 i 的最短路径已经确定，顶点 i 在集合 S 中；s[i]的值为 0 表示源点到顶点 i 的最短路径尚未确定。

（2）一维数组 d

d[i]保存从源点 v_0 到顶点 i 的当前最短路径长度。对于 V-S 中的顶点而言，当前最短路径并不一定是最终的最短路径。若源点 v_0 到顶点 i 有边，则 d[i]的初值为边的权值，否则为 ∞。

（3）一维数组 path

path[i]保存从源点 v_0 到顶点 i 的当前最短路径上顶点 i 的直接前驱顶点的序号。例如，图 9.19（a）中的有向图中从顶点 0 到顶点 4 的最短路径为(0,2,3,1,4)，则应有 path[4]=1，path[1]=3，path[3]=2，path[2]=0。

迪杰斯特拉算法求解步骤如下。

（1）初始状态时，数组 s、d、path 的取值如下。

$$s[v_0]=1$$

$$d[i]=\begin{cases}w(v_0,i) & 若<v_0,i>\in E \\ \infty & 若<v_0,i>\notin E\end{cases}$$

$$path[i]=\begin{cases}0 & 若<v_0,i>\in E \\ -1 & 若<v_0,i>\notin E\end{cases} \tag{9-7}$$

其中，$w(v_0,i)$是边$<v_0,i>$的权值。例如，图 9.19（a）中的有向图中，源点 0 到顶点 1 存在一条有向边权值为 50，d[1]=50，path[1]=0。源点 0 到顶点 3 不存在有向边，所以，d[3]=∞，path[3]=-1。其他初值详见表 9.4。

（2）求最短路径。

所有最短路径中的最短者的顶点，必定是 V-S 中具有最短的当前最短路径值的顶点 k，其满足

$$d[k]=\min\{d[i]|i\in V-S\} \tag{9-8}$$

每个 d[i]都是从 v_0 到顶点 i 的当前最短路径长度。在路径$(v_0,\cdots,i)$上，除顶点 i 外，其余顶点都属于 S，并且 d[i]是所有这些路径中的最短者。d[k]又是所有这样的 d[i]，i∈V-S 中的最短者。

对于图 9.19（a），求得的第一条最短路径的长度是 d[1]到 d[5]中权值最小的 d[2]，其值为 10，求得的第一条最短路径为<0,2>，详见表 9.4。

（3）更新 d 和 path。

将顶点 k 加入 S，并对所有的 i∈V-S 按公式（9-9）修正 d，使之始终是顶点 i 的当前最短路径。

$$d[i]=\min\{d[i], d[k]+w(k,i)\} \tag{9-9}$$

其中，w(k,i)是边<k,i>上的权值。

图 9.20（a）中，k 未加入 S，源点 v_0 到顶点 i 的当前最短路径长度为 d[i]。k 加入 S 后，v_0

经过顶点 k 到达 i 的路径长度为 d[k]+w(k,i)。若 d[i] > d[k]+w(k,i)，则用 d[k]+w(k,i) 取代 d[i]；否则，d[i]的值不变。

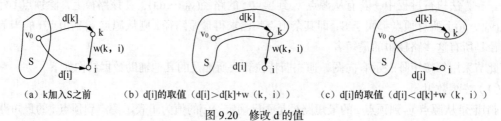

（a）k加入S之前　　（b）d[i]的取值（d[i]>d[k]+w（k，i））　　（c）d[i]的取值（d[i]<d[k]+w（k，i））

图 9.20　修改 d 的值

对于图 9.19（a），求得的第一条最短路径为<0,2>，将顶点 2 加入 S 后，源点 0 经过顶点 2 到达 3 的路径长度为 d[2]+w(2,3)=25，d[3]=∞，d[3]> d[2]+w(2,3)，则用 d[2]+w(2,3)取代 d[3]，详见表 9.4。

表 9.4 显示了用迪杰斯特拉算法对图 9.19（a）中的有向图计算最短路径的执行过程中，集分 S、数组 d 和 path 的变化情况。

表 9.4　　　　　　　　　　　迪杰斯特拉算法求单源最短路径

S	d[0], path[0]	d[1] ,path[1]	d[2] ,path[2]	d[3] ,path[3]	d[4] ,path[4]	d[5] ,path[5]
0	0,−1	50,0	10,0	∞,−1	80,0	∞,−1
2	0,−1	50,0	10,0	25,2	80,0	∞,−1
3	0,−1	45,3	10,0	25,2	70,3	∞,−1
1	0,−1	45,3	10,0	25,2	65,1	∞,−1
4	0,−1	45,3	10,0	25,2	65,1	∞,−1

迪杰斯特拉算法的 C 语言程序见程序 9.18，其中 Choose 函数实现从数组 d 中选择最小值，参数 INFTY 表示一个极大值。

【算法步骤】

（1）创建长度为 n 的一维数组 s。

（2）初始化操作：每个 s[i]初始化为 0；d[i]为 a[v][i]；如果 i!=v 且 d[i] < ∞，则 path [i]=v，否则 path[i]=−1。

（3）将源点 v 加入集合 S：s[v]=1；d[v]=0。

（4）使用 for 循环，按照长度的非递减次序，依次产生 n−1 条最短路径：调用函数 Choose，选出最小的 d[k]；将顶点 k 加入集合 S，s[k]=1；使用内层 for 语句更新数组 d 和 path 的值，使之始终是当前最短路径。

程序 9.18　迪杰斯特拉算法

```
int Choose(int* d, int* s,int n)          //选出最小的d[i], i∈V-S
{
    int i,minpos;
    ElemType min;
    min=INFTY;
    minpos=-1;
    for(i=0;i<n;i++)
        if(d[i]<min &&!s[i])
```

```
    {
        min=d[i];
        minpos=i;
    }
    return minpos;                    //返回下标位置
}
Status Dijkstra(int v,ElemType* d,int* path,mGraph g)
{
    int i,k,w;
    int * s;
    if(v<0||v>g.n-1)
        return ERROR;
    s=(int*)malloc(sizeof(int)*g.n);
    for(i=0;i<g.n;i++)
    {
        s[i]=0;                       //初始化
        d[i]=g.a[v][i];
        if(i!=v && d[i]<INFTY) path[i]=v;
        else path[i]=-1;
    }
    s[v]=1; d[v]=0;                   //顶点 v 为源点
    for(i=1;i<g.n-1;i++)
    {
        k=Choose(d,s,g.n);
        if(k==-1) continue;
        s[k]=1;                       //k 加入 s
        printf("%d ",k);
        for(w=0; w<g.n; w++)          //更新 d 和 path
            if(!s[w] && d[k]+g.a[k][w]< d[w])
            {
                d[w]=d[k]+g.a[k][w];
                path[w]=k;
            }
    }
    for (i=0;i<g.n;i++)
        printf("%d ",d[i]);
    return OK;
}
```

显然，上述算法的时间复杂度为 $O(n^2)$。

9.8　所有顶点之间的最短路径

上一节讨论的迪杰斯特拉算法也可应用于求任意两对顶点之间的最短路径问题，只需每次选择一个顶点为源点，重复执行迪杰斯特拉算法 n 次，便可求得任意两对顶点之间的最短路径，总的执行时间为 $O(n^3)$。

下面介绍的弗洛伊德（Floyd）算法的运行时间也是 $O(n^3)$，但其在实现上更加简洁。

对于有 n 个顶点的图，弗洛伊德算法的基本思想是递推产生 $n \times n$ 的矩阵序列 $d, d_0, \cdots, d_k, \cdots, d_{n-1}$。其中 $d_k[i][j]$ 表示从顶点 i 到顶点 j 经过的顶点序号不大于 k 的最短路径长度。$d_{n-1}[i][j]$ 表示最终求得的从顶点 i 到顶点 j 的最短路径长度。初始时，d 的取值如下。

$$d[i][j]=\begin{cases} w(i,j) & 若<i,j>\in E \\ \infty & 若<i,j>\notin E \end{cases} \qquad (9\text{-}10)$$

其中，$w(i,j)$ 是边 $<i,j>$ 的权值。

$d_0[i][j]$ 表示从顶点 i 到 j，中间只经过顶点 0 "中转" 的最短路径的长度，使用公式（9-11）对矩阵 d 更新如下（见图 9.21）。

$$d_0[i][j]=\min\{d[i][j],\ d[i][0]+d[0][j]\} \qquad (9\text{-}11)$$

图 9.21 中，i 经过顶点 0 到达 j 的路径长度为 $d[i][0]+d[0][j]$，取 $d[i][j]$ 与 $d[i][0]+d[0][j]$ 之间的小者作为 $d_0[i][j]$ 的值。

一般情况下，$d_{k-1}[i][j]$ 是从顶点 i 到 j，中间只允许经过顶点 $\{0,1,\cdots,k-1\}$ 的最短路径的长度，当加进了顶点 k 之后，则对矩阵 d 更新如下。

$$d_k[i][j]=\min\{d_{k-1}[i][j],\ d_{k-1}[i][k]+d_{k-1}[k][j], 1\leqslant k\leqslant n-1\} \qquad (9\text{-}12)$$

此外，还需要二维数组 $p[i][j]$ 保存从顶点 i 到顶点 j 的最短路径上，顶点 j 的直接前驱顶点的序号。例如，在图 9.22 的有向图中，从顶点 0 到 2 的最短路径为（0,1,3,2），则应有 $p[0][2]=3$，$p[0][3]=1$，$p[0][1]=0$，因此，从顶点 0 到 2 的路径可从 p 经反向追溯创建。初始状态时，p 的取值如下。

$$p[i][j]=\begin{cases} i & 若<i,j>\in E \\ -1 & 若<i,j>\notin E \end{cases} \qquad (9\text{-}13)$$

表 9.5 所示是图 9.22 的有向图执行弗洛伊德算法过程。

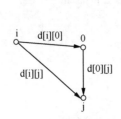

图 9.21 $d_0[i][j]$ 更新示例

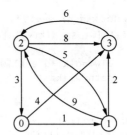

图 9.22 带权有向图 G

表 9.5　　　　　　　　　图 9.22 所示带权有向图执行弗洛伊德算法过程

	d				d_0				d_1				d_2				d_3			
	0	1	2	3	0	1	2	3	0	1	2	3	0	1	2	3	0	1	2	3
0	0	1	∞	4	0	1	∞	4	0	1	10	3	0	1	10	3	0	1	9	3
1	∞	0	9	2	∞	0	9	2	∞	0	9	2	12	0	9	2	11	0	8	2
2	3	5	0	8	3	4	0	7	3	4	0	6	3	4	0	6	3	4	0	6
3	∞	∞	6	0	∞	∞	6	0	∞	∞	6	0	9	10	6	0	9	10	6	0
	p				p_0				p_1				p_2				p_3			
	0	1	2	3	0	1	2	3	0	1	2	3	0	1	2	3	0	1	2	3
0	-1	0	-1	0	-1	0	-1	0	-1	0	1	1	-1	0	1	1	-1	0	3	1
1	-1	-1	1	1	-1	-1	1	1	-1	-1	1	1	2	-1	1	1	2	-1	3	1
2	2	2	-1	2	2	0	-1	0	2	0	-1	1	2	0	-1	1	2	0	-1	1
3	-1	-1	3	-1	-1	-1	3	-1	-1	-1	3	-1	2	2	3	-1	2	2	3	-1

程序 9.19 给出了弗洛伊德算法的 C 语言程序。

【算法步骤】

（1）初始化数组 d、p。

（2）依次加入顶点 0,1,…,n-1 作为中转顶点，每次加入一个顶点，更新 d 和 p 的值，使之始终是当前最短路径。

程序 9.19　弗洛伊德算法

```
void Floyd(mGraph g)
{
    int i,j,k;
    ElemType  **d=(ElemType**)malloc(g.n*sizeof(ElemType*));
    int **p=(int**)malloc(g.n*sizeof(int*));
    for(i=0;i<g.n;i++)                         /动态生成二维数组空间
    {
        d[i]=(ElemType*)malloc(g.n*sizeof(ElemType));
        p[i]=(int*)malloc(g.n*sizeof(int));
        for(j=0;j<g.n;j++)
        {
            d[i][j]=g.noEdge;
            p[i][j]=0;
        }
    }
    for(i=0;i<g.n;i++)
        for(j=0;j<g.n;j++)                        //初始化 d 和 p
        {
            d[i][j]=g.a[i][j];
            if (i!=j && g.a[i][j]<INFTY) p[i][j]=i;
            else p[i][j]=-1;
        }
    for(k=0;k<g.n;k++)
        for(i=0;i<g.n;i++)
            for(j=0;j<g.n;j++)
                if(d[i][k]+d[k][j] < d[i][j] )             //更新 d 和 p
                {
                    d[i][j]=d[i][k]+d[k][j];
                    p[i][j]=p[k][j];
                }
    for (i=0;i<g.n;i++)
    {
        for(j=0;j<g.n;j++)
            printf("%d ",d[i][j]);
        printf("\n");
    }
}
```

弗洛伊德算法的时间复杂度为 $O(n^3)$。

9.9　本 章 小 结

图作为一种常用的数据结构，可以使用邻接矩阵、邻接表等存储方式在计算机内表示。本章定义了一组基本的图运算，如建立一个图结构，插入、删除和搜索一条边等。在此基础上，本章介绍了一组常见的图算法，包括图的深度和宽度优先遍历算法、拓扑排序算法、关键路径求解算法、求最小代价生成树的普里姆算法和克鲁斯卡尔算法，以及求单源最短路径的迪杰斯特拉算法和求所有顶点间的最短路径的弗洛伊德算法。这些算法已分别在邻接表或邻接矩阵存储结构上实现。

习　题

一、基础题

1. 设已知有向图 G，V(G)={0,1,2,3,4}，E(G)={<0,1>, <1,2>,<2,0>,<2,4>,<3,0>,<3,2>,<3,4>, <4,0>}，则顶点 2 的入度为_____。

    A. 1   B. 2

    C. 3   D. 4

2. 已知图 G 的邻接表表示如图 9.23 所示，此图中顶点 D 的出度为_____。

    A. 1   B. 2

    C. 3   D. 4

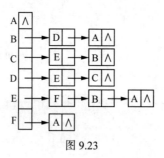

图 9.23

3. (　　) 的邻接矩阵是对称的。

    A. 无向图   B. 有向图

    C. AOV 网   D. AOE 网

4. 图的宽度优先遍历类似于二叉树的 (　　)。

    A. 先序遍历   B. 中序遍历

    C. 后序遍历   D. 层次遍历

5. 若从无向图的任意一个顶点出发进行深度优先遍历可以访问图中所有的顶点，则该图一定是 (　　)。

    A. 连通图   B. 非连通图

    C. 强连通图   D. 有向非强连通图

6. 以下算法中可以判断出一个有向图是否存在有向回路的是 (　　)。

    A. 拓扑排序   B. 关键路径

    C. 最小代价生成树   D. 最短路径

二、扩展题

1. 对于图 9.24 中的有向图，求：

（1）每个顶点的入度；

（2）邻接矩阵；

（3）强连通分量。

2. 画出图 9.25 中的无向图的邻接矩阵。

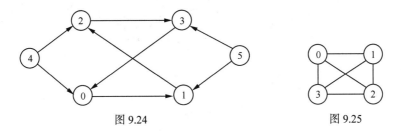

图 9.24 　　　　　　　图 9.25

3. 设有 7 个顶点没有边的图以邻接表存储，使用程序 9.9 的 Insert 函数插入以下边：<0,1>、<0,2>、<1,6>、<2,4>、<3,5>、<4,6>、<4,1>。请画出所构建的邻接表。

4. 设计一个算法计算邻接表表示的图中各个顶点的出度。

5. 设计一个算法计算邻接表表示的图中各个顶点的入度。

6. 设计一个算法计算邻接表表示的图中任意顶点 u 的入度。

7. 设计一个算法计算邻接表表示的图中任意顶点 u 的出度。

8. 设图 G 以邻接矩阵表示，设计一个算法根据图 G 的邻接矩阵构建图 G 的邻接表。

9. 设图 G 以邻接表表示，设计一个算法根据图 G 的邻接表构建图 G 的邻接矩阵。

10. 已知图 G 的邻接表表示如图 9.23 所示，在此邻接表上进行以顶点 C 为起始顶点的深度优先遍历，画出深度优先遍历顶点序列以及生成森林（或生成树）。

11. 已知图 G 的邻接表表示如图 9.23 所示，在此邻接表上进行以顶点 C 为起始顶点的宽度优先遍历，画出宽度优先遍历顶点序列以及生成森林（或生成树）。

12. 设计一个算法求给定无向图的全部连通分量。

13. 设图 G 以邻接矩阵表示，设计一个算法实现对图 G 的深度优先遍历。

14. 设图 G 以邻接矩阵表示，设计一个算法实现对图 G 的宽度优先遍历。

15. 对图 9.26 所示有向图给出以 B 为起点的所有拓扑排序序列。

16. 在第 3 题所构建的邻接表上执行拓扑排序算法，该算法借助堆栈来存储算法过程中产生的入度为 0 的顶点，请给出算法所输出的拓扑序列。

17. 设带权无向图 G 以邻接矩阵表示，请设计程序实现普里姆算法。

18. 以顶点 A 作为起始顶点，用普里姆算法构造图 9.27 所示的连通图的最小代价生成树。

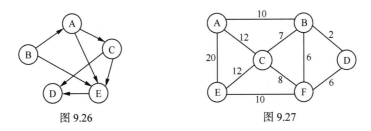

图 9.26 　　　　　　　图 9.27

19. 用克鲁斯卡尔算法构造图 9.27 所示的连通图的最小代价生成树。

20. AOE 网如图 9.28 所示，求各事件的可能的最早发生时间和允许的最迟发生时间、各活动可能的最早开始时间和允许的最晚开始时间、关键活动、关键路径及关键路径长度。

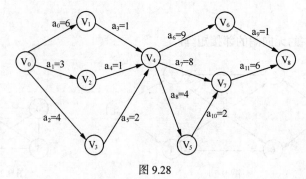

图 9.28

21. 使用迪杰斯特拉算法求图 9.29 所示的有向图中以顶点 1 为源点的单源最短路径。

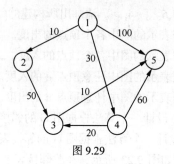

图 9.29

22. 使用弗洛伊德算法求图 9.29 所示的有向图中所有顶点之间的最短路径。

第10章 排序

为了提高数据处理效率，需要对待处理数据进行一些预处理操作。排序是最常见的数据预处理操作之一。如果待排序数据量不大，可以一次性读入内存完成排序过程，则该过程称为内排序。反之，待排序数据量过大，必须分多次读入内存进行排序，该过程称为外排序。本章重点讨论内排序与外排序过程，介绍一些常用的排序算法的思想、特点以及适用场景。

10.1 排序的基本概念

将给定若干数据元素根据指定数据项排列成一个有序序列的过程称为排序。排序的应用场景非常广泛，比如对学生信息表按照学生出生月进行排序、将通讯录按照姓名拼音的首字母进行排序、将磁盘上的文件按照更新日期排序。

作为排序依据的数据项称为排序关键字。在本章中，数据元素的排序关键字允许相同。排序关键字类型必须具有可比较性，即可对其进行 >、<、== 等比较运算。

排序的定义如下。

定义 10.1 设数据 $D = \{D_0, D_2, \cdots, D_{n-1}\}$ 包含 n 个数据元素，K_i 是数据元素 $D_i(i = 0, 1, \cdots, n-1)$ 的排序关键字。对数据 D 进行排序，其实质是寻找一个元素下标的排列 $P = (p_0, p_1, \cdots, p_{n-1})$，满足 $K_{p_0} \leqslant K_{p_1} \leqslant \cdots \leqslant K_{p_{n-1}}$（递增）或 $K_{p_0} \geqslant K_{p_1} \geqslant \cdots \geqslant K_{p_{n-1}}$（递减），并根据排列 P 将数据有序排列成 $(D_{p_0}, D_{p_1}, \cdots, D_{p_{n-1}})$ 的过程。

待排序数据一次性读入内存并完成排序的过程，称为内排序。反之，待排序数据分多次读入内存并完成排序的过程，称为外排序。本章首先讨论内排序过程，并介绍一些常用排序算法，然后介绍外排序过程及相应算法。

内排序算法多种多样，具有不同的算法思想、特点和适用场景。我们将从以下几方面，对各个内排序算法进行考察。

（1）稳定性

待排序数据中任意两个排序关键字相同的数据元素 $D_i, D_j(K_i = K_j)$，排序前 D_i 排在 D_j 前；如果在排序算法执行完成后得到的有序序列中，D_i 也一定排在 D_j 前，则称该排序算法是**稳定**的。反之，如果存在两个排序关键字相同的数据元素，排序前后它们的相对次序发生变化，则称该排序算法是**不稳定**的。

例如，对成绩表按照成绩由低到高排序，成绩是排序关键字。

数据元素初始排列：(Johnson, 90), (Jay, 88), (Alice, 90)

稳定算法的排序结果：(Jay, 88), (Johnson, 90), (Alice, 90)

不稳定算法的排序结果：(Jay, 88), (Alice, 90), (Johnson, 90)

判断一个算法是稳定的，不能仅从一次排序结果中得出结论，而必须从算法的具体操作中分析推导得出结论。而判断一个算法是不稳定的，只要找到一个不稳定的排序结果即可。

稳定性是排序算法的一种特性，而不是排序算法好坏的评价指标。在某些应用场景下，排序关键字相同的数据元素，在排序前的次序是重要的、需要保持的，这时就需要考虑选择稳定的排序算法来进行排序。在很多场景下，数据元素排序前的次序是不重要的，在选择排序算法时，不必特别考虑算法的稳定性。

（2）排序算法的排序趟数

内排序算法核心过程都是循环执行一组运算，从最初无序状态到局部有序状态，最终达到数据元素完全有序状态。这一组不断被重复执行的操作，称为排序算法的一趟排序过程。排序算法的趟数并不能用于评估算法好坏，但是可以用于算法时间复杂度的分析。

（3）时间复杂度与空间复杂度

根据每一趟排序过程中排序关键字比较次数、数据元素的移动次数以及临时存储空间大小，可分析每个排序算法在最好、最坏和平均情况下的时间复杂度和空间复杂度。

假定数据存储在顺序表中，算法在顺序表上进行操作。

程序 10.1　数据元素的顺序存储实现

```
typedef struct entry{              //数据元素
    KeyType key;                   //排序关键字，KeyType 应该为可比较类型
    DataType data;                 //data 包含数据元素中的其他数据项
}Entry;
typedef struct list{               //顺序表
    int n;                         //待排序数据元素数量
    Entry D[MaxSize];              //静态数组存储数据元素
}List;
```

接下来我们将首先介绍一些经典的内排序算法，给出具体算法描述、排序过程示例，并就上述几方面对算法进行分析；然后针对外排序，给出一般的外排序过程，介绍常用外排序算法。为简化起见，排序关键字简称为关键字，排序算法输出序列按照关键字递增排序。

10.2　简单排序算法

本节介绍 3 种简单且编码实现相对容易的内排序算法：简单选择排序、直接插入排序和冒泡排序。

10.2.1　简单选择排序

简单选择排序的算法核心思想是：每一趟排序，找到待排序序列中关键字最小的数据元素，将其与待排序序列中第一个数据元素交换位置，并将其从下一趟待排序序列中移出，重复该过程，直到某趟排序时待排序序列中仅剩下两个数据元素。具体步骤如下所示。

第 1 趟排序：在待排序序列 D[0], D[1],…, D[n-1]中找到关键字最小的数据元素，将其与 D[0] 交换位置。

第 2 趟排序：在待排序序列 D[1], D[2],…, D[n-1]中找到关键字最小的数据元素，将其与 D[1] 交换位置。

……

第 i 趟排序：在待排序序列 D[i-1], D[i],…, D[n-1]中找到关键字最小的数据元素，将其与 D[i-1] 交换位置。

……

第 n-1 趟排序：在待排序序列 D[n-2], D[n-1]中找到关键字最小的数据元素，将其与 D[n-2] 交换位置。

表 10.1 是一个简单选择排序过程示例，示例中用关键字代表每个数据元素。仅第 1 趟标出交换位置的两个元素，其他趟直接给出排序结果。待排序序列中有两个数据元素关键字为 24，我们将后者用方框标识以做区别。

表 10.1　　　　　　　　　　　　　　简单选择排序过程

	位置	0	1	2	3	4	5	6	7
第 1 趟	待排序序列	24 ↑ 待交换	29	45	73	[24]	89	90	11 ↑ 最小
	排序结果	11	29	45	73	[24]	89	90	24
第 2 趟	待排序序列		29	45	73	[24]	89	90	24
	排序结果	11	[24]	45	73	29	89	90	24
第 3 趟	待排序序列			45	73	29	89	90	24
	排序结果	11	[24]	24	73	29	89	90	45
第 4 趟	待排序序列				73	29	89	90	45
	排序结果	11	[24]	24	29	73	89	90	45
第 5 趟	待排序序列					73	89	90	45
	排序结果	11	[24]	24	29	45	89	90	73
第 6 趟	待排序序列						89	90	73
	排序结果	11	[24]	24	29	45	73	90	89
第 7 趟	待排序序列							90	89
	排序结果	11	[24]	24	29	45	73	89	90

简单选择排序算法的 C 语言程序实现如下。

程序 10.2　简单选择排序算法

```c
int FindMin(List list, int startIndex)  //在 startIndex 至表尾范围内找到最小关键字元素下标
{
    int i, minIndex = startIndex;
    for(i=startIndex+1; i < list.n; i++)
    {
```

```
            if(list.D[i].key < list.D[minIndex].key)
        minIndex = i;
    }
    return minIndex;
}
void Swap(Entry* D, int i, int j)      //交换顺序表中两个元素位置
{
    Entry temp;
    if(i == j) return;
    temp = *(D + i);
    *(D + i) = *(D + j);
    *(D + j) = temp;
}
void SelectSort(List* list)
{
    int minIndex, startIndex = 0;
    while(startIndex < list->n-1)
    {
        minIndex = FindMin(*list, startIndex);
        Swap(list->D, startIndex, minIndex);
        startIndex++;
    }
}
```

我们从三方面对简单选择排序算法进行考察。

（1）稳定性

简单选择排序算法是不稳定的。从表 10.1 的简单选择排序过程示例中就可以得出这个结论。在表 10.1 中，存在两个关键字为 24 的数据元素。在排序后，这两个关键字的相对位置发生了变化。简单选择排序的一趟排序过程包含将两个数据元素交换的操作，这一操作极有可能将原本在前面的数据元素交换到与其关键字相同的数据元素的后面，如表 10.1 中第 1 趟排序结果所示。

（2）排序算法的排序趟数

对于 n 个待排序数据元素，简单选择排序算法的排序趟数为 n–1。每一趟排序过程都包含 3 个操作：查找关键字最小元素操作（FindMin）、交换元素操作（Swap）和确定下一趟待排序序列数据元素范围操作（startIndex++）。

（3）时间复杂度与空间复杂度

第 i 趟排序，待排序序列在顺序表中的范围是下标 i–1 至 n–1 的 n–i+1 个数据元素。在这 n–i+1 个数据元素上进行 FindMin 操作，需要进行 n–i 次比较。如果找到的关键字最小元素下标刚好是 i–1，则无须进行交换。如果发生了交换，则需要进行 3 次数据元素移动（复制）操作，并需要 1 个数据元素空间存放临时变量 temp。

在全部 n–1 趟排序过程中，关键字比较次数 $T_{compare}$ 为

$$T_{compare} = \sum_{i=1}^{n-1}(n-i) = \frac{n \times (n-1)}{2} \qquad (10\text{-}1)$$

在全部 n–1 趟排序过程中，数据元素移动次数最多为 3(n–1)。每次元素移动时需要 1 个单位的临时存储空间。

因此，简单选择排序算法的最好、最坏和平均情况的时间复杂度都是 $O(n^2)$，空间复杂度都是 $O(1)$。

可以对上述简单选择排序算法进行简单改造，得到另一种简单选择排序算法：每趟排序都查找关键字最大的元素，并将其与当前待排序序列最后一个元素交换位置。

10.2.2 直接插入排序

直接插入排序的核心思想是：从只包含一个数据元素的有序序列开始，不断地将待排序数据元素有序地插入这个有序序列中，直到有序序列包含了所有待排序数据元素为止。具体步骤如下所示。

第 1 趟排序：将 D[1] 有序插入(D[0]) 中，得到有序序列 (D[0], D[1])。

第 2 趟排序：将 D[2] 有序插入(D[0], D[1]) 中，得到有序序列 (D[0], D[1], D[2])。

⋮

第 i 趟排序：将 D[i] 有序插入 (D[0], D[1], ⋯, D[i−1]) 中，得到有序序列 (D[0], D[1],⋯, D[i])。

⋮

第 n−1 趟排序：将 D[n−1]有序插入(D[0], D[1],⋯, D[n−2])中，得到有序序列(D[0], D[1],⋯, D[n−1])。

表 10.2 是一个直接插入排序过程示例，示例中用关键字代表每个数据元素。仅第 1 趟标出待插入元素，其他趟直接给出排序结果。

表 10.2　　　　　　　　　　　　　直接插入排序过程

	位置	0	1	2	3	4	5	6	7
	初始序列	24	29	45	73	[24]	89	90	11
第 1 趟	有序序列	24							
	待排序序列		29	45	73	[24]	89	90	11
			↑						
			待插入						
	排序结果	24	29	45	73	[24]	89	90	11
第 2 趟	有序序列	24	29						
	待排序序列			45	73	[24]	89	90	11
	排序结果	24	29	45	73	[24]	89	90	11
第 3 趟	有序序列	24	29	45					
	待排序序列				73	[24]	89	90	11
	排序结果	24	29	45	73	[24]	89	90	11
第 4 趟	有序序列	24	29	45	73				
	待排序序列					[24]	89	90	11
	排序结果	24	[24]	29	45	73	89	90	11
第 5 趟	有序序列	24	[24]	29	45	73			
	待排序序列						89	90	11
	排序结果	24	[24]	29	45	73	89	90	11
第 6 趟	有序序列	24	[24]	29	45	73	89		
	待排序序列							90	11
	排序结果	24	[24]	29	45	73	89	90	11

续表

位置		0	1	2	3	4	5	6	7
第7趟	有序序列	24	24	29	45	73	89	90	
	待排序序列								11
	排序结果	11	24	24	29	45	73	89	90

直接插入排序算法的 C 语言程序实现如下。

程序 10.3　直接插入排序算法

```
void InsertSort(List *list)
{
    int i, j;  //i 为待插入元素下标
    Entry insertItem; //每一趟待插入元素
    for(i=1; i<list->n; i++)
    {
        insertItem = list->D[i];
        for(j=i-1; j>=0; j--)
        {
            //不断将有序序列中元素向后移动，为待插入元素空出一个位置
            if(insertItem.key < list->D[j].key)
                list->D[j+1] = list->D[j];
            else break;
        }
        list->D[j+1] = insertItem; //待插入元素有序存放至有序序列中
    }
}
```

我们从三方面对直接插入排序算法进行考察。

（1）稳定性

直接插入排序算法是稳定的，这个结论可以从分析算法步骤得到。假设待排序序列中有两个关键字相同的数据元素 a 和 b，排序前它们分别位于 D[i] 和 D[j] 的位置上，a 排在 b 之前，即 i<j。因为数据元素是按照下标顺序依次进入有序序列中的，所以 a 一定比 b 先进入有序序列中。假设某趟排序，要将 b（在当前的 D[j] 位置上）有序插入有序序列(D[0], D[1],…, a,…, D[j-1]) 中，该过程是不断将有序序列中的元素向后移一个位置，最终空出一个位置用于安置 b。从程序 10.3 可以看出，一个元素是否后移一位，取决于该元素关键字是否大于 D[j]，而 a 的关键字等于 D[j]，不会发生后移的操作，b 有序插入后，肯定位于 a 后面的位置。因此，直接插入排序算法是稳定的。

（2）排序算法的排序趟数

直接插入排序算法中第 1 趟有序序列只包含一个元素，其后每一趟都将一个元素有序插入有序序列中，直到有序序列包含所有的数据元素。所以，对于 n 个待排序数据元素，直接插入排序算法的排序趟数为 n-1。

（3）时间复杂度与空间复杂度

第 i 趟排序，有序序列在顺序表中的范围是下标 0 至 i-1 的 i 个数据元素，将 D[i] 有序插入这个有序序列中，存在最好、最坏和平均情况。

最好情况：D[i-1] 的关键字小于等于 D[i] 的关键字，有序序列不发生元素移动，只进行 1 次 D[i-1] 与 D[i] 关键字的比较。

最坏情况：D[i]关键字比 D[0]关键字还要小，有序序列中所有元素都发生移动，需要进行 i 次比较。

平均情况：D[i]放置到有序序列 (D[0], D[1], …, D[i-1]) 任意位置的概率相等，均为 1/(1+i)，平均比较次数是 $\frac{1+2+\cdots+i+i}{1+i} = \frac{i}{2} + \frac{i}{1+i} \approx \frac{i}{2}+1$。

在全部 n-1 趟排序过程中，关键字比较次数 $T_{compare}$ 分为最好、最坏与平均三种情况。

最好情况发生在待排序序列本身已经是有序状态时，全部 n-1 趟排序过程不发生元素移动，关键字比较次数 $T_{compare}^{best}$ 为

$$T_{compare}^{best} = n-1 \tag{10-2}$$

最坏情况发生在待排序序列本身是逆序（关键字递减）状态时。第 i 趟最坏情况是需要比较 i 次，全部 n-1 趟排序的关键字比较次数 $T_{compare}^{worst}$ 为

$$T_{compare}^{worst} = \sum_{i=1}^{n-1} i = \frac{n \times (n-1)}{2} \tag{10-3}$$

第 i 趟的平均情况：待插入元素比较 1+i/2 次。因此全部 n-1 趟排序的关键字比较次数 $T_{compare}^{avg}$ 为

$$T_{compare}^{avg} = \sum_{i=1}^{n-1}\left(1 + \frac{i}{2}\right) = \frac{(n+4) \times (n-1)}{2} \tag{10-4}$$

在全部 n-1 趟排序过程中，数据元素移动最多只需要 1 个单位的临时存储空间。

因此，直接插入排序算法的最好情况下的时间复杂度是 O(n)；最坏和平均情况下的时间复杂度都是 $O(n^2)$。最好、最坏和平均情况下，空间复杂度都是 O(1)。

10.2.3 冒泡排序

冒泡排序的核心思想是：从前向后不断交换相邻逆序（关键字递减）数据元素，重复该过程，直到任意相邻数据元素都不再逆序排列为止。具体步骤如下所示。

第 1 趟排序：对序列 (D[0], D[1],…, D[n-1]) 进行如下操作。

　　　　　　检查 D[0], D[1]是否逆序，如果逆序，则交换。

　　　　　　检查 D[1], D[2]是否逆序，如果逆序，则交换。

　　　　　　…

　　　　　　检查 D[n-2], D[n-1]是否逆序，如果逆序，则交换。

第 2 趟排序：上一趟发生元素交换，本趟对序列 (D[0], D[1],…, D[n-2]) 进行如下操作。

　　　　　　检查 D[0], D[1]是否逆序，如果逆序，则交换。

　　　　　　检查 D[1], D[2]是否逆序，如果逆序，则交换。

　　　　　　…

　　　　　　检查 D[n-3], D[n-2]是否逆序，如果逆序，则交换。

　⋮

第 i 趟排序：上一趟发生元素交换，本趟对序列 (D[0], D[1],…, D[n-i]) 进行如下操作。

　　　　　　检查 D[0], D[1]是否逆序，如果逆序，则交换。

　　　　　　检查 D[1], D[2]是否逆序，如果逆序，则交换。

　　　　　　…

检查 D[n-i-1], D[n-i]是否逆序，如果逆序，则交换。

第 N 趟排序（最后一趟）：上一趟发生元素交换，本趟检查序列 (D[0], D[1],…, D[n-N])发现任意相邻元素都已经是递增排列状态，没有发生交换，排序完成。

表 10.3 是一个冒泡排序过程示例，示例中用关键字代表每个数据元素。仅第 1 趟给出详细的交换过程，灰色底纹的数据元素是检查是否逆序的相邻数据元素，其他趟直接给出排序结果。

表 10.3 　　　　　　　　　　　　　冒泡排序过程

位置	0	1	2	3	4	5	6	7
初始序列	24	29	45	73	24	89	90	11
第1趟 排序范围	↑							↑
	24	29	45	73	24	89	90	11
	24	29	45	73	24	89	90	11
	24	29	45	73	24	89	90	11
	24	29	45	73	24	89	90	11
				↑逆序交换↑				
	24	29	45	24	73	89	90	11
	24	29	45	24	73	89	90	11
	24	29	45	24	73	89	90	11
							↑逆序交换↑	
排序结果	24	29	45	24	73	89	11	90
第2趟 排序范围	↑						↑	
排序结果	24	29	24	45	73	11	89	90
第3趟 排序范围	↑				↑			
排序结果	24	24	29	45	11	73	89	90
第4趟 排序范围	↑			↑				
排序结果	24	24	29	11	45	73	89	90
第5趟 排序范围	↑			↑				
排序结果	24	24	11	29	45	73	89	90
第6趟 排序范围	↑		↑					
排序结果	24	11	24	29	45	73	89	90
第7趟 排序范围	↑	↑						
排序结果	11	24	24	29	45	73	89	90

冒泡排序算法的 C 语言程序实现如下。

程序 10.4　冒泡排序算法

```c
typedef int BOOL;
void BubbleSort(List *list)
{
```

```
int i, j;   // i标识每趟排序范围最后一个元素下标，每趟排序元素下标范围是 0 ~ i
for(i=list->n-1; i>0; i--)
{
    BOOL isSwap = FALSE; //标记一趟排序中是否发生了元素交换
    for(j=0; j<i; j++)
    {
        if(list->D[j].key > list->D[j+1].key)
        {
            Swap(list->D, j, j+1);
            isSwap = TRUE;
        }
    }
    if(!isSwap) break; //如果本趟排序没有发生元素交换，排序完成
}
}
```

我们从三方面对冒泡排序算法进行考察。

（1）稳定性

冒泡排序算法是稳定的，这个结论可以从分析算法步骤得到。假设待排序序列中有两个关键字相同的数据元素 a 和 b，a 在 b 之前。因为每趟排序过程中，每个数据元素只可能向前（与其前一个数据元素交换）或向后（与其后一个数据元素交换）移动一个位置，所以 a 和 b 交换位置只可能发生在 a 和 b 位置相邻的情况下。但是当 a 和 b 位置相邻时，因为关键字相同，二者非逆序排列，所以绝对不会发生交换。因此，冒泡排序算法是稳定的。

（2）排序算法的排序趟数

由程序 10.4 可以发现，冒泡排序算法终止条件有 2 个：某趟排序未发生元素交换（isSwap == FALSE）或者当前排序范围内只剩下 2 个数据元素（i == 1）。当待排序序列本身已经处于按照关键字有序递增排列的状态时，只需要进行 1 趟排序。因为在这种状态下，第 1 趟排序不会发生元素交换，达到排序算法终止条件之一（isSwap == FALSE）。当每趟排序都发生元素交换时，即达到排序算法终止条件 i == 1 时算法才停止，一共需要进行 n-1 趟排序。如果存在一个元素在每一趟排序中都朝着其最终有序位置的方向移动一个位置，且这个元素离它最终位置的距离是 n-1，则也需要进行 n-1 趟排序。例如，关键字最小的数据元素排在初始序列最后一个位置上（见表 10.3）。

（3）时间复杂度与空间复杂度

第 i 趟排序，冒泡排序的作用范围是下标 0 至 n-i 的 n-i+1 个数据元素，相邻元素关键字两两比较。所以第 i 趟排序需要进行 n-i 次比较。

最好情况：只发生 1 趟排序时，冒泡排序算法需要进行 n-1 次比较，即

$$T_{compare}^{best}(n) = n-1 \tag{10-5}$$

最坏情况：发生 n-1 趟排序时，关键字比较次数 $T_{compare}^{worst}$ 为

$$T_{compare}^{worst}(n) = \sum_{i=1}^{n-1}(n-i) = \frac{n \times (n-1)}{2} \tag{10-6}$$

平均情况：算法在每一趟停止的概率都相同，为 1/(n-1)，则关键字比较次数 $T_{compare}^{avg}$ 为

$$T_{compare}^{avg} = \frac{1}{n-1} \times \sum_{j=1}^{n-1}\sum_{i=1}^{j}(n-i) = \frac{n(2n-1)}{6}\qquad（10\text{-}7）$$

因此，冒泡排序算法的最好情况下的时间复杂度是 $O(n)$；最坏和平均情况下的时间复杂度都是 $O(n^2)$。无论何种情况，发生元素交换只需要 1 个单位的临时存储空间，所以冒泡排序算法空间复杂度是 $O(1)$。

10.3　快速排序算法

快速排序算法之所以命名为"快速"，是因为到目前为止，它依然是平均情况下最快的内排序算法。快速排序算法的核心思想是：在待排序序列中选择一个分割元素，将待排序序列中所有比分割元素关键字小或相等的元素移动到分割元素左侧位置，将待排序序列中所有比分割元素关键字大或相等的元素移动到分割元素右侧位置；然后将分割元素左侧所有元素都看作一个待排序子序列，重复上述过程，直到这些元素完全有序；最后将分割元素右侧所有元素看作一个待排序子序列，重复上述过程，直到这些元素完全有序。用递归的方式描述快速排序算法具体过程如下所示。

（1）待排序序列中元素数量小于等于 1 时，不需排序，直接退出。

（2）选择待排序序列中一个元素 D_s（关键字为 K_s），将待排序序列划分成左右两个子序列，满足：

①　左子序列如果不空，则其中所有元素的关键字均小于或等于 K_s；

②　右子序列如果不空，则其中所有元素的关键字均大于或等于 K_s。

（3）快速排序（左子序列）。

（4）快速排序（右子序列）。

快速排序可看作一个不断划分子序列、对子序列进行排序的递归过程。我们将每一个序列划分的过程看作一趟排序。序列划分是快速排序的核心操作，需要考虑分割元素如何选取、数据元素如何移动至相应子序列等问题。下面介绍一种常见的序列划分方法。

设待排序序列（或子序列）包含数据元素 $D[low], D[low+1], \cdots, D[high]$，low 到 high 是待排序序列元素下标范围。选择 $D[low]$ 为分割元素，设置 2 个游动下标 i 和 j。初始时令 $i = low, j = high + 1$。约定下标 i 只能向序列右侧移动，即 i ++；下标 j 只能向序列左侧移动，即 j - -。序列划分过程包括以下步骤。

（1）下标 i 开始前进，每前进一步，将当前 $D[i]$ 关键字与 $D[low]$ 关键字进行比较，如果 $D[i]$ 关键字小于 $D[low]$ 关键字，则 i 继续前进，否则停止前进。

（2）下标 j 开始前进，每前进一步，将当前 $D[j]$ 关键字与 $D[low]$ 关键字进行比较，如果 $D[j]$ 关键字大于 $D[low]$ 关键字，则 j 继续前进，否则停止前进。

（3）如果 i≥j，交换 $D[low]$ 与 $D[j]$，退出；否则，交换 $D[i]$ 与 $D[j]$，回到（1）。

上述过程中，（1）与（2）可以并发进行。序列划分是一个循环过程，下标 i 和 j 同时前进，向彼此逼近，当它们不能前进时，交换各自指示的数据元素，再继续前进，直到二者相遇。如图 10.1（a）所示，序列划分的某次循环中，当 i 和 j 都停止时：序列中从 low 到 i-1 的元素关键字都小于或等于分割元素关键字 x；序列中从 j+1 到 high 的元素关键字都大于或等于分割元素关键字 x。交换此时 i 和 j 所指向的元素后，序列中元素关键字与分割元素关键字的大小关系如图 10.1

（b）所示。当 i 和 j 相遇后（i≥j），序列中元素关键字与分割元素关键字的大小关系如图 10.1（c）所示（图中只给出了 i 和 j 相遇的一种情况）。交换 low 与 j 所指向的元素后，可以从图 10.1（d）看出，分割元素左侧所有元素关键字均不大于分割元素关键字，分割元素右侧所有元素关键字均不小于分割元素关键字，达到了我们所预期的一趟划分结果。

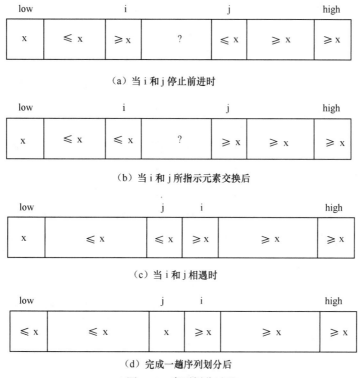

图 10.1 序列划分过程

进行一次序列划分的 C 语言程序实现如下。

程序 10.5 序列划分方法

```
int Partition(List* list, int low, int high)
{
    int i = low, j = high + 1;
    Entry pivot = list->D[low]; //pivot 是分割元素
    do{
        do i++;    while(i<=high && list->D[i].key < pivot.key); //i 前进
        do j--;    while(list->D[j].key > pivot.key); //j 前进
        if(i < j)  Swap(list->D, i, j);
    } while(i < j);
    Swap(list->D, low, j);
    return j; //此时 j 是分割元素下标
}
```

表 10.4 是一个快速排序过程示例，示例中用关键字代表每个数据元素。仅第 1 趟给出详细的下标前进与交换过程。

表 10.4　快速排序过程

位置	0	1	2	3	4	5	6	7	
初始序列	(24	29	45	73	24	89	90	11)	∞
第1趟 下标初值	↑ low,i							↑ high	↑ j
i,j 前进		↑ i						↑ j	
i,j 交换	24	11	45	73	24	89	90	29	
i,j 前进	↑ low		↑ i		↑ j				
i,j 交换	24	11	24	73	45	89	90	29	
i,j 前进	↑ low		↑ j	↑ i					
j, low 交换	24	11	24	73	45	89	90	29	
排序结果	(24	11)	24	(73	45	89	90	29)	
第2趟 下标初值	↑ low,i	↑ high	↑ j						
排序结果	11	24	24	(73	45	89	90	29)	∞
第3趟 下标初值				↑ low,i			↑ high	↑ j	
排序结果	11	24	24	(29	45)	73	(90	89)	
第4趟 下标初值				↑ low,i	↑ high	↑ j			
排序结果	11	24	24	29	45	73	(90	89)	∞
第5趟 下标初值							↑ low,i	↑ high	↑ j
排序结果	11	24	24	29	45	73	89	90	

快速排序算法的 C 语言程序实现如下。

程序 10.6　快速排序算法

```c
void QuickSort(List *list, int low, int high) //快速排序的递归函数
{
    int k;
    if(low < high) //当前待排序序列至少包含 2 个元素
    {
        k = Partition(list, low, high);
        QuickSort(list, low, k-1);
        QuickSort(list, k+1, high);
    }
}
```

```
void QuickSort(List *list) //快速排序算法的主调用函数
{
    QuickSort(list, 0, list->n-1);
}
```

我们从三方面对快速排序算法进行考察。

（1）稳定性

快速排序算法是不稳定的，从表 10.4 的快速排序过程示例中就可以得出这个结论。在表 10.4 中，存在两个关键字为 24 的数据元素。在排序后，这两个关键字的相对位置发生了变化。

（2）排序算法的排序趟数

由程序 10.5 可以发现，排序趟数取决于排序过程中发生的子序列划分次数。最坏情况下，每一趟子序列划分后，都只产生一个子序列，即待排序序列中所有元素在序列划分过程结束后，都聚集到分割元素的同一侧。这种情况下，每一趟划分后得到一个子序列，子序列规模仅比原序列少一个元素（分割元素），需要进行 n-1 趟排序，才能最终得到有序序列。如表 10.5 所示，当数据元素在待排序序列中初始时就处于按关键字递增次序排序的情况时，排序趟数达到最大，为 n-1。同样，当数据元素在待排序序列中初始时就按照关键字递减次序排序时，排序趟数也会达到 n-1。

表 10.5　　　　　　　　　　　　　快速排序过程（趟数最多的情况）

位置	0	1	2	3	4	5	
初始序列	(2	12	36	48	68	72)	∞
第 1 趟排序结果	2	(12	36	48	68	72)	∞
第 2 趟排序结果	2	12	(36	48	68	72)	∞
第 3 趟排序结果	2	12	36	(48	68	72)	∞
第 4 趟排序结果	2	12	36	48	(68	72)	∞
第 5 趟排序结果	2	12	36	48	68	72	∞

排序趟数最少的情况是每次序列划分时，都将原序列划分成长度基本相等的 2 个子序列（子序列长度最多相差 1）。在这种情况下，快速排序的趟数 Q(n) 满足如下公式。

$$Q(n) = Q(\left\lfloor \frac{n-1}{2} \right\rfloor) + Q(\left\lceil \frac{n-1}{2} \right\rceil) + 1 \tag{10-8}$$

$$Q(0) = Q(1) = 0 \tag{10-9}$$

（3）时间复杂度与空间复杂度

如果当前待排序序列中有 N = high-low + 1 个数据元素，进行一趟序列划分，i 和 j 在前进过程中会访问到每一个元素并将其关键字与分割元素关键字进行比较，直到相遇。相遇有两种情况：i == j 和 i == j+1，所以最多进行 N+1 次比较，最少进行 N 次比较。

最好情况：每次序列划分时，都能将原序列划分成长度基本相等的 2 个子序列，关键字比较次数 $T_{compare}^{best}(n)$ 以递归方式表示为

$$T_{compare}^{best}(n) = T_{compare}^{best}\left(\left\lfloor \frac{n-1}{2} \right\rfloor\right) + T_{compare}^{best}\left(\left\lceil \frac{n-1}{2} \right\rceil\right) + n \approx 2T_{compare}^{best}\left(\frac{n}{2}\right) + n \tag{10-10}$$

最坏情况：发生 n-1 趟排序，关键字比较次数 $T_{compare}^{worst}(n)$ 以递归方式表示为

$$T_{compare}^{worst}(n) = T_{compare}^{worst}(n-1) + n + 1 \qquad （10-11）$$

平均情况：算法每一趟划分结束后，分割元素放置在各个可能的位置上的概率是相等的，第一趟分割元素将序列分割成长度为 k 和 n−k−1 的两个子序列，进行了 n+1 次比较，k 的取值在 0 到 n−1 之间等概率，则关键字比较次数 $T_{compare}^{avg}(n)$ 以递归方式表示为

$$T_{compare}^{avg}(n) = \frac{1}{n}\sum_{k=0}^{n-1}(T_{compare}^{avg}(n-k-1) + T_{compare}^{avg}(k)) + n + 1 \qquad （10-12）$$

基于公式（10-10）与公式（10-12）进行进一步的推导，可以得到快速排序算法的最好和平均情况下的时间复杂度是 $O(n×log_2 n)$；基于公式（10-11）得到最坏情况下的时间复杂度是 $O(n^2)$。

快速排序每趟过程中，只需要 1 个单位的临时存储空间用于元素交换，但是以递归方式实现快速排序时，还需要一个栈存储递归过程产生的活动记录。在最好和平均情况下，空间复杂度为 $O(log_2 n)$，而在最坏情况下，空间复杂度为 $O(n)$。

10.4 两路合并排序算法

合并排序的核心思想是：初始时将待排序的 n 个数据元素看作 n 个待合并有序序列，每个序列只包含一个数据元素；将每 m 个待合并序列合并成一个大的有序序列（在最后一次合并中，序列个数可能少于 m）；重复合并过程，直到所有的数据元素都属于同一个有序序列为止。当 m = 2 时，上述合并排序过程称为两路合并排序算法。两路合并排序算法具体过程如下所示。

第 1 趟排序： 对 n 个有序序列 (D[0]), (D[1]), ⋯, (D[n−1]) 进行如下操作。

合并 (D[0]) 和 (D[1])，得到有序序列 (D[0], D[1])。

合并 (D[2]) 和 (D[3])，得到有序序列 (D[2], D[3])。

⋯

如果 n 是偶数，合并最后两个有序序列；否则，最后一个序列不发生合并。

第 2 趟排序： 对 $\lceil n/2 \rceil$ 个有序序列 (D[0], D[1]), (D[2], D[3]), ⋯进行如下操作。

合并 (D[0], D[1]) 和 (D[2], D[3])，得到有序序列 (D[0], D[1], D[2], D[3])。

合并 (D[4], D[5]) 和 (D[6], D[7])，得到有序序列 (D[4], D[5], D[6], D[7])。

⋯

如果 $\lceil n/2 \rceil$ 是偶数，合并最后两个有序序列；否则，最后一个序列不发生合并。

⋮

第 i 趟排序： 对 $\lceil \dfrac{n}{2^{i-1}} \rceil$ 个有序序列 (D[0], ⋯, D[2^{i-1}−1]), ⋯进行如下操作。

合并 (D[0], ⋯, D[2^{i-1}−1]) 和 (D[2^{i-1}], ⋯, D[2^i−1])，得到有序序列 (D[0], ⋯, D[2^i−1])。

⋯

如果 $\lceil \dfrac{n}{2^{i-1}} \rceil$ 是偶数，合并最后两个有序序列；否则，最后一个序列不发生合并。

⋮

第 N 趟排序：当 $\left\lceil \dfrac{n}{2^{N-1}} \right\rceil = 2$ 时，对最后 2 个有序序列进行合并，得到有序序列(D[0], D[1],…, D[n-1])。

将两个相邻有序序列合并成一个大的有序序列，是两路合并排序算法的核心操作。设相邻两个有序序列 (D[low], D[low +1], …, D[low + n_1-1])和(D[low+ n_1], D[low+ n_1], …, D[low+ n_1+ n_2-1])，它们的长度分别是 n_1 和 n_2。将两个有序序列合并成一个大的有序序列，需要借助一个长度至少为 n_1+ n_2 的临时数组 temp。两个有序序列合并方法的 C 语言程序实现如下。

程序 10.7 序列两路合并方法

```
// n1 和 n2 是两个子序列长度，low 是第一个子序列第一个元素下标
void Merge(List* list, Entry* temp, int low, int n1,int n2)
{
    int i = low, j = low+n1; //i, j 初始时分别指向两个序列的第一个元素
    while(i≤low + n1 - 1 && j≤low+ n1+ n2 - 1)
    {
        if(list->D[i].key <= list->D[j].key)
        *temp++ = list->D[i++];
        else *temp++ = list->D[j++];
    }
    while(i <= low + n1 - 1)
        *temp++ = list->D[i++]; //剩余元素直接复制到 temp
    while(j <= low+ n1+ n2 - 1)
        *temp++ = list->D[j++]; //剩余元素直接复制到 temp
}
```

长度为 n_1 和 n_2 (n_1≥n_2) 的两个相邻子序列进行合并操作时，在第二个子序列所有元素都比第一个子序列元素小的情况下，比较的次数最少，为 n_2 次。在合并中，如果第一个 while 循环结束后，两个子序列中所有元素都已经被复制到临时数组，没有剩余元素，则比较的次数最多，为 n_1 + n_2-1。

表 10.6 是一个两路合并排序过程示例，示例中用关键字代表每个数据元素。

表 10.6 　　　　　　　　　　　　　　两路合并排序过程

	位置	0	1	2	3	4	5	6	7
	初始序列	(24)	(29)	(45)	(73)	(24)	(89)	(90)	(11)
第 1 趟		↘	↙	↘	↙	↘	↙	↘	↙
		合并		合并		合并		合并	
	排序结果	(24	29)	(45	73)	(24	89)	(11	90)
第 2 趟		↘		↙		↘		↙	
		合并				合并			
	排序结果	(24 ,	29	45	73)	(11	24	89	90)
第 3 趟				↘			↙		
		合并							
	排序结果	(11	24	24	29	45	73	89	90)

两路合并排序算法的 C 语言程序实现如下。

程序 10.8　两路合并排序算法

```
void MergeSort(List *list)
{
    Entry temp[MaxSize];
    int low, n1, n2, i, size = 1;
    while(size < list->n)
    {
        low = 0;  //low 是一对待合并序列中第一个序列的第一个元素下标
        while(low + size < list->n) // low + size < list->n 说明至少存在两个子序列需要合并
        {
            n1 = size;
            if(low + size*2 <list->n)
                n2 = size; //计算第二个序列长度
            else
                n2 = list->n-low-size;
            Merge(list, temp+low, low, n1, n2);
            low += n1 + n2;    //确定下一对待合并序列中第一个序列的第一个元素下标
        }
        for(i=0; i<low; i++)
            list->D[i] = temp[i]; //复制一趟合并排序结果
        size *= 2; //子序列长度翻倍
    }
}
```

我们从三方面对两路合并排序算法进行考察。

（1）稳定性

合并排序算法是稳定的。这个结论可以从分析算法步骤得到。假设待排序序列中有两个关键字相同的数据元素 a 和 b，a 在 b 之前。在进行某趟合并排序时，如果 a 和 b 恰好分别位于两个相邻序列中，在合并过程中，a 一定会比 b 先存储进临时数组 temp，合并后二者相对位置应该与合并前一致。

（2）排序算法的排序趟数

每一趟排序都是将两两子序列进行排序，因此每一趟合并排序后，子序列数量会减少将近一半。最后一趟合并排序中，待排序的子序列数量为 2。设最后一趟排序是第 N 趟排序，必须满足条件 $\left\lceil \dfrac{n}{2^{N-1}} \right\rceil = 2$。可以推导得出 $N = \lceil \log_2 n \rceil$。

（3）时间复杂度与空间复杂度

长度为 n_1 和 n_2（$n_1 \geqslant n_2$）的相邻子序列进行两路合并时，比较次数至少为 n_2 次，最多为 $n_1 + n_2 - 1$ 次。假设最后一趟合并排序（第 $\lceil \log_2 n \rceil$ 趟排序）对仅剩的两个子序列进行合并，这两个子序列长度分别为 n_1 和 n_2，且满足 $n_1 \geqslant n_2$，$n = n_1 + n_2$。合并这两个序列需要进行至少 n_2 次比较，最多 $n-1$ 次比较。则最好情况下，合并排序的关键字比较次数 $T_{compare}^{best}$ 为

$$T_{compare}^{best}(n) = T_{compare}^{best}(n_1) + T_{compare}^{best}(n_2) + n_2 \tag{10-13}$$

最坏情况下，合并排序的关键字比较次数 $T_{compare}^{worst}$ 为

$$T_{compare}^{worst}(n) = T_{compare}^{worst}(n_1) + T_{compare}^{worst}(n_2) + n-1 \qquad (10\text{-}14)$$

平均情况下，合并两个子序列所需比较次数是区间$[n_2, n-1]$内任何一个值的概率相同。则合并排序的关键字比较次数 $T_{compare}^{avg}$ 为

$$T_{compare}^{avg}(n) = T_{compare}^{avg}(n_1) + T_{compare}^{avg}(n_2) + \frac{n_2+n-1}{2} \qquad (10\text{-}15)$$

假设理想情况下，$n_1 = n_2 = \dfrac{n}{2}$，则公式（10-13）可表达为

$$T_{compare}^{best}(n) = \begin{cases} 0 & n = 1 \\ 2T_{compare}^{best}\left(\dfrac{n}{2}\right) + \dfrac{n}{2} & n > 1 \end{cases} \qquad (10\text{-}16)$$

对公式（10-16）进一步进行计算，得到

$$T_{compare}^{best}(n) = \frac{n \times \log_2 n}{2} \qquad (10\text{-}17)$$

假设理想情况下，$n_1 = n_2 = \dfrac{n}{2}$，则公式（10-14）可表达为

$$T_{compare}^{worst}(n) = \begin{cases} 0 & n = 1 \\ 2T_{compare}^{worst}\left(\dfrac{n}{2}\right) + n - 1 & n > 1 \end{cases} \qquad (10\text{-}18)$$

对公式（10-18）进一步进行计算，得到

$$T_{compare}^{worst}(n) = n \times \log_2 n - n + 1 \qquad (10\text{-}19)$$

假设理想情况下，$n_1 = n_2 = \dfrac{n}{2}$，则公式（10-15）可表达为

$$T_{compare}^{avg}(n) = \begin{cases} 0 & n = 1 \\ 2T_{compare}^{avg}\left(\dfrac{n}{2}\right) + \dfrac{3n}{4} - \dfrac{1}{2} & n > 1 \end{cases} \qquad (10\text{-}20)$$

对公式（10-20）进一步进行计算，得到

$$T_{compare}^{avg}(n) = \frac{3n}{4} \times \log_2 n - \frac{n}{2} + \frac{1}{2} \qquad (10\text{-}21)$$

因此，两路合并排序算法的最好、最坏和平均情况下的时间复杂度都是 $O(n \times \log_2 n)$。两路合并排序最后一趟所需临时存储空间最大，为 n 个单位，所以两路合并排序算法空间复杂度是 $O(n)$。

10.5　堆排序算法

堆排序的核心思想是：借助堆数据结构，不断输出当前堆顶元素，每次堆顶离开当前堆后，将剩余元素重新调整成堆，直到堆中只剩下一个元素；元素的输出序列可转换成元素的有序序列。借助最大堆数据结构，堆排序算法具体过程如下所示。

准备：将待排序序列构建成最大堆 D[0], D[1],…, D[n-1]。

第 1 趟：交换堆顶元素 D[0] 与堆底元素 D[n-1]；调整 D[0], D[1],…, D[n-2] 为最大堆。

第 2 趟：交换堆顶元素 D[0] 与堆底元素 D[n-2]；调整 D[0], D[1],…, D[n-3] 为最大堆。

⋮

第 i 趟：交换堆顶元素 D[0] 与堆底元素 D[n-i]；调整 D[0], D[1],…, D[n-i-1] 为最大堆。

⋮

第 n-1 趟：交换堆顶元素 D[0] 与堆底元素 D[1]；排序完成。

排序分成两个阶段，首先对待排序序列进行堆的向下调整操作，将其调整成最大堆（该过程详见第 5 章优先权队列）。最大堆准备好之后，开始 n-1 趟的排序过程。每一趟都将堆中关键字最大元素（堆顶）与堆底元素交换，缩小堆的范围，并对新的堆顶元素进行向下调整操作，直到新堆调整成最大堆。

表 10.7 是一个堆排序过程示例，示例中用关键字代表每个数据元素。仅第 1 趟给出详细的交换与调整过程，其他趟只给出最终排序结果。

表 10.7　堆排序过程

	位置	0	1	2	3	4	5	6	7
	初始序列	24	29	45	73	[24]	89	90	11
准备工作	最大堆	90	73	89	29	[24]	24	45	11
第 1 趟	当前堆范围	↑ 堆顶							↑ 堆底
	交换堆顶堆底	11	73	89	29	[24]	24	45	90
	新堆范围	↑ 堆顶						↑ 堆底	
	调整最大堆	89	73	45	29	[24]	24	11	
	排序结果	89	73	45	29	[24]	24	11	90
第 2 趟	当前堆范围	↑ 堆顶						↑ 堆底	
	排序结果	73	29	45	11	[24]	24	89	90
第 3 趟	当前堆范围	↑ 堆顶					↑ 堆底		
	排序结果	45	29	24	11	[24]	73	89	90
第 4 趟	当前堆范围	↑ 堆顶				↑ 堆底			
	排序结果	29	[24]	24	11	45	73	89	90
第 5 趟	当前堆范围	↑ 堆顶			↑ 堆底				
	排序结果	[24]	11	24	29	45	73	89	90

续表

	位置	0	1	2	3	4	5	6	7
第 6 趟	当前堆范围	↑ 堆顶		↑ 堆底					
	排序结果	24	11	[24]	29	45	73	89	90
第 7 趟	当前堆范围	↑ 堆顶	↑ 堆底						
	排序结果	11	24	[24]	29	45	73	89	90

堆排序算法的 C 语言程序实现如下。

程序 10.9　堆排序算法

```
typedef struct maxheap{ //定义最大堆结构体
  int n, MaxSize;
  Entry D[MaxSize];
}MaxHeap;
void HeapSort(MaxHeap *hp)
{
  int i; Entry temp;
  for(i=hp->(n-2)/2; i>=0; i--)
      AdjustDown(hp->D, i, hp->n-1);
  for(i=hp->n-1; i>0; i--)   //i指向当前堆的堆底元素
  {
      Swap(heap->D, 0, i); //交换堆底与堆顶元素
      AdjustDown(hp->D, 0, i-1);
  }
}
```

我们从三方面对堆排序算法进行考察。

（1）稳定性

堆排序算法是不稳定的。从表 10.8 的堆排序过程示例可以得出这个结论。在表 10.8 中，存在两个关键字为 24 的数据元素。在排序后，这两个关键字的相对位置发生了变化。

表 10.8　　　　　　　　　　　　堆排序过程（不稳定的情况）

	位置	0	1	2	3	4
	初始序列	24	29	45	[24]	73
准备工作	最大堆	73	29	45	[24]	24
第 1 趟	当前堆范围	↑ 堆顶				↑ 堆底
	排序结果	45	29	24	[24]	73
第 2 趟	当前堆范围	↑ 堆顶			↑ 堆底	
	排序结果	29	[24]	24	45	73

位置		0	1	2	3	4
第 3 趟	当前堆范围	↑ 堆顶		↑ 堆底		
	排序结果	24	24	29	45	73
第 4 趟	当前堆范围	↑ 堆顶	↑ 堆底			
	排序结果	24	24	29	45	73

（2）排序算法的排序趟数

每一趟排序堆的规模减 1，直到堆中只剩下一个元素为止，所以排序趟数为 n-1。

（3）时间复杂度与空间复杂度

对初始序列进行建堆所耗费时间不超过 $O(n)$（时间复杂度分析详见第 5 章）。每一趟调用一次向下调整操作，耗费时间不超过 $O(\log_2 n)$，则 n-1 趟排序的最坏时间复杂度为 $O(n \times \log_2 n)$。通过进一步分析可知，堆排序的最好与平均时间复杂度也是 $O(n \times \log_2 n)$。

堆排序过程中只需要 1 个单位的临时存储空间用于进行元素交换，所以堆排序的空间复杂度是 $O(1)$。

10.6 外 排 序

外排序通常发生在待排序数据量非常大，无法一次性将数据全部读入内存的情况下。如果待排序数据必须分批读入内存进行排序，那么上述所有内排序算法都将失效。这就需要研究外存上的排序技术。这种排序技术称为外排序。在外排序过程中，将一个待排序数据元素称为一个记录，将有序排列好的一组记录称为有序文件。

最常被用来对外存数据进行排序的方法是合并排序。这种方法与内排序中的两路合并排序算法有非常大的区别。它包含两个阶段：预处理阶段和合并阶段。预处理阶段为 n 个记录生成若干个有序子文件。在合并阶段，将这些有序子文件逐趟合并成一个包含所有记录的有序大文件。

10.6.1 预处理

在预处理阶段，外排序算法将 n 个无序记录预处理成多个有序子文件，这些有序子文件称为初始游程。一种最直观的生成一个初始游程的方法是：读入尽可能多的记录到内存，采用快速排序算法将这些记录进行排序后写入外存。生成所有初始游程所花费的时间取决于读写记录所花费的时间。在内存中，排序的时间可以忽略不计。

这种方法存在两个问题：（1）生成所有初始游程所花费的时间较长，每次生成一个初始游程都必须等待记录读入内存并完成排序后，才能将记录写入初始游程。生成所有初始游程所耗费时间取决于读入 n 个记录所花费时间和向外存写入 n 个记录所花费时间之和，在内存中进行排序的时间可以忽略不计。（2）初始游程长度受限于内存大小。

置换选择是一种生成初始游程的有效方法，它可以实现记录读写的并发，大大缩短初始游程生成时间，同时生成的初始游程数量尽可能少，即每一个初始游程包含尽可能多的记录，平均情况下可以得到两倍于内存的初始游程文件。初始游程数量越少，合并阶段的时间耗费也会越少。采用置换选择方法，预处理包含 3 个步骤：建立初始堆、置换选择排序和输出内存中的剩余记录。下面依次详细介绍这 3 个步骤。

（1）建立初始堆。

设内存一次性可以容纳的记录数量是 N。从外存读入 N 个记录，在内存中基于这 N 个记录的关键字构建最小堆；在外存中创建第一个空的初始游程文件。

（2）置换选择排序。

① 输出当前堆顶记录到当前初始游程文件中，与此同时，从外存读入下一个记录。当前堆顶记录输出后，当前堆顶位置可看作空缺。注意，此时堆顶记录写入外存和新记录读入内存的过程可以借助输入输出缓冲区达到同时进行的效果。

② 比较新记录关键字与刚输出的堆顶关键字。如果新记录关键字不小于刚输出的堆顶关键字，则新记录放入当前堆的堆顶位置，然后调整当前堆。反之，如果新记录关键字小于刚输出的堆顶关键字，则将当前堆底记录放入当前堆的堆顶，调整当前堆。新记录成为新堆的成员。如果当前内存中约有一半记录都属于新堆，即有 N/2 个新堆记录，则可以对新堆进行调整。当新堆中的记录数达到 N，表明当前堆的所有记录都已经输出，一个初始游程文件生成完毕。将新堆设置为当前堆，在外存中为其创建一个空的初始游程文件。

③ 重复①、②，直到外存中所有待排序记录都读入完毕。

从②可以看出，每个初始游程中的记录都是按照关键字从小到大的顺序写入的。新记录如果想写入当前初始游程文件，必须先进入当前堆。如果它的关键字比上一个输出堆顶还小的话，那么它一定比当前堆中其他记录关键字都要小，因为上一个堆顶关键字比所有当前堆记录的关键字都要小。如果允许这样的新记录进入当前堆，经过调整后，它会成为堆顶并输出，而它一定会写到上一个堆顶记录的后面，造成初始游程文件失序的后果。所以只能允许这样的记录进入新堆，成为下一个初始游程文件记录。

（3）输出内存中的剩余记录。

① 输出当前堆记录到当前初始游程文件中，每输出一个堆顶记录，都需要对当前堆进行调整。

② 如果内存中有新堆，为新堆创建一个空的初始游程文件，这也是最后一个初始游程文件。将新堆记录输出到相应初始游程文件中，每输出一个堆顶记录，都需要对新堆进行调整。

下面通过一个例子说明上述预处理过程。设 N = 5，有 18 个待排序记录关键字：

122, 45, 624, 325, 662, 71, 451, 905, 982, 654, 305, 215, 809, 77, 531, 25, 100, 33

（1）建立初始堆。依次读入前 5 个记录：122, 45, 624, 325, 662，构建初始最小堆，如图 10.2 所示。创建初始游程文件 F1。

（2）置换选择排序。基于图 10.2 所示的初始堆，依次读入记录，并向初始游程文件写入记录。图 10.3～图 10.5 给出该过程，其中图 10.3 和图 10.4 给出生成 F1 文件记录的置换选择排序过程，图 10.5 给出生成 F2 文件记录的置换选择排序过程。

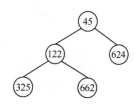

图 10.2 初始堆

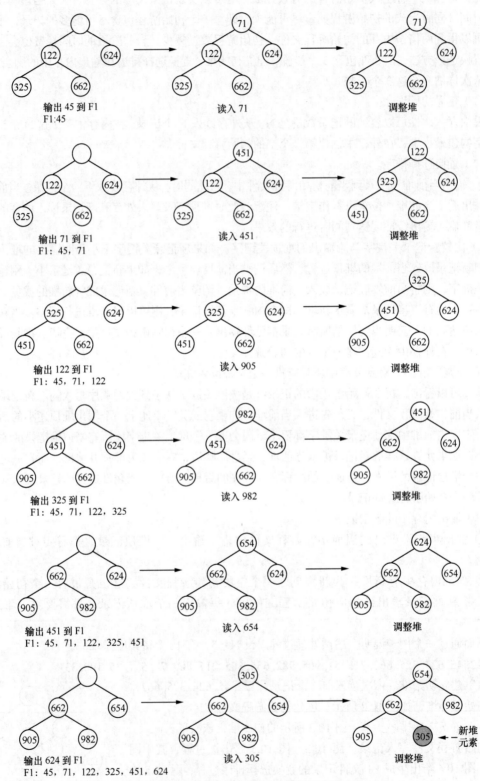

图 10.3　生成 F1 文件记录的置换选择排序过程

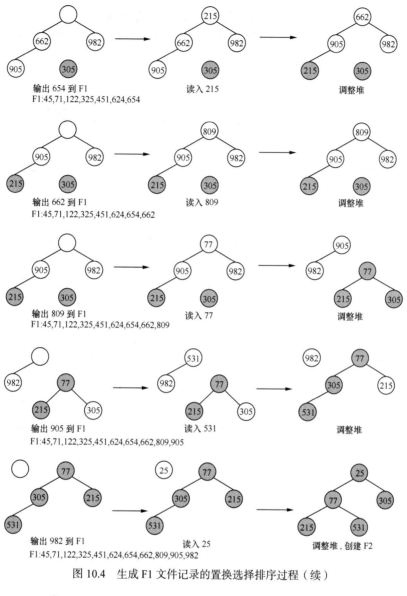

图 10.4 生成 F1 文件记录的置换选择排序过程（续）

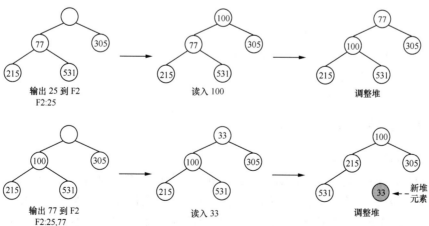

图 10.5 生成 F2 文件记录的置换选择排序过程

（3）输出内存中的剩余记录。在输出过程中，无论是当前堆还是新堆，堆顶记录的空缺都需要由堆底记录及时填补，然后进行堆的调整。图 10.6 给出该过程，内存剩余记录的状态为图 10.5 所示的最终状态。

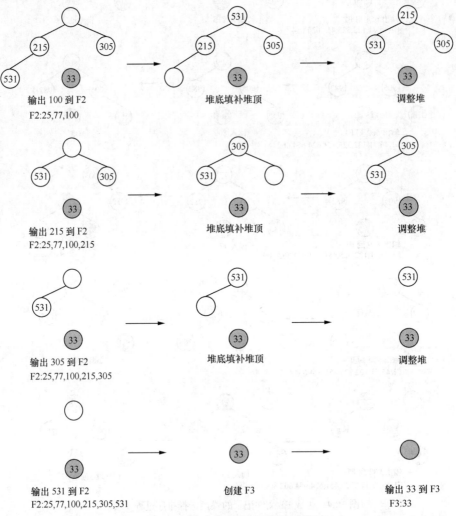

图 10.6　输出内存剩余记录的过程

最终预处理生成 3 个初始游程文件：

F1: 45, 71, 122, 325, 451, 624, 654, 662, 809, 905, 982

F2: 25, 77, 100, 215, 305, 531

F3: 33

10.6.2　多路合并

1. 两路合并与多路合并

预处理过后，待排序记录以局部有序的状态分布在各个初始游程文件中。接下来，需要应用多路合并算法得到一个包含所有记录的有序文件。应用于外排序的多路合并算法与应用于内排序的多路合并算法核心思想非常相似：将多个有序子文件合并成有序大文件，再将多个有序大文件合并成一个更大的有序文件……直到最后一趟将多个有序超大文件合并成一个包含所有记录的有序最大文件。但是二者在具体实现上有很大区别。应用于内排序的多路合并算法，在将若干有序子序列合并成一个大的有序序列时，需要一个足够大的临时存储空间来容纳所有子序列元素。而将多路合并的思想应用于外排序时，不可能有这样大的临时存储空间，甚至内存可能连一个初始游程文件都无法完全容纳。因此，在外排序过程中进行多路合并，只能将每个待合并子文件中的部分记录读入内存，并将记录有序地写回外存的临时文件中。在这个过程中，一个记录可能会被多次读入内存再被写回外存。

多路合并时，每个记录都被读入内存再被写回外存的过程称为一趟扫描。如果采用两路合并方法，合并趟数就是记录被扫描的次数。设预处理阶段产生的初始游程数量是 m，那么根据 10.4 节中对两路合并算法的趟数分析，在外排序过程中执行两路合并算法，每个记录被扫描的次数是 $\lceil \log_2 m \rceil$。图 10.7 所示是一棵具有 8 个初始游程的两路合并树，树中每一层（除去最下面一层表示游程文件）代表了一趟合并过程，一共需要进行 3 趟合并，每个记录被扫描 3 次。

如果应用多路合并树 (m > 2)，可以达到减少合并趟数的效果。例如，对 8 个初始游程进行三路合并，得到图 10.8 所示的三路合并树，可以看出，仅需要进行 2 趟合并，每个记录被扫描 2 次。

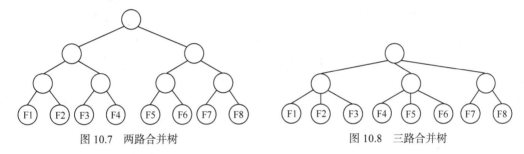

图 10.7　两路合并树　　　　　　　　　图 10.8　三路合并树

对 m 个初始游程进行 K 路合并，需要进行 $\lceil \log_k m \rceil$ 趟合并。可以看出，初始游程数量越少，合并趟数越少。先前的置换选择排序已经产生了尽可能少的初始游程，为多路合并阶段打好了基础。此外，多路合并的 K 越大，合并趟数越少，但是趟数少并不等于多路合并速度快。在对 K 个文件进行合并时，每个文件都有一个记录被同时读入内存，K 个记录中关键字最小的记录再被写回外存，在 K 个记录中找到关键字最小的记录，需要进行 K-1 次比较。这意味着，每一个记录被写回外存，需要相应付出 K-1 次比较的代价。在一趟合并排序中，n 个记录都被读入内存再被写回外存，需要付出 n×(K-1)次比较的代价。因此，进行 $\lceil \log_k m \rceil$ 趟合并，总的比较次数为

$$n \times (K-1) \times \lceil \log_k m \rceil \tag{10-22}$$

从公式（10-22）可以看出，K 越大，比较趟数越少，但是每一趟比较次数相应增大，从而削弱了比较趟数减少对合并排序带来的积极效果。因此，K 值需要精心设置，以保证对合并排序时间产生积极的影响。

2. 竞赛树

上面的分析中提到，每一个记录被写回外存，需要付出 K-1 次比较的代价。其实，通过竞赛树的方式，可以对公式（10-22）进一步优化，减少在 K 个记录中找出关键字最小记录所需比较次数。

竞赛树是一棵完全二叉树，其叶结点每一个待排序文件当前读入内存的记录。图 10.9 所示的是合并 8 个文件的一棵竞赛树的基本形态。竞赛树中最下面的方框代表一个待合并文件，方框里面显示的是下一个将被读入内存的记录关键字。竞赛树的叶结点表示每一个文件当前被读入内存的记录。在竞赛树中，双亲与孩子的关系是这样的：两个兄弟记录进行比赛，比赛的结果进入双亲结点。构造竞赛树的过程就是不断进行比赛，记录可以通过层层比较进入竞赛树的最上层。

竞赛树有两种：胜方树和败方树。下面对这两种竞赛树分别进行介绍。

胜方树就是从竞赛树的基本形态出发，从下往上每一层进行 PK：首先在最底层，兄弟叶结点内的记录进行 PK，胜利者（关键字较小者）入驻上一层双亲结点；然后在倒数第二层，兄弟结点内的记录进行 PK，胜利者入驻上一层双亲结点……重复该过程，直到最顶层，某个记录成为最终的胜利者，入驻竞赛树的根结点。图 10.10 描述的是一棵胜方树的 PK 过程。

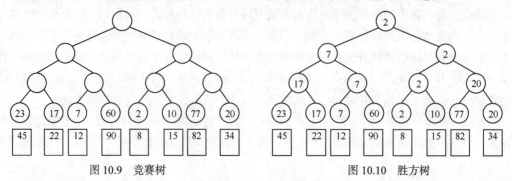

图 10.9　竞赛树　　　　　　　　　　　　图 10.10　胜方树

最后入驻根结点的记录，一定是当前内存中关键字最小的记录，也是本趟合并排序应该输出到外存的记录。将胜方树的根结点记录输出后，该记录所属文件中的下一个记录被读入内存。在胜方树上，新记录占据刚才输出记录所在叶结点，然后从叶结点向根结点的方向重复进行上述 PK 操作，直到一个新的记录入驻根结点。图 10.11（a）是根结点记录输出后，胜方树的状态；图 10.11（b）是胜方树重构后的状态，图中*号指示重构时需要进行 PK 的结点。

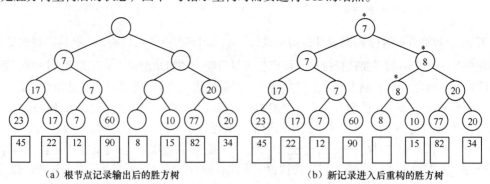

（a）根节点记录输出后的胜方树　　　　　（b）新记录进入后重构的胜方树

图 10.11　胜方树的重构

败方树可以简化重构过程。败方树是从竞赛树的基本形态出发，从下往上每一层进行 PK：首先在最底层，兄弟叶结点内的记录进行 PK，失败者（关键字较大者）入驻上一层双亲结点，而胜利者（关键字较小者）将作为上一层双亲结点的 PK 代表；然后在倒数第二层，兄弟结点的 PK 代表记录（上一次 PK 的胜利者）进行 PK，失败者入驻上一层双亲结点，而胜利者将作为上一层双亲结点的 PK 代表……重复该过程，直到最后一层 PK，失败者入驻根结点，而胜利者则存放至一个额外的结点。图 10.12 描述的是一棵败方树的 PK 过程。

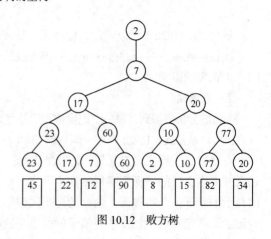

图 10.12　败方树

在败方树中，两个结点进行 PK，PK 双方不是结点内入驻的记录，而是每个结点的 PK 代表记录，也就是每个结点中记录入驻前进行 PK 时的胜利者。最后一次 PK 的胜利者一定是当前内存中关键字最小的记录，也是本次合并排序应该输出到外存的记录。将败方树的额外结点记录输出后，该记录所属文件中的下一个记录被读入内存。在败方树上，新记录占据刚才输出记录所在叶结点，然后进行败方树的重构。败方树的重构过程是：新进入败方树的记录与其双亲结点记录进行 PK，失败者入驻双亲结点，而胜利者则成为双亲结点的 PK 代表与上一层双亲结点记录进行 PK，失败者入驻上一层双亲结点，胜利者作为上一层双亲结点的 PK 代表进行下一次 PK……直到根结点进行最后一次 PK，失败者入驻根结点，而胜利者入驻额外结点。图 10.13（a）是额外结点记录输出后败方树的状态，图 10.13（b）是败方树重构后的状态，图中*号指示重构时需要进行 PK 的结点。

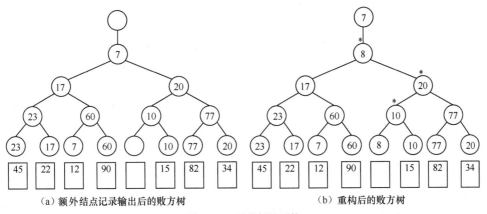

（a）额外结点记录输出后的败方树   （b）重构后的败方树

图 10.13   败方树的重构

与胜方树不同的是，败方树的重构过程中，每一次 PK 都是结点的 PK 代表记录与其双亲结点内的记录进行比较，不涉及兄弟结点。胜方树比较直观易懂，而败方树具有更加简洁的过程。

竞赛树的作用就是不断从 K 个记录中选择关键字最小的输出，每输出一个记录就需要对竞赛树进行一次重构，重构时进行 PK 的次数等于竞赛树的树高 $\lceil \log_2 K \rceil$。如果 K 个文件中一共有 n 个记录需要合并，则利用竞赛树来实现 K 路合并，执行一趟合并所需比较次数不超过 $n \times \lceil \log_2 K \rceil$。因此，利用竞赛树实现 K 路合并，执行 $\lceil \log_K m \rceil$ 趟所需比较次数不超过 $n \times \lceil \log_2 K \rceil \times \lceil \log_K m \rceil =$ $n \times \lceil \log_2 m \rceil$，即时间复杂度为 $O(n \times \lceil \log_2 m \rceil)$。与采用简单选择方法的公式（10-22）相比，时间开销大大降低，而且与 K 无关。

10.6.3   最佳合并树

竞赛树可以提高多路合并的效率，但是每一个记录的磁盘读写次数才是真正决定外排序时间耗费的关键。通过预处理产生的多个初始游程长度很可能是不相等的，在进行 K 路合并的时候，我们并没有考虑选择哪 K 个初始游程放在一起进行合并，而实际上，这种选择对磁盘读写次数会产生极大影响。

假设有 10 个初始游程，它们的长度分别是 2,4,6,7,8,10,12,14,20,25。现在对它们进行 3 路合并，合并树如图 10.14 所示，图中叶结点内的值是其所对应的初始游程文件包含的记录数，非叶结点中的值是其所对应的合并文件包含的记录数。给定一棵合并树，一个记录在整个合并过程中的读写次数等于该记录所在叶结点到根结点的路径长度。例如，图 10.14（a）中第一个文件包含 2 个记录，每个记录在整个合并过程中一共需要进行 3 次读写，那么这个文件中所有记录的读写次数是 6 次。由此可以看出，给定一棵合并树，可以通过计算加权路径长度来求得记录读写总次数。

图 10.14 给出的两种合并树，对应的加权路径长度分别是 284 和 274，可见图 10.14（b）所示的合并树对应的合并方案读写时间耗费更少，但是它并不是最佳合并树。

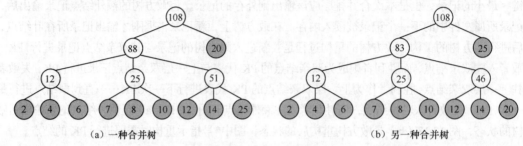

（a）一种合并树　　　　　　　　　　　　　　　　（b）另一种合并树

图 10.14　三路合并树

最佳合并树是加权路径长度最小的树。构造最佳合并树的方法和哈夫曼树的构造过程类似：

给定 m 个初始游程文件进行 K 路合并，最佳合并树的构造步骤如下。

（1）添加虚游程：计算 (m−1)%(K−1) 是否等于 0，如果不等于，则添加 (K−1)−(m−1) % (K−1) 个长度为 0 的虚游程。这样做的目的是，最佳合并树进行最后一趟合并时，刚好剩下 K 个文件需要合并，体现在最佳合并树上的情形是根结点包含 K 个孩子。对图 10.14 中的 10 个初始游程进行 3 路合并，需要添加 1 个虚游程，共计 11 个初始游程。

（2）构造一个森林，森林包含只有根结点的 m + (K−1)−(m−1) % (K−1) 棵树（包含虚游程），每棵树的根结点权值对应一个初始游程文件长度。对上述 11 个初始游程创建森林，如图 10.15（a）所示。

（3）每次从森林移出根结点权值最小的 K 棵树进行合并，K 棵树权值之和设置为合并后根结点的权值，将合并后的树放回森林。对上述 11 个初始游程森林进行合并的过程如图 10.15（b）～（f）所示。

（4）重复步骤（3），直到森林中只剩下一棵树，该树就是最佳合并树。图 10.15（f）中的树就是最佳合并树。可以看到，因为虚游程的加入，当开始最后一趟合并时，森林中一定只剩下 K 棵树。

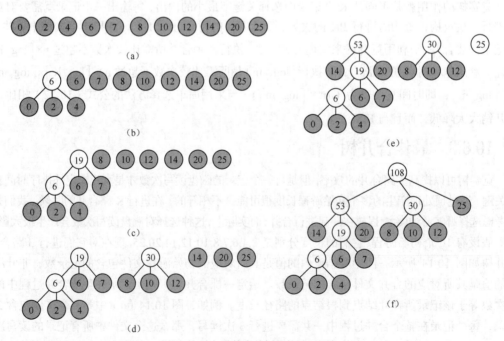

图 10.15　最佳合并树的构造过程

10.6.4　完整的外排序过程

一个完整的外排序过程应该包含 3 个步骤：

（1）通过预处理生成 m 个初始游程文件；

（2）根据每个初始游程文件长度与合并路数 K，生成最佳合并树；

（3）基于最佳合并树，选择胜方树或败方树方法，进行 K 路合并。

10.7　本 章 小 结

排序是重要的数据预处理操作之一。本章首先介绍了排序的基本概念和排序算法性能的几种考察指标；然后介绍了三种思想简单且编码实现容易的内排序算法，即简单选择排序、直接插入排序和冒泡排序；接着重点分析了快速排序、两路合并排序和堆排序这三种思想较为复杂的内排序算法；最后讨论了外排序的一般过程，包括预处理、多路合并和最佳合并树方法。

习　　题

一、基础题

1. 设待排序数据元素的关键字为 65, 78, 21, 30, 80, 7, 79, 57, 35, 26，请按照下列算法对这组数据元素进行排序，给出每趟排序结果。

　　（1）直接插入排序　　　　　　　　　　（2）简单选择排序

　　（3）冒泡排序　　　　　　　　　　　　（4）快速排序

　　（5）两路合并排序　　　　　　　　　　（6）堆排序

2. 请从以下几方面比较第 1 题中的各种内排序算法。

　　（1）最好、最坏和平均时间复杂度

　　（2）空间复杂度

　　（3）稳定性

　　（4）哪些算法可以提前确定元素最终有序位置

3. 待排序数据元素关键字序列为 3, 7, 6, 9, 7, 1, 4, 5, 20，对其进行排序至少交换_____次。

　　A. 6　　　　　　　　B. 7　　　　　　　　C. 8　　　　　　　　D. 20

4. 待排序数据元素关键字初始时有序递增，对其进行排序，最省时间的是_____算法，最费时间的是_____算法。

　　A. 堆排序　　　　　　　　　　　　　　　B. 快速排序

　　C. 插入排序　　　　　　　　　　　　　　D. 合并排序

5. 下述几种排序方法中，要求内存量最大的是_____。

　　A. 插入排序　　　　　　　　　　　　　　B. 选择排序

　　C. 快速排序　　　　　　　　　　　　　　D. 合并排序

6. 下列排序中，排序速度与数据的初始排列状态没有关系的是_____。

　　A. 直接选择排序　　　　　　　　　　　　B. 合并排序

C. 堆排序   D. 直接插入排序

7. 快速排序在_____情况下最不易发挥长处，在_____情况下最易发挥长处。

A. 被排序的数据量很大   B. 被排序的数据已基本有序

C. 被排序的数据完全有序   D. 要排序的数据中有多个相同值

8. 在对一组数据元素 50, 40, 95, 20, 15, 70, 60, 45, 80 进行冒泡排序时，第 1 趟需进行相邻记录的交换的次数为_____，整个排序过程共需进行_____趟才可完成。

9. 在对一组数据元素 50, 40, 95, 20, 15, 70, 60, 45, 80 进行堆排序时，根据初始记录构成初始堆后，最后 4 条记录为_____。

10. 一组存放在外存上的记录关键字为 39, 22, 10, 12, 23, 45, 66, 98, 28, 11, 23, 9, 90, 17, 8，请对它们进行预处理，给出获得的所有初始游程。

11. 对 64 个初始游程文件进行 4 路合并，每个记录的磁盘读写次数是_____。

12. 请补充完整图 10.16 所示的胜方树，并画出输出一个记录后重构的胜方树。

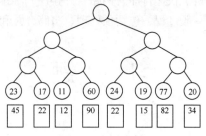

图 10.16　胜方树

13. 请补充完整图 10.17 所示的败方树，并画出输出一个记录后重构的败方树。

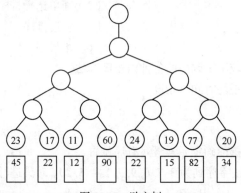

图 10.17　败方树

14. 设有 10 个初始游程，其长度分别为 82, 26, 33, 29, 18, 2, 13, 28, 22, 9。请画出 4 路合并的最佳合并树，并计算记录读写的总次数。

二、扩展题

1. 将 n 个元素存放在一个数组中，设计算法输出关键字最小的前 k (k<n) 个元素。

2. 编写一个双向冒泡排序算法，一趟排序后可确定最大元素和最小元素的最终位置。

3. 设计在带表头结点的单链表上实现稳定的简单选择排序和直接插入排序的算法。

4. 证明最坏情况下快速排序算法的时间复杂度是 $O(n^2)$，并给出一个最坏情况的例子。

5. 进行 4 路合并的外排序，如果初始游程数目为 192，需要添加虚游程的数量是_____。

一、实验目的

本课程的目标之一是使学生学会从问题出发，分析数据，构造数据结构和算法，培养学生进行较复杂程序设计的能力。本课程实践性较强，为实现课程目标，要求学生完成一定数量的上机实验。这一方面有利于学生加深对课内所学的各种数据的逻辑结构、存储表示和运算方法等基本内容的理解，学会运用所学的数据结构和算法知识解决应用问题；另一方面，也能让学生在程序设计方法、C 语言编程环境以及程序的调试和测试等方面得到必要的训练。

二、实验基本要求

1. 学习使用自顶向下的分析方法，分析问题空间中存在哪些模块，明确这些模块之间的关系。
2. 使用结构化的系统设计方法，将系统中存在的各个模块合理组织成层次结构，并明确定义各个结构体。确定模块的主要数据结构和接口。
3. 熟练使用 C 语言环境来实现或重用模块，从而实现系统的层次结构。模块的实现包括结构体的定义和函数的实现。
4. 学会利用本课程所学知识设计结构清晰的算法和程序，并会分析所设计的算法的时间和空间复杂度。
5. 所有的算法和实现均使用 C 语言进行描述，实验结束，写出实验报告。

三、实验项目与内容

1. 线性表的基本运算及多项式的算术运算

内容：实现顺序表和单链表的基本运算，多项式的加法和乘法算术运算。

要求：能够正确演示线性表的查找、插入、删除运算；实现多项式的加法和乘法运算操作。

2. 二叉树的基本操作及哈夫曼编码/译码系统的实现

内容：创建一棵二叉树，实现先序、中序和后序遍历一棵二叉树，计算二叉树结点个数等操作；实现哈夫曼编码/译码系统。

要求：能成功演示二叉树的有关运算，实现哈夫曼编码/译码的功能，运算完毕后能成功释放二叉树所有结点占用的系统内存。

3. 图的基本运算及智能交通中的最佳路径选择问题

内容：在邻接矩阵和邻接表两种不同存储结构上实现图的基本运算的算法，实现图的深度和宽度优先遍历算法，解决智能交通中的路径选择问题。

要求：设计主函数，测试上述运算。

4. 各种内排序算法的实现及性能比较

内容：验证教材的各种内排序算法，分析各种排序算法的时间复杂度。

要求：使用随机数产生器产生较大规模数据集合，运行上述各种排序算法，使用系统时钟测量各算法所需的实际时间，并进行比较。

四、实验报告范例

实验×　×××××

班级_____姓名_____学号_____日期_____

1. 实验目的

××××××××××××××××××××××

（扼要而准确地描述实验项目的目的。）

2. 实验任务

×××××××××××××××××××××

（明确实验项目的任务和演示程序的主要功能。）

3. 实验内容

×××××××××××××××××××××

（使用模块和流程图表示系统分析和设计的结果；描述各模块之间的层次结构；给出函数之间的调用关系和数据传递方式；给出核心算法的C语言源代码，并加上详细注释；分析主要算法的时间复杂度，必要时分析空间复杂度；给出算法分析的计算过程。）

4. 实验过程描述

××××××××××××××××××××××

（列出实验所用的测试用例和相应的程序运行结果，程序运行结果从屏幕截图表示，总结本次实验，包括对测试结果的分析、测试和调试过程遇到问题的回顾和分析、软件设计与实现的经验和体会、进一步改进的设想。）

实验 1　线性表的基本运算及多项式的算术运算

一、实验目的

1. 掌握线性表的顺序存储和链式存储这两种基本存储结构及其应用场合。

2. 掌握顺序表和链表的各种基本操作算法。

3. 理解线性表应用于多项式的实现算法。

二、实验内容

1. 参照程序2.1～程序2.7，编写程序，完成顺序表的初始化、查找、插入、删除、输出、撤销等操作。

2. 已知带表头结点单链表的类型定义如下：

```
typedef struct node{
    ElemType element;        //结点的数据域
    struct node *link;       //结点的指针域
```

```
}Node;
typedef struct headerList{
    Node *head;
    int n;
}HeaderList;
```

参照程序 2.8～程序 2.14，编写程序，完成带表头结点单链表的初始化、查找、插入、删除、输出、撤销等操作。

3. 以上述带表头结点单链表为存储结构，编写程序实现单链表的逆置操作。（原单链表为(a_0, a_1,…, a_{n-1})，逆置后为(a_{n-1}, a_{n-2},…, a_0)，要求不引入新的存储空间。）

4. 以上述带表头结点单链表为存储结构，编写程序实现将单链表排序成为有序单链表的操作。

5. 已知带表头结点一元多项式的类型定义如下：

```
typedef struct pNode{
    int coef;
    int exp;
    struct pNode* link;
}PNode;
typedef struct polynominal{
    PNode *head;
}Polynominal;
```

编写程序实现一元多项式的创建、输出、撤销以及两个一元多项式相加和相乘的操作。

实验 2　二叉树的基本操作及哈夫曼
编码/译码系统的实现

一、实验目的
1. 掌握二叉树的二叉链表存储表示及遍历操作实现方法。
2. 实现二叉树遍历运算的应用：求二叉树中叶结点个数、结点总数、二叉树的高度，交换二叉树的左右子树。
3. 掌握二叉树的应用——哈夫曼编码的实现。

二、实验内容
1. 已知二叉树二叉链表结点结构定义如下：

```
typedef struct btnode{
    ElemType element;
    struct btnode *lChild;
    struct btnode *rChild;
}BTNode;
```

参照程序 5.1～程序 5.4，编写程序，完成二叉树的先序创建、先序遍历、中序遍历、后序遍历等操作。

2. 基于实验内容 1 中构建的二叉链表存储结构，编写程序实现求二叉树结点个数、叶结点个数、二叉树的高度以及交换二叉树所有左右子树的操作。

3. 已知哈夫曼树结点结构定义如下：

```
typedef struct hfmTNode{
```

```
    ElemType element;           //结点的数据域
    int w;                      //结点的权值
    struct hfmTNode *lChild;    //结点的左孩子指针
    struct hfmTNode *rChild;    //结点的右孩子指针
}HFMTNode;
```

编写程序，实现哈夫曼树的创建、哈夫曼编码以及解码的实现。

实验 3　图的基本运算及智能交通中的
最佳路径选择问题

一、实验目的

1. 掌握图的邻接矩阵和邻接表的存储实现方法。
2. 实现图的深度优先和宽度优先遍历运算。
3. 学习使用图算法解决应用问题。

二、实验内容

1. 已知图的邻接矩阵结构定义如下：

```
typedef struct mGraph
{
    ElemType  **a;              //邻接矩阵
    int n;                      //图的当前顶点数
    int e;                      //图的当前边数
    ElemType noEdge;            //两顶点间无边时的值
}MGraph;
```

参照程序 9.1～程序 9.5，编写程序，完成邻接矩阵的初始化、撤销和边的搜索、插入、删除等操作。

2. 以上述邻接矩阵为存储结构，编写程序，实现图的深度、宽度优先遍历。

3. 已知图的邻接表结构定义如下：

```
typedef struct eNode {
    int adjVex;                         //与任意顶点 u 相邻接的顶点
    ElemType w;                         //边的权值
    struct eNode* nextArc;              //指向下一个边结点
}ENode;
typedef struct lGraph{
    int n;                              //图的当前顶点数
    int e;                              //图的当前边数
    ENode **a;                          //指向一维指针数组
}LGraph;
```

参照程序 9.6～程序 9.10，编写程序，完成邻接表的初始化、撤销和边的搜索、插入、删除等操作。

4. 以上述邻接表为存储结构，编写程序，实现图的深度、宽度优先遍历。

5. 编写程序，实现智能交通中的最佳路径选择：设有 n 个地点，编号为 0～n-1，m 条路径的起点、终点和代价由用户输入提供，采用上述邻接表为存储结构，寻找最佳路径方案（如花费时间最少、路径长度最短、交通费用最小等，任选其一即可）。

实验 4　各种内排序算法的实现及性能比较

一、实验目的

1. 掌握各种内排序算法的实现方法。
2. 学会分析各种内排序算法的时间复杂度。

二、实验内容

1. 已知待排序序列以顺序表存储，数据元素以及表结构定义如下：

```
typedef struct entry{              //数据元素
    KeyType key;                   //排序关键字，KeyType 应该为可比较类型
    DataType data;                 //data 包含数据元素中的其他数据项
}Entry;
typedef struct list{               //顺序表
    int n;                         //待排序数据元素数量
    Entry D[MaxSize];              //静态数组存储数据元素
}List;
```

参照程序 10.1～程序 10.7，编写算法，分别实现顺序表的简单选择排序、直接插入排序、冒泡排序、快速排序、两路合并排序以及堆排序。

2. 编写算法，利用随机函数，在文件中随机产生 n 个关键字（关键字定义为整型数据）。

3. 编写程序，分别验证简单选择排序、直接插入排序、冒泡排序、快速排序、两路合并排序以及堆排序，在待排序关键字个数为 500、10 000、50 000、100 000 时，完成排序所需要的时间（单位：毫秒）。

4. 将排序结果存放于 Excel 工作表中，并以图表（簇状柱形图）的方式显示。

附录2　配套慕课使用说明

与本教材配套的在线课程"数据结构"于 2019 年 8 月在中国大学 MOOC-国家精品课程在线学习平台上线。该慕课主讲教师王海艳、朱洁、戴华、陈蕾、骆健均为本教材主要撰写人员。在线课程提供学习资源，包括视频、课件、测验、作业、讨论和期末考试，均以本教材内容为核心进行建设。

加入慕课进行在线学习的步骤如下。

1. 登录中国大学 MOOC-国家精品课程在线学习平台并注册。
2. 在主页搜索框内搜索"南京邮电大学"，页面跳转后显示该大学所开设的所有在线课程。
3. 在南京邮电大学开设的在线课程中找到"数据结构"课程，单击进入该课程主页。
4. 如果课程正在开课，请单击"立即参加"按钮，即可加入该课程进行学习；如果课程尚未开课，可单击"报名"按钮，等待课程开课。

本在线课程每学年开班 2～3 次（秋季班、春季班和暑期班），开课时配备课程组老师在线答疑。建议购买本书的读者加入在线课程同步学习，您在教材学习过程中遇到任何困难，都可在该在线课程的论坛里提出问题，我们会及时为您解答。